Unit Operations of Chemical Engineering

化工单元操作

张 乾 主编
齐向阳 李美喜 副主编
王 贵 主审

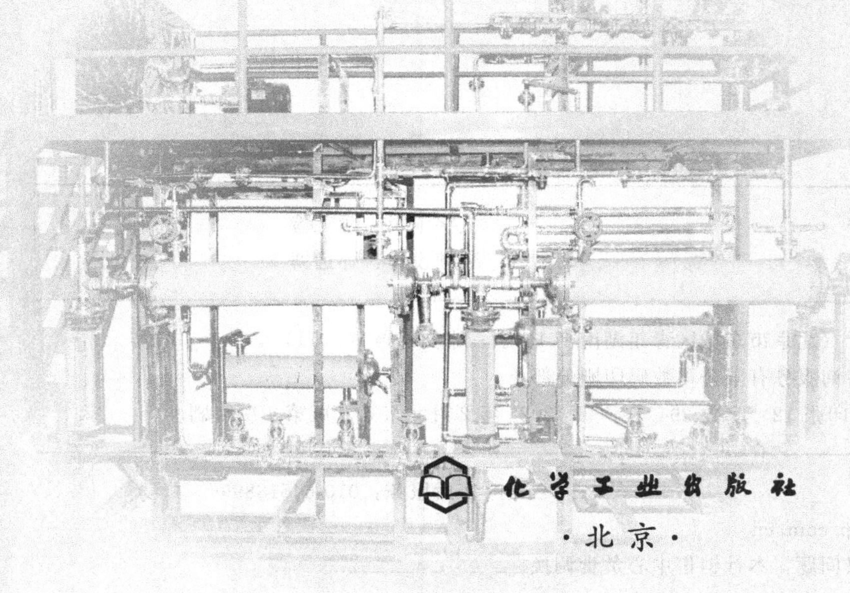

化学工业出版社
·北京·

图书在版编目（CIP）数据

化工单元操作/张乾主编．—北京：化学工业出版社，2016.6（2025.2重印）

ISBN 978-7-122-26894-5

Ⅰ.①化… Ⅱ.①张… Ⅲ.①化工单元操作-高等职业教育-教材 Ⅳ.①TQ02

中国版本图书馆CIP数据核字（2016）第085989号

责任编辑：王　婧　杨　菁　　　文字编辑：颜克俭
责任校对：宋　玮　　　装帧设计：孙远博

出版发行：化学工业出版社（北京市东城区青年湖南街13号　邮政编码100011）
印　　装：北京科印技术咨询服务有限公司数码印刷分部
787mm×1092mm　1/16　印张12　字数294千字　2025年2月北京第1版第4次印刷

购书咨询：010-64518888　　　售后服务：010-64518899
网　　址：http://www.cip.com.cn
凡购买本书，如有缺损质量问题，本社销售中心负责调换。

定　　价：39.00元

系列教材编审委员会名单

本书编写人员

主　　编　张　乾

副 主 编　齐向阳　李美喜

编写人员　（以姓氏笔画为序）

马桂香　王素娥　刘建强　齐向阳　池　琴　李美喜
张　乾　苗文莉　段丽丽

前　言 Foreword

本书根据高职教育的特点、要求和教学实际，按照“工作过程系统化”课程开发方法，打破传统教材的常规设计，将化工单元操作中涉及的理论知识合理分解，恰当地融入到7个项目17个技能训练任务之中，以典型化工生产单元操作及其设备为纽带，进行理实一体的项目化内容设计。本着必需、够用的原则，精简理论，删除繁琐的公式推导过程和纯理论型计算，重点讲述了化工单元操作中涉及的典型设备结构、操作步骤、事故诊断及处理等相关知识，突出对学生工程应用能力、实践技能和综合素质的培养。

教材在编写过程中力求深入浅出。结合鄂尔多斯职业学院化工单元操作实训装置，选取了流体输送操作、非均相物系分离操作、流体传热操作、气体吸收-解吸操作、液体精馏操作、固体干燥操作和液-液萃取操作7个项目，每个项目精选了与生产实践紧密相联的操作任务，并编写了实训操作、知识链接、思考与练习三部分来强化对各个单元操作原理的理解，进而提升操作技能。书中插图以实物图片为主，图文并茂，便于高职学生学习。课后思考练习题绝大部分选取于国家化工总控工技能鉴定题库，力求实现教学过程与生产过程对接、课程内容与职业标准对接、学历证书与职业资格证书对接。

本教材项目一由王素娥、齐向阳编写；项目二由张乾、马桂香编写；项目三由张乾、李美喜编写；项目四由段丽丽、李美喜编写；项目五由段丽丽、齐向阳编写；项目六由王素娥、刘建强编写；项目七由池琴、苗文莉编写。全书由张乾统稿，张爱文、迟占秋校稿，并由王贵教授主审完成。

周铁桥老师为本教材的内容选定和结构设计做了大量的前期调研工作，收集了丰富的实用资料。鄂尔多斯职业学院、辽宁石化职业技术学院的相关老师和新能能源有限公司的工程技术人员积极参与了本书的编写工作。同时，本书编写过程中还得到了中国神华煤制油化工有限公司鄂尔多斯分公司、内蒙古汇能煤化工有限公司技术人员的大力支持和帮助。在此，编者一并致以衷心的感谢。

由于编者水平所限，书中难免有不足和疏漏之处，敬请广大读者给予批评指正。

编者

2016年3月

目　录 Contents

绪 论

一、化工过程和化工单元操作

化学工业是将自然界的各种物质（如煤、石油、海水等）、农作物（如玉米、甘薯等）经过物理和化学方法的加工制备成为各种生产资料（乙烯、合成橡胶、塑料等）、生活资料（医药产品、化妆用品、衣物等），这些从原料制备成为成品的生产工序就是化工生产过程。一般情况下，化工生产过程大体上可以分为三个基本部分，原料的预处理、反应和产品的分离。

根据产品生产过程的操作原理，可以将其归纳为应用较广的多个基本操作过程，如流体流动与输送、沉降、过滤、加热或冷却、蒸发、蒸馏、吸收、干燥、萃取、结晶及吸附等，我们将这些具有共性的基本操作称为单元操作。

单元操作按其理论基础可分为以下几方面。

（1）流体动力过程（动量传递） 遵循流体力学基本规律，以动量传递为理论基础的单元操作，如流体输送、沉降、过滤等。

（2）传热过程（热量传递） 遵循传热基本规律，以热量传递为理论基础的单元操作，如换热、蒸发、冷凝等。

（3）传质过程（质量传递） 遵循传质基本规律，以质量传递为理论基础的单元操作，如蒸馏、吸收、萃取、吸附等。

（4）热、质同时传递的过程 遵循热质同时传递规律的单元操作，如干燥、结晶等。

单元操作具有以下的特点。

（1）所有的单元操作都是物理性操作，只改变物料的状态或物理性质，并不改变化学性质。

（2）单元操作是化工生产过程中共同的操作，只是不同的化工生产所包含的单元操作数目、名称与排列顺序不同。

（3）单元操作作用于不同的化工过程时，其基本原理相同，所用的设备也是通用的。

二、课程性质、内容及任务

化工单元操作是化工类及相近专业的职业基础课和核心课，其主要任务是介绍流体流动、传热、传质的基本原理，主要单元操作的典型设备结构、操作原理、维护保养及计算。具体内容紧密结合化工类的专业特点，围绕单元操作原理和应用，以动量传递、热量传递、质量传递过程为基础，全面系统地介绍流体输送、沉降与过滤、传热、精馏、吸收、解吸、干燥及萃取等各单元操作的基本原理、基本计算方法、工程应用。培养学生运用基础理论分析和解决化工单元操作中各种工程实际问题的能力。

三、单元操作中常见的基本概念

在计算和分析单元操作的问题时，为了弄清过程始末和过程之中各股物料的数量、组成之间的关系，必须做出质量衡算，也常称为物料衡算。为了搞清过程中吸收或释放的能量，还需进行能量衡算。此外，为了计算所需设备的工艺尺寸，必须依靠平衡关系了解过程进行的方向与极限，依赖速率关系分析过程进行的快慢。这些基本概念是从工程观点出发分析某个过程技术上的可行性和经济上的合理性的基本依据。

1. 物料衡算

根据质量守恒定律，进入和离开某一化工过程或设备物料的质量之差等于该过程中积累的物料质量，即

$$输入量-输出量=积累量$$

对于连续操作的过程，若各物理量不随时间改变，即处于定态操作状态时，过程中不应有物料的积累，则物料衡算关系为

$$输入量=输出量$$

在进行物料衡算时，可按下列步骤进行。

(1) 确定衡算系统　物料衡算既适合一个生产过程，也适合于一个设备，甚至是设备中的一个微元。计算时，应先确定衡算系统，并将其圈出，列出衡算式，求解未知量。

(2) 选定计算基准　一般选不再变化的量作为衡算的基准。例如用物料的总质量或物料中某一组分的质量作为基准，对于间歇过程可用一次（一批）操作作为基准，对于连续过程，通常以单位时间为基准。

(3) 确定对象的物理量和单位　物料量可用质量或物质的量表示，但一般不用体积表示。因为体积，特别是气体体积会随着温度和压强的变化而变化。另外，在衡算中单位应统一。

2. 能量衡算

能量衡算是能量守恒定律的具体应用，本书中涉及的能量主要是机械能和热能。其衡算步骤和具体步骤与物料衡算基本相同。

3. 平衡关系

物理和化学变化过程，都有一定的方向和极限。例如传热，当两物体温度不同，热量就会从高温物质向低温物质传递，直到温度相等为止，此时传热达到平衡，两物体间不再有热量的传递。

在传质过程中，例如吸收过程，当用清水吸收空气中的氨时，氨在两相间不平衡，空气中的氨将进入水中，当水中的氨增至一定值时，氨在气液两相间达到平衡，即不再有质量的传递。

由以上可以看出，平衡关系可以用来判断过程能否进行，以及进行的方向和能够达到的极限。

4. 传递速率

过程速率是指过程进行的快慢，即单位时间内过程的变化率。过程速率与过程的推动力成正比，而与过程的阻力成反比。在动量传递、热量传递和质量传递中都得到反复的应用。其数学表达式为

$$过程速率=\frac{推动力}{阻力}$$

四、单位制与单位换算

1. 单位与单位制

任何物理量都是用数字和单位联合表达的。一般选几个独立的物理量，如长度、时间等，并以使用方便为原则规定出它们的单位，这些物理量称为基本量，其单位称为基本单位；其他物理量，如速度、流速等的单位则是根据其本身的物理意义，由有关基本单位组合构成，这些物理量称为导出量，其单位称为导出单位。单位制是基本单位和导出单位的总和。

由于历史的原因和科学领域的不同，先后形成了不同的单位制，如物理单位制（如厘米、克、秒）、工程单位制（如米、千克力、秒）、英制（如英寸、英尺）等。长期以来，工程计算中存在多种单位制并存的局面，这就使同一物理量在不同的单位制中具有不同的单位和数值，给计算和科学交流带来很多麻烦。为了改变这一局面，1960 年第 11 届国际计量大会上确定了国际通用的国际单位制，代号为 SI。SI 制有七个基本单位：长度 m、时间 s、质量 kg、热力学温度 K、电流 A、发光强度 cd、物质的量 mol。两个辅助单位：平面角 rad、立体角 sr。SI 制具有一贯性和通用性的优点。

2. 单位换算

1984 年 2 月 27 日国务院发布命令，明确规定在我国实行以 SI 单位为基础的法定计量单位，规定从 1991 年起，除个别领域外，不允许再使用非法定单位制。鉴于几十年来，在工农业生产和工程技术中，一直广泛使用工程单位制，现在物化手册和科技资料中的数据仍然主要是采用物理单位制，因而有必要掌握这些单位制之间的换算。

物理量由一种单位换成另一种单位时，量本身并无变化，但数值要变化，换算时要乘以两单位间的换算因数。所谓换算因数，就是彼此相等而各有不同单位的两个物理量之比。如一标准大气压（1atm）的压力在 SI 中为 1.01325×10^5 Pa；密度单位由 g/cm^3 换算成 kg/m^3 的换算因数为 1000。

项目一 流体输送操作

任务1 化工管路的拆装

实训操作

一、情境再现

化工管路就像人体的血管一样，承担着全化工厂所有物料的输送任务，是化工生产能够顺利进行的重要基础。正确合理地铺设管路、优化设备布置，对降低工程投资、减少日常管理费用以及方便操作都起着十分重要的作用，因此管路拆装训练非常必要。通过管路拆装训练，能够让学生在了解设备、管件、阀门结构的同时，学会如何拆卸和安装，更好地利用自己的知识为生产服务。图1-1为管路拆装实训装置。

图1-1 管路拆装实训装置

二、任务目标

① 掌握常用阀门、法兰、管道、垫片及密封填料的种类、规格和适用范围。

② 认识化工管路的布置与连接方式。

③ 了解制图和工程管理与安全知识。

④ 能进行管路的拆卸、组装和水压试验。

三、任务要求

1. 管路布置的一般要求

① 化工管路安装时，各种管线应平行铺设，尽量走直线、少拐弯、少交叉。

② 为便于操作及安装检修，并列管路上的管件与阀门位置应错开安装。

③ 管子安装应横平竖直，水平管偏差不大于15mm/10m，垂直管偏差不大于10mm/10m。

2. 常见管件及阀门、流量计的安装要求

① 阀门安装前应处于关闭状态，截止阀、单向阀、过滤器等安装时，应注意安装方向与流体的流动方向一致。

② 转子流量计必须垂直安装在管系中，若有倾斜，会影响测量的准确性。

3. 水压试验要求

管路安装完毕后，应作强度与严密试验，试验是否有漏气或漏液现象。

四、操作步骤

1. 检查准备

根据流程简图熟悉装置组成情况；正确领用工具；在老师指导下，安全使用工具。

2. 安装以及压力试验

根据流程图进行管线组装，初步安装结束后，找指导教师进行初步安装检查，发现有阀门、管件、压力表装错或装反的，要求返修；进行试压泵与试压注水口之间的连接，当被试压管段中没有漏点时，完成水压试验。

3. 试运行和拆除

开泵试运行，检查并记下整个管线情况；排液结束后，可进行下一步管线拆除。拆除的物件可就地放置，拆除完毕后，要清理现场，归还工具，按原来位置放在货架和工具柜内。

五、项目考评

见表1-1。

表1-1　化工管路的拆装项目考评表

项目	评分要素	分值	评分记录	得分
检查准备	是否正确领取工具、是否清楚管路拆装流程	5		
安装以及压力试验	管段、阀门、仪表等安装无错	10		
	安装或试压时，阀门开关状态正确	6		
	法兰连接用同一规格螺栓连接，方向一致	4		
	法兰平行、不偏心	5		
	盲板安装到位	5		
	试压前排净空气	5		
	试压若不合格，返修过程正确	10		
	试压结束后，排尽液体	3		
	仪表、管件、工具等是否完好归还和放置	8		

续表

项目	评分要素		分值	评分记录	得分
试运行和拆除	开泵试运行		5		
	排液结束后，管线拆除合理；拆除完毕，清理现场		14		
职业素养	着装是否规范		8		
	是否服从管理		5		
	团队协作精神		7		
安全操作	按国家有关规定执行操作	每违反一项规定从总分中扣5分，严重违规取消考核			
考评老师		日期		总分	

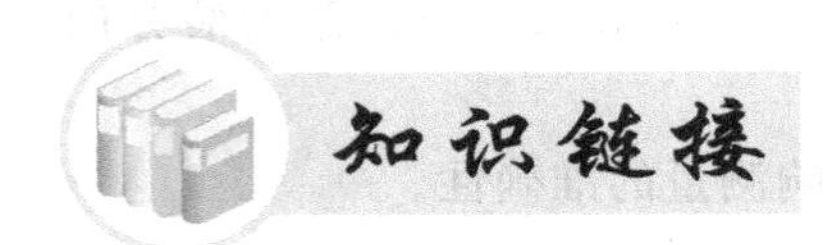

知识一　管路的构成

一、入门知识

1. 流体

液体和气体统称为流体。流体的特征是具有流动性，化工生产中所处理的原料及产品，大多都是流体。制造产品时，往往按照生产工艺的要求把原料依次输送到各种设备内，进行化学反应或物理变化；制成的产品又常需要输送到贮罐内贮存。过程进行得好坏，例如动力的消耗及设备的投资，与流体的流动状态密切相关。

2. 流量与流速

通常设备之间是用管道连接的，欲想把流体按规定的条件，从一个设备送到另一个设备，就需要适宜的流量和速度，具体定义我们将在下一学习任务中专门讨论。

3. 流量计

指示被测流量或在选定的时间间隔内流体总量的仪表。简单来说就是用于测量管道或明渠中流体流量的一种仪表，工程上常用单位 m^3/h，它可分为瞬时流量和累计流量。

4. 压力表

压力表是指以弹性元件为敏感元件，测量并指示高于环境压力的仪表。

5. 化工工艺流程图

是一种表示化工生产过程的示意性图样，即按照生产的顺序，将生产中采用的设备从左至右展开在同一平面上，并附有必要的标注和说明，具体分为方案流程图、物料流程图、工艺管道及仪表流程图。

二、化工管路分类

化工生产过程中的管路通常以是否分出支管来分类，见表1-2。

表 1-2 管路的分类

类型		结构	图示
简单管路	单一管路	单一管路是指直径不变、无分支的管路	
	串联管路	无分支但管径多变的管路	
复杂管路	分支管路	流体由总管分流到几个支管，各支管出口不同	
	并联管路	并联管路中，由总管分成几个支管最终又汇合到总管	

对于重要管路系统，如全厂或大型车间的动力管线（包括蒸汽、煤气、循环水及其他循环管道等），一般均应按并联管路铺设，以提高能量的综合利用、减少因局部故障所造成的影响。

三、化工管路的构成

管路是化工厂中流体流动的道路。在化工生产过程中，生产是否正常与管路是否通畅有很大的关系。管路是由管子、管件和阀门等按一定的排列方式构成，也包括一些附属于管路的管架、管卡、管撑等辅件。由于生产中输送的流体是各种各样的，输送量和输送条件也不相同，因此，管路也必然各不相同。

1. 管子

管子是管路的主件，按制造管子所使用的材料来进行分类，可分为金属管、非金属管和复合管。复合管指的是金属与非金属两种材料组成的管子。化工生产中常用的有铸铁管、无缝钢管、有缝钢管、有色金属管、玻璃管、塑料管、胶管和陶瓷管等。随着化学工业的发展，各种新型耐腐蚀材料不断出现，如有机聚合物材料管、非金属材料管正在越来越多地替代金属管。

2. 管件

通常将用来连接管子以达到延长管路、改变管路方向或直径、分支、合流或封闭管路的各种配件总称，称为管件。最常用的管件如图 1-2 所示。

其用途有如下几种。

① 用以改变流向，如 90°弯头、45°弯头、180°回弯头等。

② 用以堵截管路，如管帽、丝堵（堵头）、盲板等。

③ 用以连接支管，如三通、四通，有时三通也用来改变流向，多余的一个通道接头用管帽或盲板封上，在需要时打开再连接一条分支管。

④ 用以改变管径，如异径管、内外螺纹接头（补芯）等。

⑤ 用以延长管路，如管箍（束节）、螺纹短节、活接头、法兰等。法兰多用于焊接连接管路，而活接头多用于螺纹连接管路。在闭合管路上必须设置活接头或法兰，尤其是在需要经常维修或更换的设备、阀门附近必须设置，因为它们可以就地拆开，就地连接。

3. 阀门

阀门是用来启闭和调节流量及控制安全的部件。通过阀门可以调节流量、系统压力及流动方向，从而确保工艺条件的实现与安全生产。化工生产中阀门种类繁多，常用的有以下几种。

图 1-2　常用管件

闸阀　主要部件为一闸板，通过闸板的升降以启闭管路。这种阀门全开时流体阻力小，全闭时较严密。多用于大直径管路上作启闭阀，在小直径管路中也可用作调节阀。不宜用于含有固体颗粒或物料易于沉积的流体。

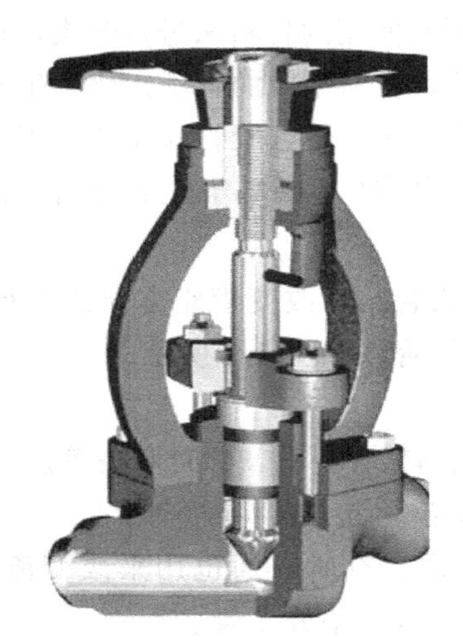

截止阀　主要部件为阀盘与阀座，流体自下而上通过阀座，其构造比较复杂，流体阻力较大，但密闭性与调节性能较好。不宜用于黏度大且含有易沉淀颗粒的介质。

安全阀　是为了管道设备的安全保险而设置的截断装置，它能根据工作压力而自动启闭，从而将管道设备的压力控制在某一数值以下，从而保证其安全。主要用在蒸汽锅炉及高压设备上。

球阀　阀芯呈球状，中间为一与管内径相近的连通孔，结构比闸阀和截止阀简单，启闭迅速，操作方便，体积小，重量轻，零部件少，流体阻力也小。适用于低温高压及黏度大的介质，但不宜用于调节流量。

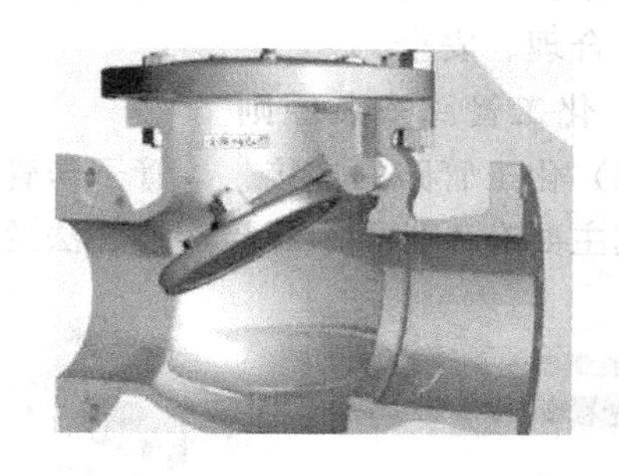

止回阀　是一种根据阀前、后的压力差自动启闭的阀门，其作用是使介质只作一定方向的流动，它分为升降式和旋启式两种。升降式止回阀密封性较好，但流动阻力大，旋启式止回阀用摇板来启闭。安装时应注意介质的流向与安装方向。

知识二　管路的安装

一、化工管路的布置与安装

1. 化工管路布置原则

布置化工管路既要考虑工艺要求，又要考虑经济要求，还要考虑操作方便与安全，在可能的情况下还要尽可能美观。因此，布置化工管路必须遵循以下原则。

① 在工艺条件允许的前提下，应使管路尽可能短，管件、阀门应尽可能少，以减少投资，使流体阻力减到最低。

② 应合理安排管路，使管路与墙壁、柱子、场面、其他管路等之间应有适当的距离，以便于安装、操作、巡查与检修。如管路最突出的部分距墙壁或柱边的净空不小于100mm，距管架支柱也不应小于100mm，两管路的最突出部分间距净空：中压保持约40～60mm；高压应保持约70～90mm；并排管路上安装手轮操作阀门时，手轮间距约100mm。

③ 管路排列时，通常使热的在上面，冷的在下；无腐蚀的在上，有腐蚀的在下；输气的在上，输液的在下；不经常检修的在上，经常检修的在下；高压的在上，低压的在下；保温的在上，不保温的在下；金属的在上，非金属的在下；在水平方向上，通常使常温管路、大管路、振动大的管路及不经常检修的管路靠近墙或柱子。

④ 管子、管件与阀门应尽量采用标准件，以便于安装与维修。

⑤ 对于温度变化较大的管路要采取热补偿措施，有凝液的管路要安排凝液排出装置，有气体积聚的管路要设置气体排放装置。

⑥ 管路通过人行道时高度不得低于2m，通过公路时不得小于4.5m，与铁轨的净距离不得小于6m，通过工厂主要交通干线一般为5m。

⑦ 一般化工管路采用明线安装，但上下水管及废水管采用埋地铺设，埋地安装深度应

在当地冰冻线以下。

在布置化工管路时，应参阅有关资料，依据上述原则制订方案，确保管路的布置科学、经济、合理、安全。

2. 化工管路安装原则

（1）化工管路的连接　管子与管子、管子与管件、管子与阀门、管子与设备之间连接的方式主要有4种，即焊接连接、法兰连接、螺纹连接及承插连接，如图1-3所示。

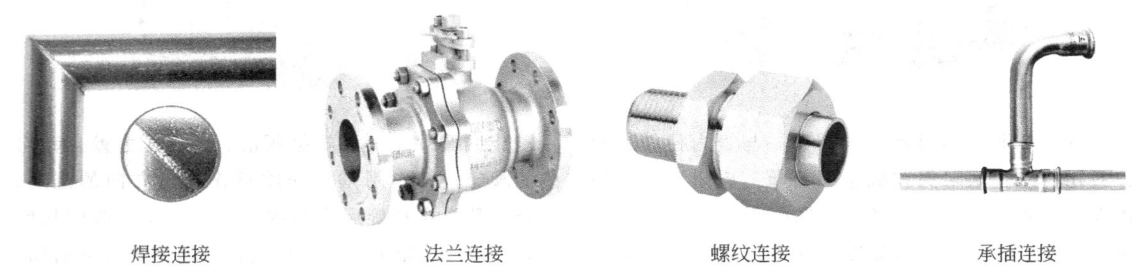

图1-3　管路连接的常用方法

① 焊接连接　焊接连接属于不可拆卸连接方式。采用焊接连接密封性能好、结构简单、连接强度高，可适用于承受各种压力和温度的管路上，故在化工生产中得到广泛应用。在化工管路中常用的焊接方式有电焊、气焊和钎焊等。

② 法兰连接　法兰连接是管路中应用最多的可拆卸连接方式。法兰连接强度高、拆卸方便、密封可靠。广泛用于大管径、耐温耐压与密封性要求高的管路连接以及管路与设备的连接。

管道法兰设计、制造已标准化，需要时可根据公称压力和公称直径选取。管路连接时，为了保证接头处的密封，需在两法兰盘间加垫片密封，并用螺栓将其拧紧。法兰连接密封的好坏与选用的垫片材料有关，应根据介质的性质与工作条件选用适宜的垫片材料，以保证不发生泄漏。

③ 螺纹连接　螺纹连接是一种可拆卸连接，它是在管道端部加工外螺纹，利用螺纹与管箍、管件和活接头配合固定，把管子和管路附件连接在一起的。螺纹连接的密封则主要依靠锥管螺纹的啮合和在螺纹之间加敷的密封材料来达到。适用于管径小于2in.（1in.＝25.4mm）以下的水管、水煤气管、压缩空气管及低压蒸汽管等。

④ 承插连接　承插连接是将管子的一端插入另一个管子的插套内，并在形成的空隙中装填麻丝或石棉绳，然后塞入胶合剂，以达到密封目的。常用作铸铁水管的连接，也可用作陶瓷管、塑料管、玻璃管等非金属的连接。但其密封可靠性差，且拆卸比较困难，只适用于压力不大，密封性要求不高的场合。

（2）化工管路的热补偿　化工管路的两端是固定的，当温度发生较大的变化时，管路就会因管材的热胀冷缩而承受压力或拉力，严重时将造成管子弯曲、断裂或接头松脱。因此必须采取措施消除这种应力，这就是管路的热补偿。热补偿的主要方法有两种：其一是依靠弯管的自然补偿，通常，当管路转角不大于150°时，均能起到一定的补偿作用；其二是利用补偿器进行补偿，主要有方形、波形及填料3种补偿器。

（3）化工管路的试压与吹扫　管路在投入运行前，必须保证其强度和严密性符合要求，因此，管路安装完毕后，应作强度与严密性试验，验证是否有漏气或漏液现象。未经试验合格，焊缝及连接处不得涂漆和保温。管路在第一次使用前需用压缩空气或惰性气吹扫。

（4）化工管路的保温和涂色 为了维持生产需要的高温或低温条件，节约能源，保证劳动条件，必须减少管路与环境的热量交换，即管路的保温。保温的方法是在管道外包上一层或多层保温材料，参见有关书籍。为了保护管路外壁和鉴别管路内介质的种类，在化工厂常将管路外壁涂上各种规定颜色的涂料或在管路上涂几道色环，这对检修管路和处理某些紧急情况带来方便条件。管路的涂色标志在行业中已经统一，如水管为绿色、氨管为黄色等。具体颜色可查阅有关规定。

二、管路常见故障及处理方法

管路常见故障及处理方法见表1-3。

表 1-3 管路常见故障及处理方法

常见故障	故障原因	处理方法
管泄漏	裂纹、孔洞（管内外腐蚀、磨损）、焊接不良	装旋塞、缠带、打补丁、箱式堵漏、更换
管堵塞	不能关闭、杂质堵塞	阀或管段热接旁通，设法清除杂质
管振动	流体脉动、机械振动	用管支撑固定或撤掉管支撑件，但必须保证强度
管弯曲	管支撑不良	用管支撑固定或撤掉管支撑件，但必须保证强度
法兰泄漏	螺栓松动、密封垫片损坏	箱式堵塞，禁锢螺栓；更换螺栓；更换密封垫、法兰
阀泄漏	压盖填料不良杂质附着在其表面	紧固填料函；更换压盖填料；更换阀部件或阀；阀部件磨合

思考与练习

一、选择题

1. 符合化工管路布置原则的是（　　）。

A. 各种管线成列平行，尽量走直线　B. 平行管路垂直排列时，冷的在上，热的在下

C. 并列管路上的管件和阀门应集中安装　D. 一般采用暗线安装

2. 安装在管路中的阀门（　　）。

A. 需考虑流体方向　B. 不必考虑流体方向

C. 不必考虑操作时的方便　D. 不必考虑维修时的方便

3. 能用于输送含有悬浮物质流体的是（　　）。

A. 旋塞阀　B. 截止阀　C. 节流阀　D. 闸阀

4. 要切断而不需要流量调节的地方，为减小管道阻力一般选用（　　）。

A. 截止阀　B. 针型阀　C. 闸阀　D. 止回阀

二、简答题

1. 化工管路拆装的顺序是什么？

2. 管路安装时阀门应该处于开启还是关闭状态？

3. 阀门安装方向对流体的流动方向有无要求？为什么？

任务 2　离心泵操作及性能曲线的测定

实训操作

一、情境再现

在化工生产中，为了满足工艺需要，常常要将流体从一个地方输送到另一个地方。为输送物料提供能量的机械称为输送机械，用于输送液体的机械称为泵，用于输送气体的机械称为风机或压缩机。离心泵是化工生产中应用最为广泛的输送机械，对其的选用和能耗分析也日益受到关注。离心泵的特性曲线是选择和使用离心泵的重要依据之一，是流体在泵内流动规律的外部表现形式。由于泵内部流动情况复杂，不能用数学方法计算这一特性曲线，只能依靠实验测定。图 1-4 为离心泵实操现场。

图 1-4　离心泵实操现场

二、任务目标

① 了解离心泵的构造、掌握其操作和调节方法。

② 掌握离心泵常见异常现象及处理方法。

③ 测定单级离心泵在一定转速时的特性曲线，并确定其最佳工作范围。

三、任务要求

① 认真预习离心泵的启动、运转和停车操作注意事项。

② 严格按照操作规程正确操作。

③ 能正确判断和处理各种异常现象，特殊情况能进行紧急停车操作。

四、操作步骤

1. 确认流程

确认离心泵输送流体的循环流程打通，打开清水罐到离心泵的入口阀门向泵内灌液，排除泵内空气。

2. 启泵

关闭泵出口阀门，启动电动机；当电机运转正常后，缓慢打开泵的出口阀，输送液体。

3. 测定数据

通过调节离心泵的出口阀门（从大到小），待每次稳定后，采集数据。

4. 停泵

关闭泵出口阀，停泵。关闭仪表电源，关闭总电源，关闭整个设备电源。

5. 绘制曲线

绘制离心泵特性曲线。

五、项目考评

见表1-4。

表1-4　离心泵操作及性能曲线的测定项目考评表

项目	评分要素	分值	评分记录	得分
灌泵	灌泵，排除空气	10		
启泵	启泵操作步骤正确	20		
测定数据	调节流量大小，正确记录数据	15		
停泵	停泵操作正确、关机顺序正确、得当	20		
职业素养	回收工具，整理资料，填写报表，遵守安全操作规程，团队协作精神	15		
实训报告	能完整、流畅地汇报项目实施情况，撰写项目完成报告，数据准确、可靠，数据曲线绘制准确	20		
安全操作	按国家有关规定执行操作　每违反一项规定从总分中扣5分，严重违规取消考核			
考评老师	日期		总分	

知识链接

知识一　流 体 流 动

流体通常是指气体和液体的总称。根据流体的体积随压力变化情况，流体可分为不可压缩流体和可压缩流体。

不可压缩流体是指体积不随压力变化而变化的流体，一般指液体。

可压缩流体是指体积随压力变化而变化的流体，一般指气体。

一、压力的表示方法

流体垂直作用在单位面积上的力，称为流体的静压强，简称压强（工程上习惯称为压

力）。用符号 p 表示。数学表达式为

$$p=\frac{F}{A} \tag{1-1}$$

可以证明，在静止流体内部，任一点的压力的方向都与作用面垂直，且在各个方向都有相同的数值。

在 SI 单位制中，压力的法定计量单位为 N/m^2 或 Pa，工程上常使用 MPa 作为压力的计量单位；在工程单位制中，压力的单位是 at（工程大气压）或 kgf/cm^2。

其他常用的压力表示方法还有如下几种 ：标准大气压（物理大气压），atm；米水柱，mH_2O；毫米汞柱，mmHg；毫米水柱，mmH_2O（流体处于低压状态时常用）。

各种压力单位的换算关系为：$1atm=101.3kPa=1.033\ kgf/cm^2=760mmHg=10.33mH_2O$。

实际生产中还经常采用以某种液体的液柱高度表示流体压力的方法。它的原理是作用在液柱单位底面积上的液体重力。设 h 为液柱的高度，A 为液柱的底面积，ρ 为液体的密度，则由 h 液柱高度所表示的流体压强为

$$p=\rho g h \tag{1-1a}$$

由上式可知，同一压力用不同液柱表示时，其高度不同。因此，当以液柱高度表示压力时，必须指明流体的种类，否则失去了表示压强的意义。

工程上，压力常用两种不同的基准来表示。以绝对真空为基准表示的压力称为绝对压力，是流体受到的实际压力；以大气压力为基准表示的压力称为表压。之所以称为表压，是由于它是由压力表上直接读取的数值，按压力表的测定原理，表压是绝对压力与大气压力之差，即

表压＝绝对压力－大气压力

真空度是被测流体的压力低于大气压力时，用真空表测得的压力值，它表示所测压力的实际值比大气压低出的部分，即

真空度＝大气压力－绝对压力

显然，真空度越高，其绝对压力越低。真空度又是表压的负值。绝对压力、表压与真空度之间的关系，可以用图 1-5 表示。

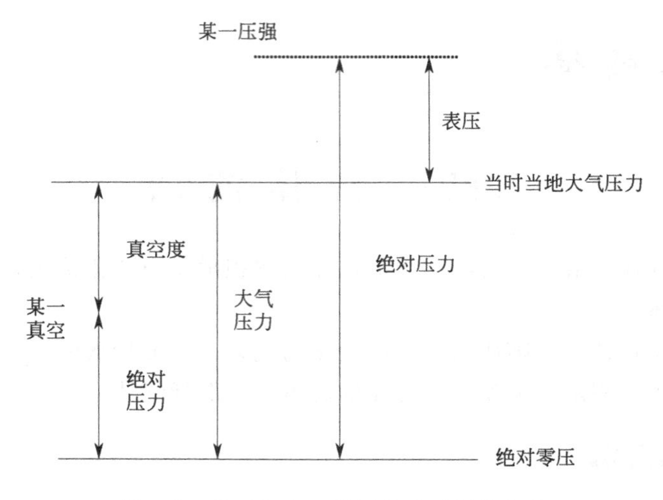

图 1-5　绝对压力、表压和真空度的关系

【例 1-1】　一台操作中的离心泵，进口真空表和出口压力表的读数分别为 0.02MPa 和 0.11MPa，试求绝对压力分别为多少千帕？设当地大气压为 101.3kPa。

解　进口绝对压力　　$p_1=101.3-20=81.3\ \mathrm{kPa}$

出口绝对压力　　$p_2=101.3+110=211.3\ \mathrm{kPa}$

二、静止流体内部压力的计算——静力学基本方程

如图 1-6 所示，敞口容器内盛有密度为 ρ 的液体，液体可认为是不可压缩流体，其密度不随压力变化。在静止液体中取任意一个垂直流体液柱，上下底面积均为 A，以容器底面为基准水平面，液柱的上、下端面与基准水平面的垂直距离分别为 z_1 和 z_2，作用在上下端面的压力分别为 p_1 和 p_2。重力场中在垂直方向上对液柱进行受力分析得

$$p_2=p_1+\rho g(z_1-z_2) \tag{1-2}$$

或

$$z_1 g+\frac{p_1}{\rho}=z_2 g+\frac{p_2}{\rho} \tag{1-2a}$$

若液柱的上端面取在容器的液面上，并设液面上方的压力为 p_0，液柱高度为 $h=(z_1-z_2)$，则上式可改写为

$$p_2=p_0+\rho gh \tag{1-2b}$$

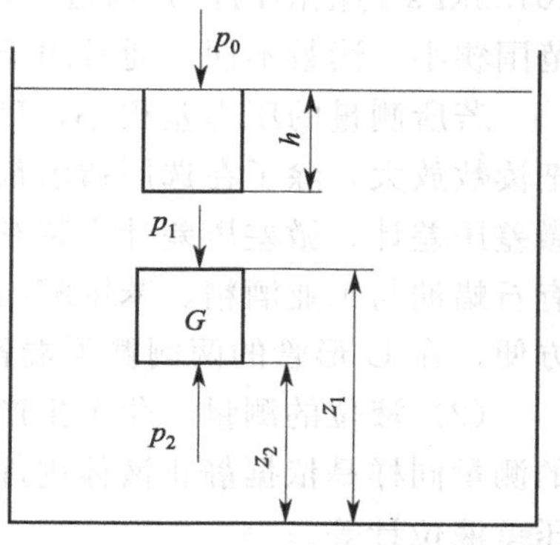

图 1-6　容器内液体受力分析

式(1-2)、式(1-2a)、式(1-2b) 均称为**流体静力学基本方程式**，它表明了静止流体内部压力变化的规律。

1. 流体静力学基本方程特点

① 流体静力学基本方程适用于在重力场中静止、连续的同种不可压缩流体，对于可压缩性的气体，只适用于压强变化不大的情况。

② 式(1-2b) 变形得 $h=\dfrac{p_2-p_0}{\rho g}$，说明压力或压力差的大小可用一定高度的液柱来表示。当 p_0 一定时，静止的液体内部任一点的压力与液体密度及其深度有关，静止、连续的同一液体内，处于同一水平面上各点的压力均相等。压力相等的面称为等压面。当液体上方的压力变化时，液体内部各点的压力也发生同样大小的变化。

③ 式(1-2a) 中的 zg 项可理解为$\dfrac{mgz}{m}$，单位为 $\mathrm{N\cdot m/kg=J/kg}$，即单位质量流体所具有的位能，$\dfrac{p}{\rho}$项的单位为$\dfrac{\mathrm{N/m^2}}{\mathrm{kg/m^3}}=\dfrac{\mathrm{Nm}}{\mathrm{kg}}=\dfrac{\mathrm{J}}{\mathrm{kg}}$，即单位质量流体所具有的静压能。由此可见，静止流体内部存在着两种形式的能量，位能和静压能，即

$$\frac{p}{\rho}+zg=\text{常数} \tag{1-2c}$$

由上式可知，在静止、连续的同一液体内部，不同位置的位能和静压能各不相同，但两项能量总和恒为常量。因此，静力学基本方程也反映了静止流体内部能量守恒与转化关系。

2. 利用流体静力学基本方程解决实际问题

流体静力学基本方程在化工生产过程中应用广泛，通常用于测量流体的压力或压差、液体的液位高度和液封高度等。

(1) 压力与压力差的测量　化工生产和实验中，经常遇到液体静压强的测量问题，用于测量流体中某点的压力或某两点间压力差的仪表很多，以流体静力学基本方程为依据的测压仪器，称为液柱压差计。其结构比较简单，精度较高，既可用于测量流体的压强，也可用于测量流体的压差，较为典型的有U形管压差计和微差压差计。

U形管压差计系由两端开口的U形玻璃管、中间配有读数标尺所构成。使用时管内装有指示液（通常采用的指示液有水、油、四氯化碳或汞），指示液要与被测流体不互溶，不起化学作用，且其密度应大于被测流体的密度。U形管压差计所测压差或压力一般在101.3kPa的范围内，其构造简单、测压准确，价格便宜。但玻璃管易碎，不耐高压，测量范围狭小，读数不便。通常用于测量较低表压、真空度或压差。

若所测量的压力差很小，U形管压差计的读数也很小，有时难以准确读出其值。为了把读数放大，除了在选用指示剂时，尽可能地使其密度与被测流体密度相接近外，还可采用微差压差计。微差压差计内装有两种密度相近且互不相溶的指示液（工业上常用的双指示剂有石蜡油与工业酒精、苯甲醇与氯化钙溶液等），且指示液与被测流体也不互溶，为了读数方便，在U形管的两侧臂顶端各装有扩大室。微差压差计主要用于测量气体的微小压力差。

(2) 液位的测量　化工生产中，经常要测量和控制各种设备和容器内的液位高度。液位的测量同样是依据静止液体内部的压力变化规律。一般常用的液位计有玻璃管液位计和液柱压差液位计等。

玻璃管液位计构造简单、测量直观、使用方便，缺点是玻璃管易破损，被测液面升降范围不应超过1m，而且不便于远处观测。多用于中、小型容器的液位计量。

液柱压差液位计的连通管中放入指示液，其密度远大于容器内液体的密度。这样可利用较小的指示液液位读数来计量大型容器内贮藏的液体高度。

(3) 液封高度的计算　在化工生产中，为了控制设备内气体压力不超过规定的数值，常常使用安全液封（或称水封）装置。其作用是当设备内压力超过规定值时，气体从水封管排出，以确保设备操作的安全，或防止气柜内气体泄漏。

三、流量和流速

1. 流量

单位时间内流经管道任意截面的流体的量，称为流体流量。流量有以下两种表示方法。

(1) 体积流量　单位时间内流经管道任意截面的流体体积，用 q_V 表示，单位 m^3/s 或 m^3/h。

(2) 质量流量　单位时间内流经管道任意截面的流体质量，用 q_m 表示，单位kg/s或kg/h。

体积流量和质量流量的相互关系

$$q_m = q_V \rho \tag{1-3}$$

2. 流速

单位时间内流体质点在流动方向上所流经的距离称为流速。

实验证明，流体流速在某个截面上各点的大小不相等，管道中心处的流速最大，越靠近管壁流速越小，在管壁处流速为零。工程中为了简便计算，用平均流速来表征这个截面的流速。

平均流速是流体在同一截面上各点流速的平均值。生产中常说的流速指的是平均流速，以符号 u 表示，单位为m/s。流速和流量的关系为

$$u=\frac{q_V}{A}=\frac{q_m}{\rho A}$$

或
$$q_V=uA \tag{1-4}$$
$$q_m=u\rho A \tag{1-4a}$$

式中　A——流通截面积，m^2。

3. 流量、流速与管径之间的关系

一般管路的横截面是圆形的，若 d 为管子的内直径，则管子横截面积 $A=\frac{1}{4}\pi d^2$，代入式(1-4)，得

$$d=\sqrt{\frac{4q_V}{\pi u}} \tag{1-5}$$

式(1-5) 称为流量方程，它描述了流体的管径、流量与流速三者之间的关系。

四、定态流动系统的质量守恒——连续性方程

1. 定态流动与非定态流动

流体流动系统中，若各截面上的温度、压力、流速等物理量仅随位置变化，而不随时间变化，这种流动称为定态流动，一般连续操作过程都为定态流动；若各物理量既随位置变化，又随时间变化，称为非定态流动，一般间歇操作过程都为非定态流动。在化工厂中，连续生产的开、停车阶段，属于非定态流动，而正常连续生产时，属于定态流动。

2. 连续性方程

如图 1-7 所示的定态流动系统，流体连续地从 1-1 截面进入，从 2-2 截面流出，且充满全部管道。

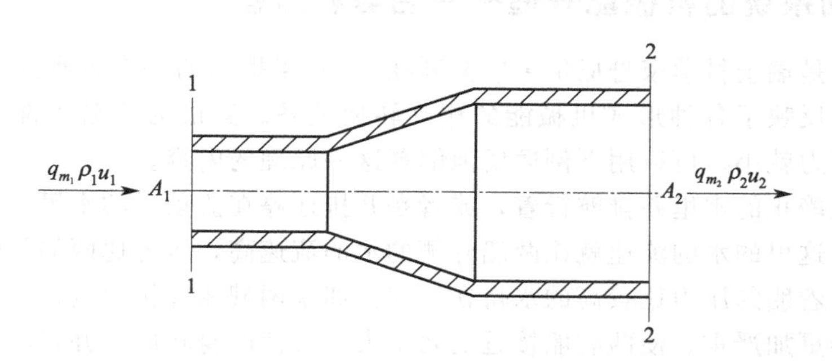

图 1-7　定态流动系统

以 1-1、2-2 截面以及管内壁所围成的空间为衡算范围，根据质量守恒定律，单位时间进入截面 1-1 的流体质量等于单位时间流出截面 2-2 的流体质量，即

$$q_{m_1}=q_{m_2}=常数 \tag{1-6}$$

或
$$\rho_1 u_1 A_1=\rho_2 u_2 A_2=常数 \tag{1-6a}$$

推广至任意截
$$q_m=\rho_1 u_1 A_1=\rho_2 u_2 A_2=\rho_3 u_3 A_3=\cdots=\rho_n u_n A_n \tag{1-6b}$$

以上均为**连续性方程**，表明在定态流动系统中，流体流经各截面时的质量流量恒定，而流速随管截面积和流体密度而变化，反映了管道截面上流速的变化规律。

对于不可压缩流体，ρ 为常数，则

$$q_V=u_1A_1=u_2A_2=u_3A_3=\cdots=u_nA_n=\text{常数} \tag{1-7}$$

式(1-7) 表明，不可压缩流体在管道中的流速跟管道截面积成反比，截面积越小，流速越大；反之，截面积越大，流速越小。

对于圆形管道 $A=\frac{1}{4}\pi d^2$，则

$$\frac{u_1}{u_2}=\frac{A_2}{A_1}=\left(\frac{d_2}{d_1}\right)^2 \tag{1-7a}$$

即不可压缩流体在圆形管道任意截面的平均流速与管内径的平方成反比。

【例 1-2】 20℃的水分别流经三段管径不同的管道，第一段管道 $d_1=500\text{mm}$，第二段管道 $u_2=1\text{m/s}$，第三段管道 $d_3=2000\text{mm}$，若水以 800kg/s 的质量流量流动，且在管内的流量相等。试求水在第一段管内的流速和第二段管道的直径。

解
$$q_{m_3}=q_{m_1}=\rho u_1A_1=\rho u_1\frac{\pi d_1^2}{4}$$

则
$$u_1=\frac{4q_{m_3}}{\rho\pi d_1^2}=\frac{4\times800}{10^3\times3.14\times0.5^2}=4.0\text{m/s}$$

$$q_{m_3}=q_{m_2}=\rho u_2A_2=\rho u_2\frac{\pi d_2^2}{4}$$

则
$$d_2=\sqrt{\frac{4q_{m_3}}{\rho\pi u_2}}=\sqrt{\frac{4\times800}{10^3\times3.14\times1}}=1.0\text{m}$$

或
$$\frac{u_1}{u_2}=\frac{d_2^2}{d_1^2}\qquad d_2=d_1\sqrt{\frac{u_1}{u_2}}=0.5\times\sqrt{\frac{4}{1}}=1.0\text{m}$$

五、定态流动系统的机械能守恒——伯努利方程

伯努利方程是瑞士科学家丹尼尔·伯努利在 1726 年提出的一个方程式，其实质是流体的机械能守恒，反映了各种形式机械能的相互转换关系。其最为著名的推论为：等高流动时，流速大，压力就小。可以用下例通俗地解释这一原理的内容。

如两艘船在静止的水里并排航行着，或者是并排地停在流动着的水里。两艘船之间的水面比较窄，所以这里的水的流速就比两船外侧的水的流速高，压力比两船外侧的小，结果这两艘船就会被围着船的压力比较高的水挤在一起。如果两艘船并排前进，而其中一艘稍微落后，那情况就会更加严重。使两艘船接近的两个力，会使船身转向，并且落后的船转向前面船的力更大。在这种情况下，撞船是免不了的，因为舵已经来不及改变船的方向。

1. 流体流动时所具有的机械能

(1) 位能　由于流体几何位置的高低而决定的能量，称为位能。位能是个相对值，和所选取的基准水平面有关，在基准水平面以上，位能为正，以下为负。如图 1-8 所示的三峡水利发电站，就是利用大坝将水高高蓄起，然后水在大坝处飞泻而下，带动发电机，虽然经过一系列复杂的转换，但其电能的根本来源是水的重力势能。将质量为 $m$kg 的流体自基准水平面升举到 z 处的位能为 mgz，其单位为 J；1kg 的流体所具有的位能为 gz，其单位为 J/kg。

(2) 动能　由于流体以一定速度流动所具有的能量，称为动能。质量为 $m$kg，流速为 um/s 的流体动能为$\frac{1}{2}mu^2$，其单位为 J；1kg 的流体所具有的动能为$\frac{1}{2}u^2$，其单位为 J/kg。

（3）静压能　由于流体有一定静压力而具有的能量称为静压能。图 1-9 是地下水管破裂后，静压能使水管破裂处喷出高高的水柱。质量为 $m$kg 的流体具有的静压能为 $m\frac{p}{\rho}$，其单位为 J；1kg 流体所具有的静压能为$\frac{p}{\rho}$，其单位为 J/kg。

图 1-8　三峡大坝利用水流的位能推动发电机

图 1-9　静压能使水管破裂处喷出高高的水柱

位能、动能和静压能均为流体在截面处所具有的机械能，三者之和称为某截面上的总机械能。位能、动能和静压能均为**状态量**，与截面的位置有关系，与流体流动的过程无关。

在实际应用中，为了计算方便，常采用不同的衡算基准，得到不同形式的流体机械能表达式，见表 1-5。

表 1-5　不同衡算基准下流体机械能的表达式

衡算基准	动能	位能	静压能	单位
$m$kg 流体	$\frac{1}{2}mu^2$	mgz	pV	J
1kg 流体	$\frac{1}{2}u^2$	gz	$\frac{p}{\rho}$	J/kg
1N 流体	$\frac{u^2}{2g}$	z	$\frac{p}{\rho g}$	m

2. 理想流体的伯努利方程

无黏性、流动时不产生摩擦阻力的流体，称为理想流体。实际生产中，理想流体是不存在的，它只是实际流体的一种抽象“模型”。但任何科学的抽象都能帮助人们更好地理解和解决实际问题。

当理想流体在一密闭管路中作定态流动时，由能量守恒定律可知，进入管路系统的总能量应等于管路系统带出去的总能量。在无其他形式能量输入和输出的情况下，理想流体进行定态流动时，在管路任一截面的流体总机械能是一个常数，即

$$zg+\frac{u^2}{2}+\frac{p}{\rho}=\text{常数} \tag{1-8}$$

也可表述为

$$z_1g+\frac{u_1^2}{2}+\frac{p_1}{\rho}=z_2g+\frac{u_2^2}{2}+\frac{p_2}{\rho} \tag{1-8a}$$

式(1-8) 和式(1-8a) 是以单位质量流体为衡算基准的机械能衡算式，各项单位均为 J/kg；若将式(1-8a) 各项同除 g，可得到以单位重量流体即 1N 流体为计算基准的机械能衡算式

$$z_1+\frac{u_1^2}{2g}+\frac{p_1}{\rho g}=z_2+\frac{u_2^2}{2g}+\frac{p_2}{\rho g} \tag{1-8b}$$

通常将式(1-8a)、式(1-8b) 称为**伯努利方程**。由伯努利方程可知，理想流体在管中作定态流动而又无外功加入时，在任一截面上单位质量流体所具有的总机械能相等，也就是说，各种机械能之间可以相互转化，但总量不变。

伯努利方程在水利、造船、化工、航空等部门有着广泛的应用，可以用其原理解释很多现象。

① 飞机的飞翔。飞机能够在天上飞是因为它的机翼受到了向上的升力。机翼周围的空气的流线分布在截面上下是不对称的。用伯努利方程分析得知，上面的压强是小的，而下面的压强是大的。飞机的上升之力就是这样产生的。

② 喷雾器也是应用伯努利方程来启发做成的。空气从喷雾器的小孔迅速流出后，小孔附近的压强是小的，而容器里面的压强却是大的。在这种情况下，液体会顺着小孔下面的细小的管子升上来，然后受到空气流的冲击，喷雾器的雾就是这样来的。

③ 在打乒乓球的时候，有些高手就擅长于用旋转球来击败对方。那么为什么旋转球有如此大的威力呢？这个也可以用伯努利方程来解释。旋转球的威力是由于周围空气的流动情况不同而得来的。在乒乓球转动的时候，周围的空气跟着它一起旋转，流速及压强的上下不同产生了球的威力。

3. 实际流体的伯努利方程

(1) 机械能以外的能量形式

① 外加功　在实际输送流体的系统中，为了补充消耗掉的能量，需要使用外加设备(泵) 来提供能量。1kg 流体从流体输送机械获得能量称为外加功或有效功，用 W_e 表示，其单位为 J/kg。

② 能量损失　因实际流体具有黏性，在流动过程中会产生摩擦阻力，使一部分机械能转变成热能而无法利用，这部分损失掉的机械能称为能量损失或阻力损失。对于 1kg 流体而言，克服两截面间各项阻力所消耗的能量损失，用 $\sum W_f$ 表示，其单位为 J/kg。

外加功和能量损失为过程量。结合表 1-5，不同衡算基准下，流体能量的表达式见表 1-6。

表 1-6　不同衡算基准下流体能量的表达式

衡算基准	动能	位能	静压能	外加功	能量损失	单位
1kg 流体	$\frac{1}{2}u^2$	gz	$\frac{p}{\rho}$	W_e	$\sum W_f$	J/kg
1N 流体	$\frac{u^2}{2g}$	z	$\frac{p}{\rho g}$	H_e	$\sum H_f$	m

习惯上将 z、$\frac{u^2}{2g}$、$\frac{p}{\rho g}$ 分别称为位压头、动压头和静压头，三者之和称为总压头，$\sum H_f$ 称为压头损失，H_e 为单位重量的流体从流体输送机械所获得的能量，称为外加压头或有效压头。

(2) 实际流体的伯努利方程　若离心泵输入的外功为 W_e，能量的损失为 $\sum W_f$，根据能量守恒定律，在理想伯努利方程(1-8a) 等式的左边加上离心泵的输入功 W_e，右边加上能量损失 $\sum W_f$，即

$$z_1 g+\frac{u_1^2}{2}+\frac{p_1}{\rho}+W_e=z_2 g+\frac{u_2^2}{2}+\frac{p_2}{\rho}+\sum W_f \tag{1-9}$$

式(1-9) 亦称为**实际流体的伯努利方程**，它是以单位质量流体为计算基准的，式中各项单位均为 J/kg。它反映了流体流动过程中各种能量的转化和守恒规律，在流体输送中具有重要意义。

(3) 流体动力学方程和静力学方程的联系　如果系统处于静止状态，则 $u=0$；没有流动就没有能量损失，$\sum W_f=0$；不需流动，自然不需要加入外功，则 $W_e=0$。所以由动力学方程可以得到静力学方程。

由此可见，伯努利方程不仅可以表达流体的运动规律，还可以表达流体静态规律，因为静止状态只是运动状态的一种特殊形式。

【例 1-3】 有一输水系统如下图所示。输水管径为 $\varphi 57\text{mm}\times 3.5\text{mm}$。已知管内的阻力损失按 $\sum W_f=45\times u^2/2$ 计算，式中 u 为管内流速。求水的流量为多少 m^3/s？欲使水量增加 20%，应将水槽的水面升高多少？

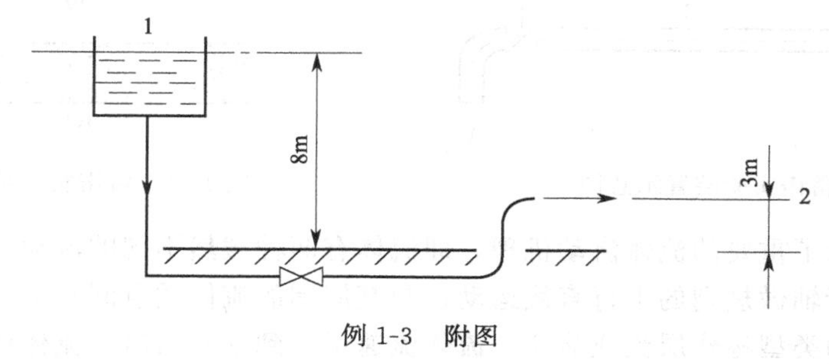

例 1-3　附图

解　(1) 在截面 1 和截面 2 之间列伯努利方程

$$z_1+\frac{u_1^2}{2g}+\frac{p_1}{\rho g}+H_e=z_2+\frac{u_2^2}{2g}+\frac{p_2}{\rho g}+\sum H_f$$

其中：$z_1=8\text{m}$，$u_1\approx 0$，$p_1=0$ (表压)，$H_e=0$

$z_2=3\text{m}$，$\sum H_f=45u_2^2/2g$，$p_2=0$(表压)

代入伯努利方程得

$$8-3=\frac{u_2^2}{2g}+\frac{45u_2^2}{2g}=\left(\frac{1}{2g}+\frac{45}{2g}\right)u_2^2=2.34u_2^2$$

$$u_2=\sqrt{\frac{5}{2.34}}=1.46\text{m/s}$$

$$q_V=u_2A=u_2\ \frac{\pi d_2^2}{4}=1.46\times\frac{3.14\times 0.05^2}{4}=2.87\times 10^{-3}\text{m}^3/\text{s}$$

(2) 流量增加 20%，即 u_2' 应变为原来的 1.2 倍。

$$z_1'-3=2.34u_2'=2.34\times 1.2^2\times u_2^2=2.34\times 1.2^2\times 1.46^2=7.18\text{m}$$

$$z_1'=7.18+3=10.18\text{m}$$

$$z_1'-z_1=10.18-8=2.18\text{m}$$

知识二　流 体 阻 力

一、流体的流型

1. 流体流动型态的划分

雷诺实验装置如图 1-10 所示，水箱装有溢流装置，以维持水位恒定，箱中有一水平玻璃直管，玻璃管进口中心处插有连接红墨水的针形细管，分别用阀 A、B 调节清水和红墨水的流量。雷诺实验表明，当玻璃管内水的流速较小时，红墨水在管中心呈明显的细直线，沿玻璃管的轴线通过全管，如图 1-11(a) 所示。随着水流速的逐渐增大，作直线流动的红色细线开始抖动、弯曲、呈波浪形，如图 1-11(b) 所示。速度再增大，红色细线断裂、冲散，全管内水的颜色均匀一致，如图 1-11(c) 所示。

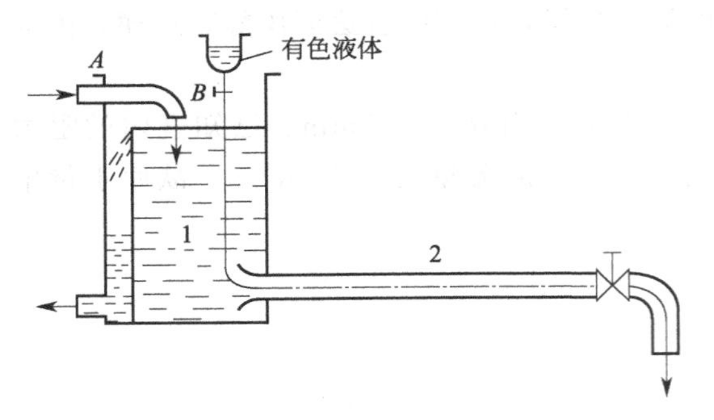

图 1-10　雷诺实验装置示意图

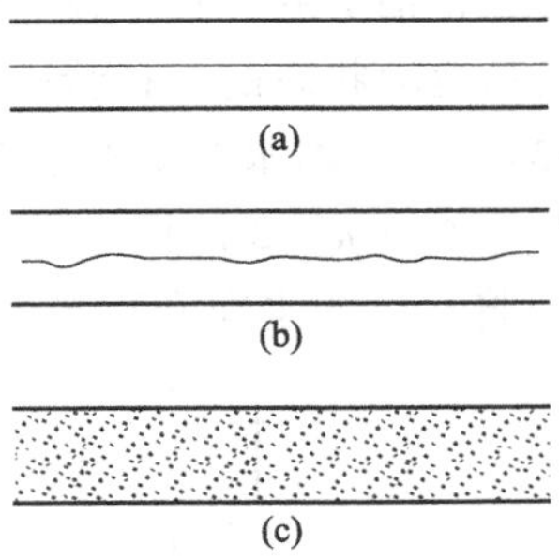

(a)

(b)

(c)

图 1-11　雷诺实验结果比较

雷诺实验揭示了重要的流体流动机理，即流体有两种截然不同的流动型态。当流速较小时，流体质点沿管轴做规则的平行直线运动，与其周围的流体质点间互不干扰及相混，即分层流动，这种流动类型称作层流或滞流。流体流速增大到某一值时，流体质点除流动方向上的运动外，还向其他方向做随机运动，即存在流体质点的不规则脉动，彼此混合，这种流体类型称作湍流或紊流。

2. 流体流动型态的判据

为了确定流体的流动型态，雷诺通过改变实验介质、管材及管径、流速等实验条件，做了大量的实验，并对实验结果进行了归纳总结。流体的流动型态主要与流体的密度 ρ、黏度 μ、流速 u 和管内径 d 等因素有关，并可以用这些物理量组成一个数群，用来判定流动型态，这一数群称为雷诺数，用 Re 表示

$$Re=\frac{du\rho}{\mu} \tag{1-10}$$

雷诺数，无单位。由几个物理量按照没有单位的条件组合的数群，称为特征数或准数。Re 反映了上述四个因素对流体流动型态的影响，因此，Re 数值的大小，可以作为判别流体流动型态的标准。Re 的大小也反映了流体的湍动程度，Re 越大，流体湍动性越强。计算时只要采用同一单位制下的单位，计算结果都相同。

大量实验结果表明，当 $Re<2000$ 时，流体的流动型态为层流，称为层流区；当 $Re>4000$ 时，流体的流动类型为湍流，称为湍流区；当 Re 数值在 2000～4000 范围内，流动状态是不稳定的，称为过渡区。这种流动受外界条件的干扰，如管道形状的变化、外来的轻微震动等都易促成湍流的发生，所以过渡区的阻力计算应按湍流流动处理。

【例 1-4】 在 20℃条件下，油的密度为 830kg/m^3，黏度为 3cp（$1\text{cp}=10^{-3}\text{Pa}\cdot\text{s}$），在圆形直管内流动，其流量为 $10\text{m}^3/\text{h}$，管子规格为 $\varphi 89\text{mm}\times 3.5\text{mm}$，试判断其流动型态。

解　已知 $\rho=830\text{kg/m}^3$，$\mu=3\text{cp}=3\times10^{-3}\text{Pa}\cdot\text{s}$　$d=89-2\times3.5=82\text{mm}=0.082\text{m}$

则
$$u=\frac{q_V}{\frac{\pi}{4}d^2}=\frac{10/3600}{0.785\times(0.082)^2}=0.526\text{m/s}$$

$$Re=\frac{du\rho}{\mu}=\frac{0.082\times0.526\times830}{3\times10^{-3}}=1.193\times10^{4}$$

因为 $Re>4000$，所以该流动型态为湍流。

3. 流体在圆管内的速度分布

由于流体流动时，流体质点之间和流体与管壁之间都有摩擦阻力，因此，靠近管壁附近处的流层流速较小，附在管壁上的流层流速为零，离管壁越远流速越大，在管中心线上流速最大。在流体方程式中流体的流速是指平均流速。但层流与湍流时在管道截面上的流速分布并不一样，如图 1-12 所示，所以流体的平均流速与最大流速的关系也不相同。

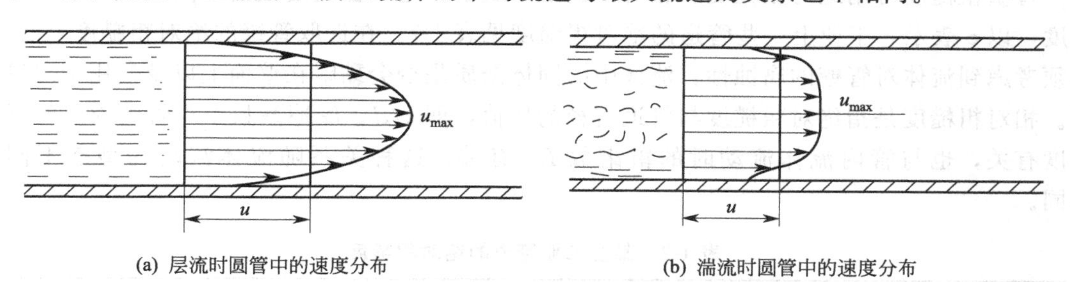

(a) 层流时圆管中的速度分布　　(b) 湍流时圆管中的速度分布

图 1-12　圆管内速度分布

层流时的速度分布　$u=0.5u_{max}$

湍流时的速度分布　$u\approx0.82u_{max}$

应当指出，在湍流时无论流体主体湍动的程度如何剧烈，在靠近管壁处总黏附着一层作层流流动的流体薄层，称为层流内层（或层流底层）。层流内层的厚度与流体的湍动程度有关，流体的湍动程度越高，即 Re 值越大，层流内层越薄；反之越厚。层流内层虽然很薄，但对流体传热、传质过程都有重大影响。

二、流体阻力

流体流动阻力产生的原因是流体有黏性，在流动过程中产生内摩擦力，而内摩擦力是阻碍流体流动的力，即阻力。可见，流体的黏性是产生流体流动阻力的内因。而固体壁面促使流体内部产生相对运动，所以说壁面及其形状等因素是流体流动阻力产生的外因。流体在流动过程中要克服这些阻力，需要消耗一部分能量，这一能量即为伯努利方程式中的 $\sum W_f$。生产用的管路主要由直管、管件、阀门等部件组成，因此，流体流动阻力也相应地分为直管阻力和局部阻力两类。

1. 直管阻力

（1）直管阻力的计算式　直管阻力，也叫沿程阻力，是流体经过一定管径的直管时，由于流体的内摩擦而产生的阻力。由理论推导可得到直管阻力的计算式

$$W_f=\lambda\frac{l}{d}\times\frac{u^2}{2} \tag{1-11}$$

式中　W_f——直管阻力，J/kg；

λ——摩擦系数，也称摩擦因数，其值与流体型态及管壁的粗糙程度等因素有关；

l——直管的长度，m；

d——直管的内径，m；

u——流体在管内的流速，m/s。

式(1-11) 称为范宁公式，是计算流体在直管内流动阻力的通式，称为直管阻力计算式，对层流和湍流均适用，只是两种情况下的摩擦系数不同。因此，应用范宁公式计算直管阻力时，确定摩擦系数 λ 是个关键。

(2) 摩擦系数 λ 的确定　工业生产上所使用的管道，按其材料的性质和加工情况，大致可分为光滑管与粗糙管。通常把玻璃管、铜管和塑料管等列为光滑管，把钢管和铸铁管等列为粗糙管。实际上，即使是同一种材质的管子，由于使用时间的长短与腐蚀结垢的程度不同，管壁的粗糙度也会发生很大的变化。

管壁粗糙度可用绝对粗糙度和相对粗糙度来表示。绝对粗糙度是指壁面凸出部分的平均高度，以 ε 表示，工业上一些管道的绝对粗糙度见表 1-7。在选取管壁的绝对粗糙度 ε 值时，必须考虑到流体对管壁的腐蚀性，流体中的固体杂质是否会黏附在壁面上以及使用情况等因素。相对粗糙度是指绝对粗糙度与管道直径的比值，即 ε/d。摩擦系数 λ 与管路内壁的粗糙程度有关，也与管内流体流动时的雷诺数 Re 有关，这种关系随流体流动的型态不同而不同。

表 1-7　某些工业管道的绝对粗糙度

管道类别	绝对粗糙度 ε/mm	管道类别	绝对粗糙度 ε/mm
无缝黄铜管、铜管及铝管	0.01～0.05	具有重度腐蚀的无缝钢管	0.5 以上
新的无缝钢管或镀锌铁管	0.1～0.2	旧的铸铁管	0.85 以上
新的铸铁管	0.3	干净玻璃管	0.0015～0.01
具有轻度腐蚀的无缝钢管	0.2～0.3	很好整平的水泥管	0.33

流体作层流流动时，摩擦系数 λ 只与雷诺数 Re 有关，而与管壁的粗糙程度无关。通过理论推导，可以得出 λ 与 Re 的关系

$$\lambda=\frac{64}{Re} \tag{1-12}$$

流体作湍流流动时，摩擦系数不仅与雷诺数有关，还与管壁的粗糙度有关。由于湍流时质点运动的复杂性，现在还不能从理论上推算 λ 值，通常将摩擦系数 λ 对雷诺数 Re 与相对粗糙度 ε/d 的关系曲线标绘在双对数坐标上，如图 1-13 所示，该图称为莫狄（Moody）图。这样就可以方便地根据 Re 与 ε/d 值从图中查得各种情况下的 λ 值。

由图看出，可分成四个区域。

① 层流区　当 $Re<2000$ 时，λ 与 Re 为一直线关系，与相对粗糙度无关。

② 过渡区　当 $Re=2000\sim4000$ 时，管内流动型态受外界条件影响而变化，λ 也随之波动。工程上一般按湍流处理，λ 可从相应的湍流时的曲线延伸查取。

③ 湍流区　当 $Re>4000$ 且在图中虚线以下区域时，$\lambda=f(Re,\varepsilon/d)$。对于一定的 ε/d，λ 随 Re 数值的增大而减小。

④ 完全湍流区　即图中虚线以上的区域，λ 与 Re 的数值无关，只取决于 ε/d，λ-Re 曲线几乎成水平线。当管子的 ε/d 一定时，λ 为定值。在这个区域内，阻力损失与 u^2 成正比，故又称为阻力平方区。由图可见，ε/d 值越大，达到阻力平方区的 Re 值越低。

【例 1-5】 20℃的水，以 1m/s 速度在钢管中流动，钢管规格为 φ60mm×3.5mm，试求水通过 100m 长的直管时，阻力损失为多少？已知水在 20℃ 时的 $\rho=998.2\text{kg/m}^3$，$\mu=1.005\times10^{-3}\text{Pa}\cdot\text{s}$。

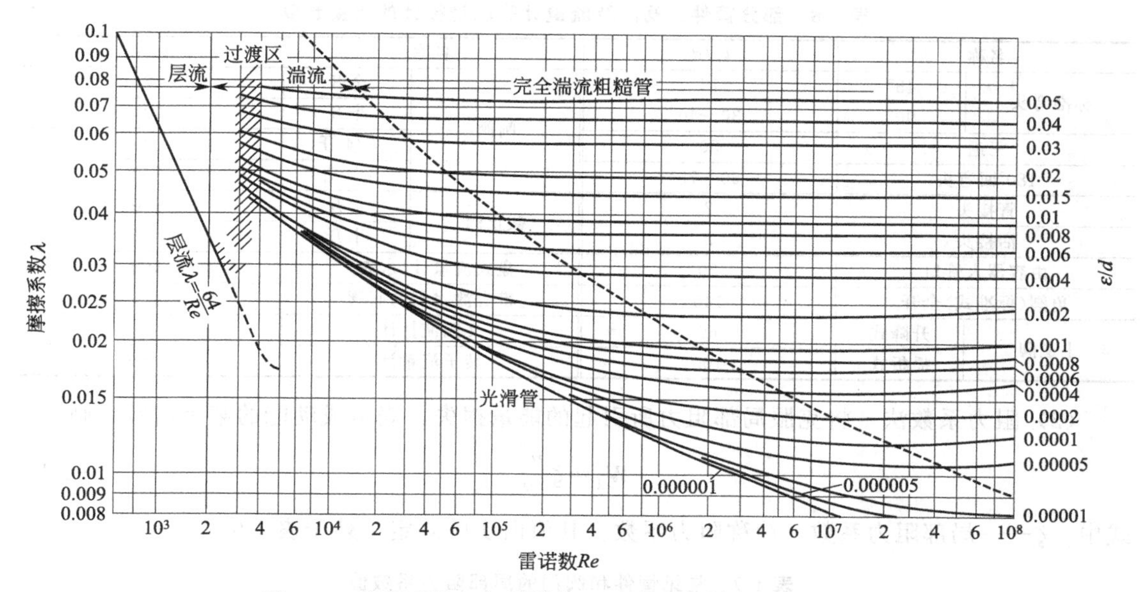

图 1-13　摩擦系数 λ 与雷诺数 Re、相对粗糙度 ε/d 的关系

解　$d=60-3.5\times2=53\text{mm}$，$l=100\text{m}$，$u=1\text{m/s}$

$$Re=\frac{du\rho}{\mu}=\frac{0.053\times1\times998.2}{1.005\times10^{-3}}=5.26\times10^{4}$$

取钢管的管壁绝对粗糙度 $\varepsilon=0.2\text{mm}$，则 $\dfrac{\varepsilon}{d}=\dfrac{0.2}{53}=0.004$

据 Re 与 ε/d 值，可以从图 1-13 上查出摩擦系数 $\lambda=0.03$

则
$$W_{\mathrm{f}}=\lambda\,\frac{l}{d}\times\frac{u^{2}}{2}=0.03\times\frac{100}{0.053}\times\frac{1^{2}}{2}=28.3\text{J/kg}$$

2. 局部阻力

局部阻力是流体流经管路中的管件、阀门及截面的突然扩大和突然缩小等局部地方所产生的阻力。流体在管路的进口、出口、弯头、阀门、突然扩大、突然缩小或流量计等局部流过时，必然发生流体的流速和流动方向的突然变化，流动受到干扰、冲击，产生旋涡并加剧湍动，使流动阻力显著增加。局部阻力一般有两种计算方法，即当量长度法和阻力系数法。

(1) 当量长度法　将某一局部阻力折合成相当于同直径一定长度直管所产生的阻力，此折合的直管长度称为当量长度，用符号 l_{e} 表示，即用当量长度法表示的局部阻力为

$$W'_{\mathrm{f}}=\lambda\,\frac{l_{\mathrm{e}}}{d}\times\frac{u^{2}}{2}\qquad(1\text{-}13)$$

式中　u——管内流体的平均流速，m/s；

l_{e}——当量长度，m。

当局部流通截面发生变化时，u 应该采用较小截面处的流体流速。l_{e} 数值由实验测定，在湍流情况下，某些管件与阀门的当量长度也可以查表 1-8 或查有关手册中管件、阀门的当量长度共线图。

表 1-8 部分管件、阀门及流量计等以管径计的当量长度

名称		l_e/d	名称		l_e/d
标准弯头	45°	15	闸阀	全开	7
	90°	30～40		半开	200
三通		50		3/4 开	40
180°回弯头		50～75		1/4 开	800
管接头		2	截止阀	全开	300
活接头		2		半开	475
由容器入管口		20	盘式流量计(水表)		400
角阀(标准式)全开		145	带有滤水器的底阀		420
止逆阀	升降式	60	文氏流量计		12
	摇板式	100	转子流量计		200～300

(2) 阻力系数法　将克服局部阻力所引起的能量损失，表示成动能的某个倍数，则

$$W_f'=\zeta\frac{u^2}{2} \tag{1-14}$$

式中　ζ——局部阻力系数，简称阻力系数。其值由实验测定，列于表 1-9。

表 1-9 常见管件和阀门的局部阻力系数值

名称		阻力系数 ζ	名称		阻力系数 ζ
弯头	45°	0.35	闸阀	全开	0.17
	90°	0.75		半开	4.5
三通		1		3/4 开	0.9
90°方形弯头		1.3		1/4 开	24.0
180°回弯头		1.5	标准阀	全开	6.0
管接头		0.04		半开	9.5
活接头		0.04	角阀	全开	2.0
止逆阀	球式	70.0	水表,盘式		7.0
	摇板式	2.0			

3. 总阻力

管路系统的总阻力等于通过所有直管的阻力和所有局部阻力之和。这些阻力可以分别用有关的公式进行计算，则管路的总能量损失表达式为

$$\Sigma W_f=\lambda\frac{l+\Sigma l_e}{d}\times\frac{u^2}{2} \tag{1-15}$$

或

$$\Sigma W_f=\left(\lambda\frac{l}{d}+\Sigma\zeta\right)\times\frac{u^2}{2} \tag{1-15a}$$

式中　ΣW_f——管路的总能量损失，J/kg；

l——管路上各段直管的总长度，m；

Σl_e——管路上全部局部阻力的当量长度之和，m；

$\Sigma\zeta$——管路上全部局部阻力的阻力系数之和；

u——流体流经管路的流速，m/s。

应注意，式(1-15) 和式(1-15a) 适用于直径相同的管段或管路系统的计算，式中的流速 u 是指管段或管路系统中的流速，由于管径相同，所以 u 可按任一管截面来计算。当管路由若干直径不同的管段组成时，由于各段的流速不同，此时管路的总能量损失应分段计算，然后再求其总和。

流动阻力造成的能量损失，会增加操作费用，所以生产中应尽量降低管路总阻力。主要

采取如下措施：

① 合理布局，尽量减少管长，少安装不必要的管件及阀门；

② 适当加大管径并尽量选用光滑管；

③ 高黏度液体长距离输送时，可用加热方式或强磁场处理，以降低黏度；

④ 在工艺允许的情况下，可在被输送液体中加入减阻剂，如可溶的高分子聚合物、皂类的溶液、适当大小的固体颗粒稀薄悬浮液等；

⑤ 管壁上进行预处理，在表面进行涂层或小尺度肋条结构。

【例 1-6】 20℃的水以 $16m^3/h$ 的流量流过某一管路，管子规格为 $\varphi 57mm \times 3.5mm$。管路上装有 90°的标准弯头两个、闸阀（1/2 开）一个，直管段长度为 30m。试计算流体流经该管路的总阻力损失。已知 20℃下水的密度为 $998.2kg/m^3$，黏度为 $1.005mPa \cdot s$。

解　管子内径为 $d=57-2\times 3.5=50mm=0.05m$

水在管内的流速为

$$u=\frac{q_V}{A}=\frac{q_V}{0.785d^2}=\frac{16/3600}{0.785\times(0.05)^2}=2.26m/s$$

流体在管内流动时的雷诺数为　$Re=\dfrac{du\rho}{\mu}=\dfrac{0.05\times 2.26\times 998.2}{1.005\times 10^{-3}}=1.12\times 10^5$

查表取管壁的绝对粗糙度 $\varepsilon=0.2mm$，则 $\varepsilon/d=0.2/50=0.004$，由 Re 值及 ε/d 值查图得 $\lambda=0.0285$。

（1）用阻力系数法计算

查表得：90°标准弯头，$\zeta=0.75$；闸阀（1/2 开度），$\zeta=4.5$。

所以　$\sum W_f=\left(\lambda\dfrac{l}{d}+\sum\zeta\right)\dfrac{u^2}{2}=\left[0.0285\times\dfrac{30}{0.05}+(0.75\times 2+4.5)\right]\times\dfrac{(2.26)^2}{2}=59J/kg$

（2）用当量长度法计算

查表得：90°标准弯头，$l_e/d=30$；闸阀（1/2 开度），$l_e/d=200$。

$$\sum W_f=\lambda\frac{l+\sum l_e}{d}\times\frac{u^2}{2}=0.0285\times\frac{30+(30\times 2+200)\times 0.05}{0.05}\times\frac{(2.26)^2}{2}=62.6J/kg$$

从以上计算可以看出，用两种局部阻力计算方法的计算结果差别不大，在工程计算中是允许的。

知识三　离心泵的操作

离心泵具有结构简单，性能稳定，检修方便，操作容易和适应性强等特点，在化工生产中应用十分广泛。

一、离心泵的结构和工作过程

1. 离心泵的结构

离心泵主要部件有叶轮、泵壳和轴封装置，如图 1-14 所示。

（1）叶轮　离心泵的叶轮是将电动机的机械能直接传给液体，以增加液体的静压能和动能（主要增加静压能），是泵的主要部件。叶轮内一般有 6～12 片后弯叶片，通常有开式、半闭式和闭式叶轮三种类型，如图 1-15 所示。

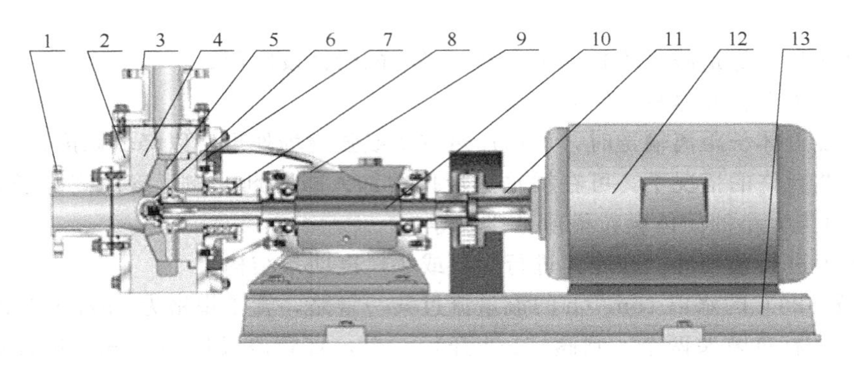

图 1-14　离心泵结构

1—进口管；2—前夹板；3—出口管；4—泵体；5—叶轮；6—叶轮端部组合件；7—后夹板；8—密封组合件；9—轴承座组合件；10—主轴；11—联轴器；12—电动机；13—底板

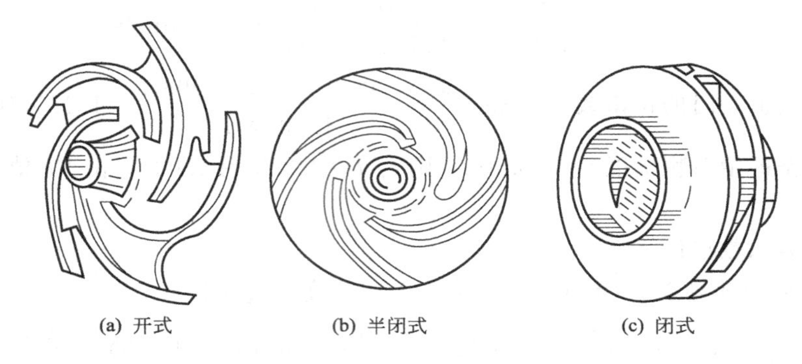

图 1-15　离心泵的叶轮

开式叶轮，如图 1-15(a) 所示，叶片直接安装在泵轴上，叶片两侧无盖板，制造简单、清洗方便，适用于输送含有杂质悬浮物的物料；半闭式叶轮，如图 1-15(b) 所示，在吸入口一侧无盖板，而在另一侧有盖板，适用于输送易沉淀或含有颗粒的物料。由于上述两种叶轮与泵体不能很好地密合，液体会流回吸液侧，因而效率也较低；闭式叶轮，如图 1-15(c) 所示，在叶片两侧有前后盖板，适用于输送不含杂质的清洁液体。闭式叶轮造价虽高些，但效率高，所以一般的离心泵叶轮多为此类。

(2) 泵壳　离心泵的泵壳作用是将叶轮封闭在一定的空间，以便在叶轮的作用下吸入和压出液体。泵壳多做成蜗壳形，故又称蜗壳。由于流道截面积逐渐扩大，故从叶轮四周甩出的高速液体逐渐降低流速，使部分动能有效地转换为静压能。泵壳不仅汇集由叶轮甩出的液体，同时又是一个能量转换装置。

为使泵内液体能量转换效率增高，叶轮外周安装导轮。导轮是位于叶轮外周固定的带叶片的环。这些叶片的弯曲方向与叶轮叶片的弯曲方向相反，其弯曲角度正好与液体从叶轮流出的方向相适应，引导液体在泵壳通道内平稳地改变方向，将使能量损耗减至最小，提高动能转换为静压能的效率。

(3) 轴封装置　轴封作用是防止泵壳内液体沿轴漏出或外界空气漏入泵壳内。常用轴封装置有填料密封和机械密封两种。填料一般用浸油或涂有石墨的石棉绳。机械密封主要是靠装在轴上的动环与固定在泵壳上的静环之间端面作相对运动而达到密封的目的。

2. 离心泵的工作过程

离心泵的工作过程如图 1-16 所示。离心泵在启动前须向泵内灌满被输送的液体，这种操作称为灌泵。启动电动机后，泵轴带动叶轮一起旋转，充满叶片之间的液体也随着旋转，在离心惯性力的作用下，液体从叶轮中心被抛向外缘并获得能量，使叶轮外缘液体的静压能和动能都增加。液体离开叶轮进入泵壳后，由于泵壳的流道逐渐加宽，液体的流速逐渐降低，又将一部分动能转变为静压能，使泵出口处液体的压力进一步提高，于是液体以较高的压力，从泵的排出口进入排出管路，输送到所需场所，完成泵的排液过程。

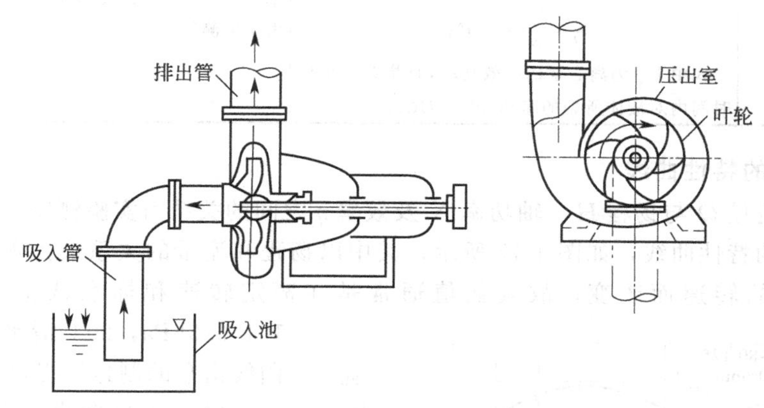

图 1-16　离心泵工作过程示意

当泵内液体从叶轮中心被抛向叶轮外缘时，在叶轮中心形成了一定的真空，由于贮槽液面上方的压力大于泵入口处的压力，在压力差的作用下，液体便沿着吸入管连续不断地进入叶轮中心，以补充被排出的液体，完成离心泵的吸液过程。可见，只要叶轮不断地转动，液体便会不断地被吸入和排出。

离心泵启动时，如果泵壳与吸入管内没有充满液体，则泵壳内存有空气，由于空气密度远小于液体的密度，产生的离心惯性力小，因而叶轮中心处形成的低压不足以将贮槽内的液体吸入泵内，此时泵虽已启动但不能输送液体，这种现象称为“气缚”，说明离心泵无自吸能力。为防止气缚现象的发生，离心泵启动前要灌泵。如果泵的位置低于槽内液面，则启动前无需灌泵，只要将入口阀打开，液体便自动流入泵内。

二、离心泵的性能参数和特性曲线

1. 离心泵的性能参数

离心泵的性能参数包括流量、扬程、轴功率和效率等，这些性能表明泵的特性。具体性能参数的影响因素见表 1-10。

表 1-10　离心泵性能参数及其影响因素

性能参数	单位	定义	影响因素
流量 Q	m^3/h m^3/s	流量代表离心泵的送液能力，是指离心泵在单位时间内输送到管路系统的液体的体积	离心泵的流量取决于泵的结构尺寸（如叶轮的直径与叶片的宽度）和叶轮的转速。离心泵的实际流量还与管路特性有关
扬程 H	m	扬程即泵的压头，是指离心泵向单位重量液体提供的机械能	离心泵的扬程取决于泵的结构（如叶轮的直径、叶片的弯曲情况等）、叶轮的转速和离心泵的流量

续表

性能参数	单位	定义	影响因素
轴功率 N	W kW	指泵轴所需的功率。当泵直接由电动机带动时，即为电动机传给泵轴的功率	离心泵的轴功率与设备尺寸、流体的黏度、流量等有关，其值可用功率表进行测量
效率 η	无量纲	离心泵在实际运转中，由于存在各种能量损失（容积损失，水力损失，机械损失），致使电动机传给泵轴的能量不能全部由液体获得，泵的有效扬程和流量都较理论值低，通常可用泵的效率 η 来反映设备能量损失的大小，即 $\eta=\frac{N_e}{N}\times 100\%$ 式中 N_e 为离心泵的有效功率，是指泵在单位时间内对液体所做的净功，$N_e=HQ\rho g$	离心泵的效率与泵的大小、类型、制造精密程度和所输送液体的性质、流量有关，一般小型泵的效率为 50%～70%，大型泵可达到 90%左右，此值由实验测得

2. 离心泵的特性曲线

离心泵的流量 Q 与扬程 H、轴功率 N 及效率 η 之间的关系由实验测得，测出的关系曲线称为离心泵的特性曲线，如图 1-17 所示，其中以扬程和流量的关系最为重要。由于泵的特性曲线随泵的转速而改变，故其数值通常是在额定转速和标准试验条件（大气压 101.325kPa，20℃清水）下测得。此曲线由泵的制造厂提供。

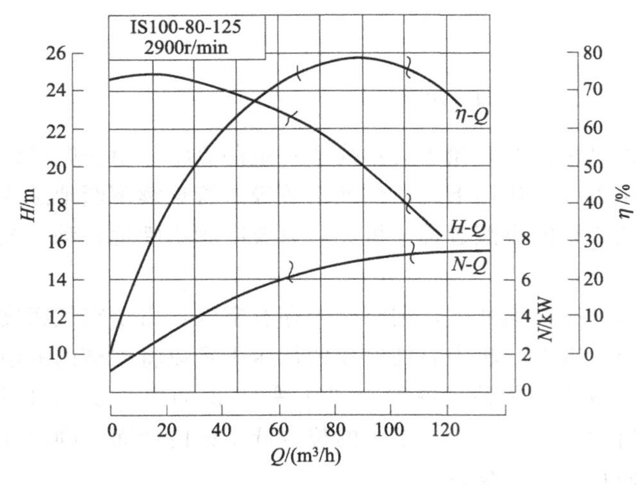

图 1-17　离心泵特性曲线

(1) H-Q 曲线　离心泵的扬程随流量的增大而下降。

(2) N-Q 曲线　离心泵的轴功率随流量的增大而上升。当流量为零时，离心泵消耗的轴功率最小，故离心泵启动时，应关闭泵的出口阀门，使电动机的启动电流减少，以保护电动机。停泵时先关闭出口阀主要是为防止高压液体倒流损坏叶轮。

(3) η-Q 曲线　当流量为零时，离心泵的效率为零，随着流量的增大，效率随之而上升达到一个最大值，而后随流量再增大时效率便下降。离心泵在最高效率点相对应的流量及压头下运转最为经济。该高效率点称为泵的设计点，对应的 Q_s、H_s、N_s 值称为最佳工况参数。离心泵的铭牌上标出的性能参数就是指该泵在最高效率点运行时的工况参数。

根据输送条件的要求，离心泵往往不可能正好在最佳工况下运转，因此一般只能规定一个工作范围，称为泵的高效率区，通常为最高效率的 92%以上的区域。选用离心泵时，应尽可能使泵在此范围内工作。

3. 影响离心泵性能的主要因素

离心泵特性曲线都是在一定的转速下输送常温水测得的。而实际生产中所输送的液体是多种多样的，即使采用同一泵输送不同的液体，由于被输送液体的物理性质不同，泵的性能亦随之发生变化。此外，若改变泵的转速和叶轮直径，泵的性能也发生变化。因此，需要根据使用情况，对厂家提供的特性曲线进行重新换算。影响离心泵性能的主要因素见表 1-11。

表 1-11　影响离心泵性能的主要因素

影响因素	性能曲线的变化		
	H-Q 曲线	η-Q 曲线	N-Q 曲线
密度	流量、压头与密度无关，故对 H-Q 曲线基本无影响	效率也与密度无关，故对 η-Q 曲线也基本无影响	泵轴功率与液体密度成正比，N 需要用 $N=\frac{HQ\rho}{102\eta}$ 重新计算
黏度	随黏度增大，流量、扬程均减小，H-Q 曲线需参考有关手册予以校正	随黏度增大，效率下降，η-Q 曲线需参考有关手册予以校正	随黏度增大，轴功率增大，N-Q 曲线需参考有关手册予以校正
转速	转速变化小于 20%时，可以近似地用比例定律进行计算：$\frac{Q_1}{Q_2}=\frac{n_1}{n_2},\frac{H_1}{H_2}=\left(\frac{n_1}{n_2}\right)^2,\frac{N_1}{N_2}=\left(\frac{n_1}{n_2}\right)^3$		
叶轮直径	叶轮直径对泵性能的影响，可用切割定律作近似计算：$\frac{Q_1}{Q_2}\approx\frac{d_1}{d_2},\frac{H_1}{H_2}\approx\left(\frac{d_1}{d_2}\right)^2,\frac{N_1}{N_2}\approx\left(\frac{d_1}{d_2}\right)^3$		

【例 1-7】 采用附图所示的实验装置来测定离心泵的性能。泵的吸入管与排出管具有相同的直径，两测压口间垂直距离为 0.5m。泵的转速为 2900r/min。以 20℃清水为介质测得以下数据：流量为 $54m^3/h$，泵出口处表压为 255kPa，入口处真空表读数为 26.7kPa，功率表测得所消耗功率为 6.2kW，泵由电动机直接带动，电动机的效率为 93%，试求该泵在输送条件下的扬程、轴功率、效率。

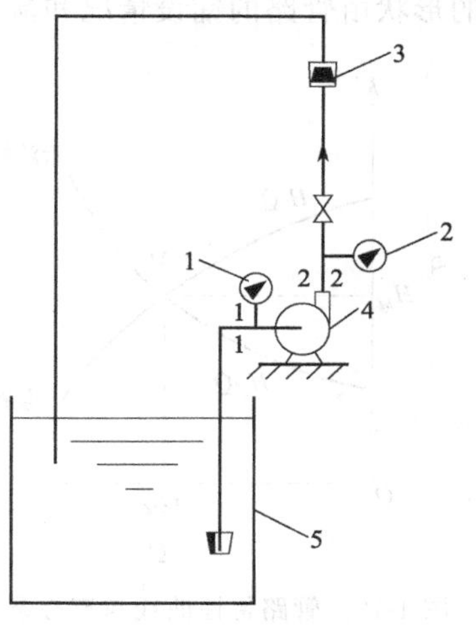

例 1-7　附图

1—压力表；2—真空表；3—流量计；4—泵；5—贮槽

解　(1) 泵的扬程

在真空表和压力表所处位置的截面分别以 1-1 和 2-2 表示，列伯努利方程式，即

$$z_1+\frac{p_1}{\rho g}+\frac{u_1^2}{2g}+H_e=z_2+\frac{p_2}{\rho g}+\frac{u_2^2}{2g}+\sum H_{f1-2}$$

其中 $z_2-z_1=0.5m$，$p_1=-26.7kPa$（表压），$p_2=255kPa$（表压），$u_1=u_2$，因两侧口的管路很短，其间流动阻力可忽略不计，即 $\sum H_{f1-2}=0$，所以

$$H_e=0.5+\frac{255\times10^3+26.7\times10^3}{1000\times9.81}=29.2m$$

(2) 泵的轴功率

功率表测得的功率为电动机的消耗功率，由于泵由电动机直接带动，传动效率可视为 100%，所以电动机的输出功率等于泵的轴功率。因电动机本身消耗部分功率，其效率为 93%，于是电动机输出功率为 $6.2\times0.93=5.77kW$

泵的轴功率为 $N=5.77kW$

(3) 泵的效率

$$\eta=\frac{N_e}{N}\times100\%=\frac{QH\rho g}{N}\times100\%=\frac{54\times29.2\times1000\times9.807}{3600\times5.77\times1000}\times100\%=74.4\%$$

三、管路特性曲线与离心泵的工作点

当泵的叶轮转速一定时，一台泵在具体操作条件下所提供的液体流量和扬程可用 H-Q 特性曲线上的一点来表示。至于这一点的具体位置，应视泵前后的管路情况而定。讨论泵的工作情况，不应脱离管路的具体情况。泵的工作特性由泵本身的特性和管路的特性共同决定。

1. 管路特性方程与特性曲线

当离心泵安装在特定的管路系统中时，泵所提供的流量和压头应按管路的要求而定。管路中液体的压头与流量之间的关系可用下列方程式表示

$$H_e = A + BQ^2 \tag{1-16}$$

式(1-16) 称为管路特性方程式，其中 $A=\Delta z+\dfrac{\Delta p}{\rho g}$，$B=\dfrac{8\lambda}{\pi^2 g}\times\dfrac{l+\sum l_e}{d^5}$。对于特定的管路，式中 A 是固定不变的，当阀门开度一定且流动为完全湍流时，B 也可看作是常数。若将此关系标绘在坐标图上，即可得图 1-18 所示的 H_e-Q 曲线，称为管路特性曲线。此曲线的形状由管路的铺设情况和流量等条件来确定，与泵的特性无关。

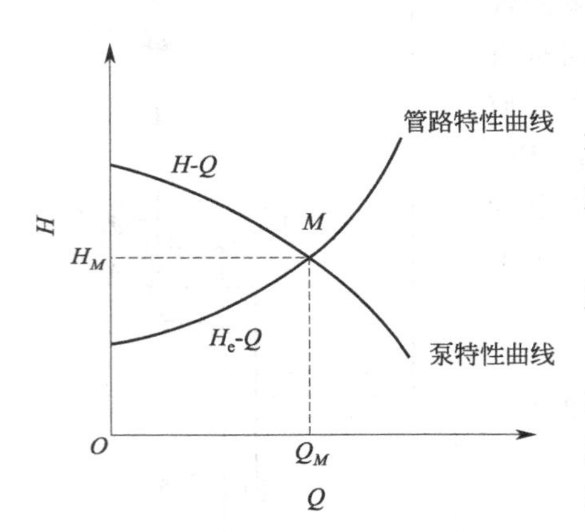

图 1-18　管路特性曲线与离心泵工作点

2. 离心泵的工作点

将泵的 H-Q 特性曲线与管路的 H_e-Q 特性曲线绘在同一坐标系中，两曲线的交点 M 称为泵的工作点，如图 1-18 所示。

① 泵的工作点由泵的特性和管路的特性共同决定，可通过联立泵的特性方程和管路的特性方程得到。

② 安装在管路中的泵，其输液量即为管路的流量，在该流量下泵提供的扬程也就是管路所需要的外加压头。因此，泵的工作点对应的泵压头既是泵提供的，也是管路需要的。

③ 指定泵安装在特定管路中，只能有一个稳定的工作点 M。

四、离心泵的流量调节

由于生产任务的变化，需要对泵进行流量调节，实质上就是要改变泵的工作点。由于泵的工作点由管路特性和泵的特性共同决定，因此改变任一条特性曲线均能改变工作点，从而达到调节流量的目的。

1. 改变泵的特性曲线

根据比例定律和切割定律，改变叶轮的转速、车削叶轮直径均可改变泵的特性曲线，从而使工作点移动，这种方法不会额外增加管路阻力，并在一定范围内仍可使泵处在高效率区工作。如图 1-19 所示，随着泵转速的不断变化，工作点也相应移动，流量也随着发生改变。此外，改变叶轮直径的办法，所能调节流量的范围不大，所以常用改变转速来调节流量。特别是近年来发展的变频无极调速装置，利用改变输入电机的电流频率来改变转速，调速平稳，也保证了较高的效率，这种调节也将成为一种调节方便且节能的流量调节方式。

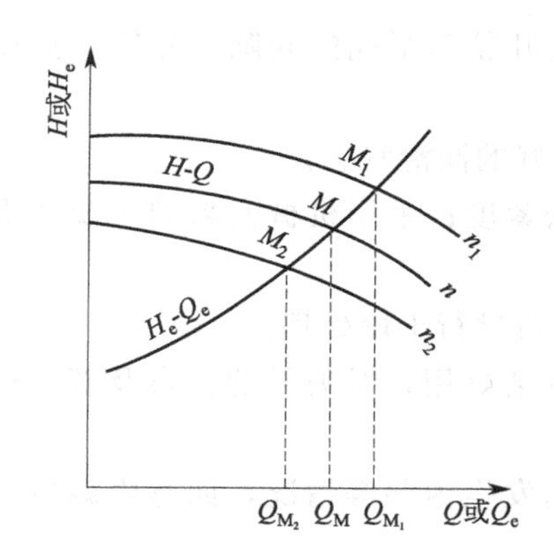

图 1-19　改变叶轮转速时工作点变化图

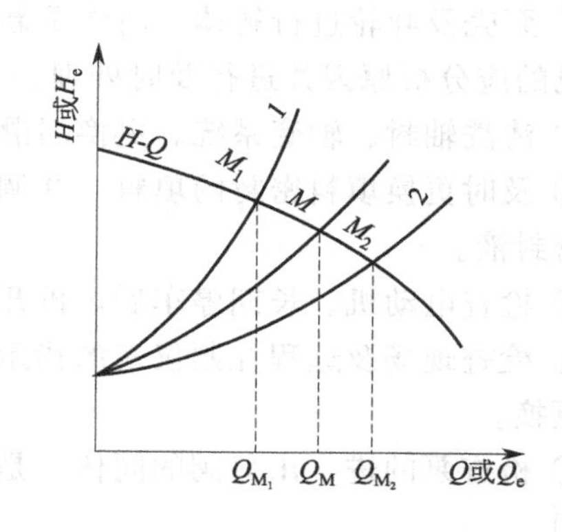

图 1-20　改变出口阀开度时工作点变化图

2. 改变管路特性曲线

改变管路系统中的阀门开度可以改变管路特性方程中的 B 值，从而改变管路特性曲线的位置，工作点也随之改变。如图 1-20 所示，开大阀门，使 B 值变小，管路特性曲线变平坦，使流量向增大方向变化，如图中曲线 2 所示；反之，关小阀门，流量变小，如图中曲线 1 所示。采用阀门调节流量快速简便，且流量可连续变化，因此工业生产中应用广泛。缺点是阀门开度小时，不仅增大了管路系统流动阻力，而且使泵的效率下降，经济上不太合理。

五、离心泵的操作与维护

1. 离心泵的操作

（1）开车程序

① 开泵前应先打开泵的入口阀及密封液阀，检查泵体内是否已充满液体。

② 在确认泵体内已充满液体且密封液流动正常时，通知接料岗位，启动离心泵。

③ 慢慢打开泵的出口阀，通过流量及压力指示，将出口阀调节至需要流量。

（2）停车程序

① 与接料岗位取得联系后，慢慢关离心泵的出口阀。

② 按电动机按钮，停止电动机运转。

③ 关闭离心泵进口阀及密封液阀。

（3）两泵切换　在生产过程中经常遇到两台泵切换的操作，应先启动备用泵，慢慢打开其出口阀，然后缓慢关闭原运行泵的出口阀，在这过程中要保持与中央控制室的联系，维持离心泵输出流量的稳定，避免因流量波动造成系统停车。

2. 日常运行与维护

（1）运行过程中的检查

① 检查被抽出液罐的液面，防止泵抽空；②检查泵的出口压力或流量指示是否稳定；③检查端面密封液的流量是否正常；④检查泵体有无泄漏；⑤检查泵体及轴承系统有无异常声音及振动；⑥检查泵轴的润滑油是否正常。

（2）离心泵的维护

① 检查泵进口阀前的过滤器，看滤网是否破损，如有破损应及时更换，以免焊渣等颗粒进入泵体；定时清洗滤网。

② 泵壳及叶轮进行解体、清洗重新组装。调整好叶轮与泵壳的间隙。叶轮有损坏及腐蚀情况的应分析原因并进行及时处理。

③ 清洗轴封、轴套系统。更换润滑油，以保持良好的润滑状态。

④ 及时更换填料密封的填料，并调节至合适的松紧度；采用机械密封的应及时更换动环和密封液。

⑤ 检查电动机。长期停车后，再开车前应将电动机进行干燥处理。

⑥ 检查现场及远程控制仪表的指示是否正确及灵活好用，对失灵的仪表及部件进行维修或更换。

⑦ 检查泵的进、出口阀的阀体，是否有因磨损而发生内漏等情况，如有内漏应及时更换阀门。

3. 离心泵常见故障及处理措施

离心泵常见故障及处理措施见表 1-12。

表 1-12 离心泵常见故障及处理措施

设备故障	原因分析	处理措施
打坏叶轮	1)离心泵在运转中产生汽蚀现象,液体剧烈的冲击叶片和转轴,造成整个泵体颤动,毁坏叶轮 2)检修后没有很好地清理现场,致使杂物进入泵体,启动后打坏叶轮片	1)修改吸入管路的尺寸,使安装高度等合理,泵入口处有足够的有效汽蚀余量 2)严格管理制度,保证检修后清理工作的质量,必要时在入口阀前加装过滤器
烧坏电动机	1)泵壳与叶轮之间间隙过小并有异物 2)填料压得太紧,开泵前未进行盘车	1)调整间隙,清除异物 2)调整填料松紧度,盘车检查 3)电动机线路安装熔断器,保护电动机
进出口阀门芯子脱落	1)阀门的制造质量问题 2)操作不当,用力过猛	1)更换新阀门 2)更换新阀门
烧坏填料函或机械密封动环	1)填料函压得过紧,致使摩擦生热而烧坏填料,造成泄露 2)机械密封的动、静环接触面过紧,不平行	1)更换新填料,并调节至合适的松紧度 2)更换动环,调节接触面找正找平,调节好密封液
转轴颤动	1)安装时不对中,找平未达标 2)润滑状况不好,造成转轴磨损	1)重新安装,严格检查对中及找平 2)补充油脂或更换新油脂

离心泵操作事故及防范措施见表 1-13。

表 1-13 离心泵操作事故及防范措施

操作事故	原因分析	防止措施
启动后不上料	1)开泵前泵体内未充满液体 2)开泵时出口阀全开,致使压头下降而低于输送高度 3)压力表失灵,指示为零,误以为打不上料 4)电动机相线接反 5)叶轮和泵壳之间的间隙过大 6)开泵运转后未及时检查液面使贮液罐抽空,泵体内进空气,使泵打不上料	1)停泵,排气充液后重新启动 2)关闭出口阀,重新启动泵 3)更换压力表 4)重接电动机相线,使电动机正转 5)调整叶轮和泵壳之间的间隙至符合要求 6)停泵,充液并排尽空气,待泵体充满液体时重新启动离心泵
轴封泄露	1)填料未压紧或填料发硬失去弹性 2)机械密封动静环接触面安装时找平未达标	1)调节填料松紧度或更换新填料 2)更换动环,重新安装,严格找平
烧坏填料及动环	1)填料压得太紧,开泵前未进行盘车 2)密封液阀未开或量太小	1)更换填料,进行盘车,调节填料松紧度 2)调节好密封液

知识四　离心泵的安装与选用

一、离心泵的安装

1. 离心泵的汽蚀现象

（1）汽蚀现象　离心泵的吸液是靠吸入液面与吸入口间的压差完成的。吸入管路越高，吸上高度越大，则吸入口处的压力将越小。当吸入口处压力小于操作条件下被输送液体的饱和蒸气压时，液体将会汽化产生气泡，含有气泡的液体进入泵体后，在旋转叶轮的作用下，进入高压区，气泡在高压的作用下，又会凝结为液体，由于原气泡位置的空出造成局部真空，使周围液体在高压的作用下迅速填补原气泡所占空间。这种高速冲击频率很高，可以达到每秒几千次，冲击压强可以达到数百个大气压甚至更高，这种高强度高频率的冲击，轻的能造成叶轮的疲劳，重的则可以将叶轮与泵壳破坏，甚至能把叶轮打成蜂窝状。由于气泡产生、凝结而使泵体、叶轮腐蚀损坏加快的现象，称为汽蚀。

（2）汽蚀的危害　汽蚀现象发生时，泵体因受冲击而发生振动和噪声。此外，因产生大量气泡，使流量、扬程及效率均会迅速下降，严重时不能正常工作。工程上规定，当泵的扬程下降 3%时，进入了汽蚀状态。

（3）发生汽蚀的原因　汽蚀发生的原因归根结底是叶片吸入口附近的压力过低。而造成吸入口压力过低的原因是多方面的，诸如泵的安装高度过高、泵的吸入管路阻力过大、所输送液体温度过高、泵运行工作点偏离额定流量太远等。为避免汽蚀的发生就要采取措施使叶片入口附近的最低压力必须维持在某一数值以上，通常取输送温度下液体的饱和蒸气压作为最低压力。根据泵的抗汽蚀性能，合理地确定泵的安装高度，是避免汽蚀发生的有效措施。

2. 汽蚀余量

由于实际操作中，不易测出最低压力的位置，通常以泵的入口截面考虑。为了防止汽蚀现象发生，离心泵入口处液体的静压头与动压头之和必须大于操作温度下液体的饱和蒸气压头，其超出部分称为离心泵的汽蚀余量，以 NPSH 表示，即

$$\mathrm{NPSH}=\frac{p_1}{\rho g}+\frac{u_1^2}{2g}-\frac{p_v}{\rho g} \tag{1-17}$$

式中　p_1——泵入口处的绝对压力，Pa；

u_1——泵入口处的液体流速，m/s；

p_v——操作温度下液体的饱和蒸气压，Pa。

前面已指出，为避免汽蚀现象发生，离心泵入口处压力不能过低，而应有一最低允许值 $p_{1允}$，此时所对应的汽蚀余量称为允许汽蚀余量，以 $(\mathrm{NPSH})_{允}$ 表示，即

$$(\mathrm{NPSH})_{允}=\frac{p_{1允}}{\rho g}+\frac{u_1^2}{2g}-\frac{p_v}{\rho g} \tag{1-17a}$$

$(\mathrm{NPSH})_{允}$ 一般由泵制造厂通过汽蚀实验测定，并作为离心泵性能参数列于泵产品中。泵正常操作时，实际汽蚀余量 NPSH 必须大于允许汽蚀余量，标准中规定应大于 0.5m 以上。

3. 离心泵的允许安装高度

泵的允许安装高度或允许吸入高度是指上游贮槽液面与泵吸入口之间允许达到的最大垂直距离，以 H_g 表示，如图 1-21 所示。

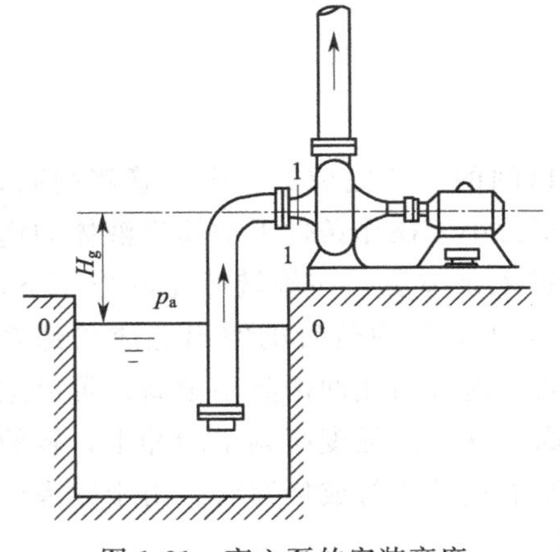

图 1-21　离心泵的安装高度

假定泵在可允许的最高位置上操作，以液面为基准面，在贮槽液面 0-0 与泵的吸入口 1-1 两截面间列伯努利方程式，可得

$$H_g=\frac{p_0-p_{1允}}{\rho g}-\frac{u_1^2}{2g}-\sum H_{f,0-1} \qquad (1-18)$$

式中　p_0——贮槽液面上方的压强，Pa（贮槽敞口时，$p_0=p_a$，p_a 为当地大气压）；

$p_{1允}$——泵入口处可允许的最低压力，Pa；

$\sum H_{f,0-1}$——流体流经吸入管路的压头损失，m。

根据式(1-17a) 和式(1-18)，可得离心泵允许吸上高度

$$H_g=\frac{p_0-p_v}{\rho g}-(\mathrm{NPSH})_{允}-\sum H_{f,0-1} \qquad (1-19)$$

根据离心泵样本中提供的允许汽蚀余量，即可确定离心泵的允许安装高度。为保证泵的安全操作不发生汽蚀，必须使泵的实际安装高度低于允许安装高度。为安全起见，泵的实际安装高度通常比允许安装高度低 0.5～1m。

由式(1-19) 可见，欲提高泵的允许安装高度，必须设法减小吸入管路的阻力。泵在安装时，应选用较大的吸入管径，管路尽可能地短，减少吸入管路的弯头、阀门等管件，将调节阀安装在排出管线上。

【例 1-8】 型号为 IS65-40-200 的离心泵，转速为 2900r/min，流量为 $25m^3/h$，扬程为 50m，$(\mathrm{NPSH})_{允}$为 2.0m，此泵用来将敞口水池中 50℃的水送出。已知吸入管路的总阻力损失为 2m 水柱，当地大气压强为 100kPa，求泵的安装高度。

解　查得 50℃水的饱和蒸气压为 12.34kPa，密度为 $998.1kg/m^3$，已知 $p_0=100kPa$，$(\mathrm{NPSH})_{允}=2.0m$，$\sum H_{f,0-1}=2m$

$$H_g=\frac{p_0-p_v}{\rho g}-(\mathrm{NPSH})_{允}-\sum H_{f,0-1}=\frac{100\times1000-12.34\times1000}{998.1\times9.81}-2.0-2=5.04m$$

因此，泵的安装高度不应高于 5.04－0.5＝4.54m。

二、离心泵的类型与选用

1. 离心泵的类型

由于化工生产及石油工业中被输送液体的性质相差悬殊，对流量和扬程的要求千变万化，因而设计和制造出种类繁多的离心泵。按叶轮数目分为单级泵和多级泵；按叶轮吸液方式可分为单吸泵和双吸泵；按泵输送液体性质和使用条件分为清水泵、油泵、耐腐蚀泵、杂质泵、高温泵、高温高压泵、低温泵、液下泵等。各种类型的离心泵按其结构特点各自成为一个系列，并以一个或几个汉语拼音字母作为系列代号，在每一系列中，由于有各种不同的规格，因而附以不同的字母和数字来区别。以下仅对化工厂中常用离心泵的类型作一简单说

明，如表1-14所示。

表1-14　常用离心泵的类型

类型		结构特点	用途
清水泵	IS型	单级单吸式，泵体和泵盖都是用铸铁制成。泵体和泵盖为后开门结构型式，检修方便，不用拆卸泵体、管路和电动机	应用最广的离心泵，用来输送清水以及物理、化学性质类似于水的清洁液体
	D型	多级泵，可达到较高的压头	用于压头较高而流量并不太大的场合
	Sh型	双吸式离心泵，叶轮有两个入口，故输送液体流量较大	用在流量较大而所需压头不高的场合
耐腐蚀泵F型		与液体接触的部件用耐腐蚀材料制成，密封要求高，常采用机械密封装置。有FH型（灰口铸铁）FG型（高硅铸铁）FB型（铬镍合金钢）FM型（铬镍钼钛合金钢）Fs型（聚三氟氯乙烯塑料）等类型	输送酸、碱等腐蚀性液体
油泵Y型		有良好的密封性能，热油泵的轴密封装置和轴承都装有冷却水夹套	输送石油产品
杂质泵P型		叶轮流道宽，叶片数目少，常采用半闭式或开式叶轮。有些泵壳内衬以耐磨的铸钢护板。不易堵塞，容易拆卸，耐磨。有PW型（污水泵）PS型（砂泵）PN型（泥浆泵）等类型	输送悬浮液及黏稠的浆液等
屏蔽泵		无泄漏泵，叶轮和电机联为一个整体并密封在同一泵壳内，不需要轴封装置，但效率较低，约为26%～50%	常输送易燃、易爆、剧毒及具有放射性的液体
液下泵FY型		经常安装在液体贮槽内，对轴封要求不高，既节省了空间又改善了操作环境，但效率不高	适用于输送化工过程中各种腐蚀性液体和高凝固点液体

2. 离心泵的选用

（1）确定离心泵的类型　根据被输送液体的性质和操作条件确定离心泵的类型，如液体的温度、压力、黏度、腐蚀性、固体粒子含量以及是否易燃易爆等都是选用离心泵类型的重要依据。

（2）确定输送系统的流量Q和扬程H　输送液体的流量一般由生产任务所规定，如果流量是变化的，应按最大流量考虑。根据管路条件及伯努利方程，确定最大流量Q下所需要的压头H。

（3）确定离心泵的型号　根据管路要求的流量Q和扬程H来选定合适的离心泵型号。在选用时，要使所选泵的流量与扬程比任务需要的稍大一些。若用系列特性曲线来选，要使（Q，H）点落在泵的Q-H线以下，并处在高效区。若有几种型号的泵同时满足管路的具体要求，则应选效率较高的，同时也要考虑泵的价格。

选出泵的型号后，应列出泵的有关性能参数和转速。

（4）校核轴功率　若输送液体密度大于水的密度，则要核算泵的轴功率，以选择合适的电动机。

思考与练习

一、选择题

1. 确定设备相对位置高度的是（　　）。

A. 静力学方程式　　B. 连续性方程式　　C. 伯努利方程式　　D. 阻力计算式

2. 在静止的连通的同一种连续流体内，任意一点的压强增大时，其他各点的压强则(　　)。

A 相应增大　　B. 减小　　C. 不变　　D. 不一定

3. 在内径一定的圆管中稳定流动，若水的质量流量一定，当水温度升高时，Re 将(　　)。

A. 增大　　B. 减小　　C. 不变　　D. 不确定

4. 水由敞口恒液位的高位槽通过一管道流向压力恒定的反应器，当管道上的阀门开度减小后，管道总阻力损失(　　)。

A. 增大　　B. 减小　　C. 不变　　D. 不能判断

5. 进行离心泵特性曲线测定实验，泵出口处的压力表读数随阀门开大而(　　)。

A. 增大　　B. 减小　　C. 先大后小　　D. 无规律变化

6. 采用出口阀门调节离心泵流量时，开大出口阀门扬程(　　)。

A. 增大　　B. 不变　　C. 减小　　D. 先增大后减小

7. 关闭出口阀启动离心泵的原因是(　　)。

A. 轴功率最大　　B. 能量损失最小　　C. 启动电流最小　　D. 处于高效区

8. 离心泵开动以前必须充满液体是为了防止发生(　　)。

A. 气缚现象　　B. 汽蚀现象　　C. 汽化现象　　D. 气浮现象

9. 离心泵的安装高度有一定限制的原因主要是(　　)。

A. 防止产生“气缚”现象　　B. 防止产生汽蚀

C. 受泵的扬程的限制　　D. 受泵的功率的限制

10. 离心泵在启动前应(　　)出口阀，旋涡泵启动前应(　　)出口阀。

A. 打开，打开　　B. 关闭，打开　　C. 打开，关闭　　D. 关闭，关闭

11. 某同学进行离心泵特性曲线测定实验，启动泵后，出水管不出水，泵进口处真空表指示真空度很高，他对故障原因做出了正确判断，排除了故障，你认为以下可能的原因中，哪一个是真正的原因(　　)。

A. 水温太高　　B. 真空表坏了　　C. 吸入管路堵塞　　D. 排除管路堵塞

12. 经计算某泵的扬程是30m，流量$10m^3/h$，选择下列某泵最合适(　　)。

A. 扬程32m，流量$12.5m^3/h$　　B. 扬程35m，流量$7.5m^3/h$

C. 扬程24m，流量$15m^3/h$　　D. 扬程35m，流量$15m^3/h$

13. 当离心泵输送的液体沸点低于水的沸点时，则泵的安装高度应(　　)。

A. 加大　　B. 减小　　C. 不变　　D. 无法确定

二、简答题

1. 装置检修后，重新开工，发现新上的某台离心泵出口压力达不到工艺要求，且振动大，问哪些原因可引起以上现象？应怎样排除？

2. 开泵后打不出液体的原因是什么？怎样处理？

3. 泵出口压力表漏了应如何处理？

4. 离心泵在启动时为什么出口阀要关死？运行时，能长时间关闭出口阀吗？

三、计算题

1. 已知油罐内油品密度为$700kg/m^3$，油罐油品高度为3m，油罐顶部压力0.15MPa，

计算油罐底部承受压力。

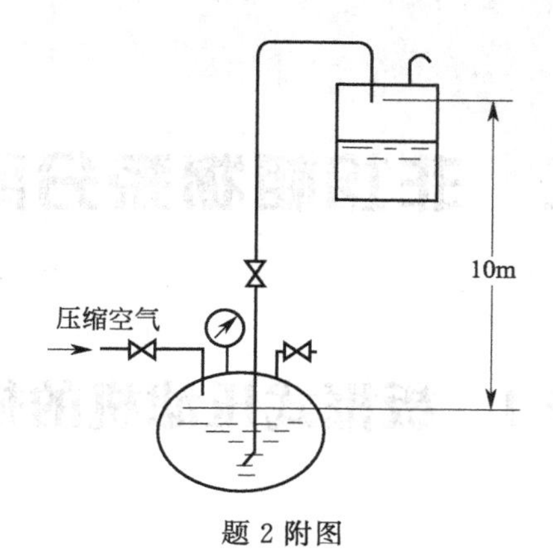

题 2 附图

2. 用压缩空气将密闭容器（酸蛋）中的硫酸压送至敞口高位槽，如附图所示。输送量为 $0.1m^3/min$，输送管路为 $\varphi 38mm \times 3mm$ 的无缝钢管。酸蛋中的液面离压出管口的位差为 10m，且在压送过程中不变。设管路的总压头损失为 3.5m（不包括出口），硫酸的密度为 $1830kg/m^3$，问酸蛋中应保持多大的压力？

3. 用泵将 20℃水从水池送至高位槽，槽内水面高出池内液面 30m。输送量为 $30m^3/h$，此时管路的全部能量损失为 40J/kg。设泵的效率为 70%，试求泵所需的功率。

项目二　非均相物系分离操作

任务1　板框式压滤机的操作

实训操作

一、情境再现

化工生产中的原料、半成品、排放的废物等大多为混合物，为了进行加工、得到纯度较高的产品以及环保的需要，常常要对混合物进行分离。

混合物可分为均相物系与非均相物系两大类。对于非均相混合物一般采用沉降、过滤和离心等方法进行分离。图2-1为工业上常用的板框式压滤机，主要适用于工业生产中颗粒较小、液体量较大的非均相混合物的分离。

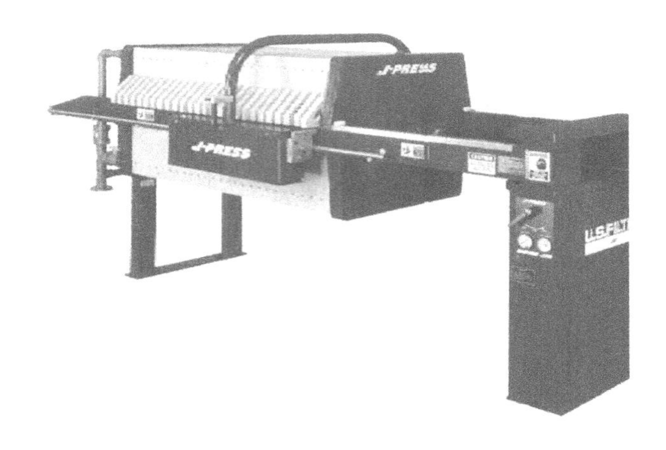

图2-1　板框式压滤机

二、任务目标

① 熟悉板框式压滤机的操作过程。

② 通过控制过滤、洗涤板的进出口阀门，清楚过滤、洗涤过程。

③ 培养规范的操作习惯，养成严谨的工作态度。

三、任务要求

① 对照例图，预习板框式压滤机的结构，熟记操作步骤。

② 以小组为单位，分别进行压滤操作，清楚开车、停车步骤及压滤、洗涤的操作过程。

③ 准确操作，积累经验。

四、操作步骤

1. 检查准备

将滤框、滤板用清水冲洗干净，洗净滤布，检查各零部件是否完好；将滤浆放入储罐内。

2. 设备装合

按顺序安装滤板和滤框，铺好滤布。压紧活动机头上的螺旋，使所有滤板、滤框、滤布相互接触，松紧程度以不跑料液为准。

3. 压滤操作

打开各出口阀、进料阀，将滤浆打入压滤机，过滤开始；过滤压力达到规定值后，维持压力稳定。

4. 洗涤

压滤若干小时后，过滤速度减慢，需进行洗涤。应先关闭进料和洗涤板下部的滤液出口，开启洗涤水的出口，再打开洗涤水的进口阀向过滤机内送入洗涤水，洗涤滤饼，直至符合要求。

5. 停车

关闭过滤压力表前的调节阀及洗涤水进口阀，松开活动机头上的螺旋，将滤板、滤框拉开，卸出滤饼。

五、项目考评

见表 2-1。

表 2-1 板框式压滤机的操作项目考评表

<table>
<tr><td>项目</td><td colspan="2">评 分 要 素</td><td>分值</td><td>评分记录</td><td>得分</td></tr>
<tr><td>检查准备</td><td colspan="2">确保滤框、滤板、滤布清洁，零件完好，将滤浆放入储罐内</td><td>10</td><td></td><td></td></tr>
<tr><td>设备装合</td><td colspan="2">顺序正确，压紧不跑料</td><td>10</td><td></td><td></td></tr>
<tr><td>压滤操作</td><td colspan="2">观察压力表读数稳定，滤液无混浊，管路无泄漏</td><td>20</td><td></td><td></td></tr>
<tr><td>洗涤</td><td colspan="2">先关闭进料阀，开启洗涤水的出口阀，再打开洗涤水的进口阀向过滤机内送入洗涤水</td><td>15</td><td></td><td></td></tr>
<tr><td>停车</td><td colspan="2">关阀，松滤板、滤框</td><td>15</td><td></td><td></td></tr>
<tr><td>职业素养</td><td colspan="2">纪律、团队精神</td><td>10</td><td></td><td></td></tr>
<tr><td>实训报告</td><td colspan="2">能完整、流畅地汇报项目实施情况；撰写项目完成报告，格式规范整洁</td><td>20</td><td></td><td></td></tr>
<tr><td>安全操作</td><td>按国家有关规定执行操作</td><td colspan="4">每违反一项规定从总分中扣 5 分，严重违规取消考核</td></tr>
<tr><td>考评老师</td><td></td><td colspan="2">日期</td><td>总分</td><td></td></tr>
</table>

知识链接

非均相物系 指存在两个或两个以上相的物系，有气-固（烟尘）、气-液（雾）、液-固（悬浮液）和液-液（乳浊液）等多种形式。

分散相 在非均相物系中，处于分散状态的物质称为分散相或分散物质，如雾中的小水滴、烟气中的尘粒、悬浮液中的固体颗粒、乳浊液中的分散液滴等。

连续相 包围分散物质，处于连续状态的介质称为连续相或分散介质，如雾和烟气中的气相、悬浮液中的液相、乳浊液中处于连续状态的液相等。根据连续相的存在状态可将非均相物系分为气态非均相物系（含尘气体和含雾气体）和液态非均相物系（悬浮液、乳浊液及泡沫液）。

分离 将分散相和连续相分开。通常采用机械方法分离，即利用非均相混合物中两相的物理性质（如密度、颗粒形状、尺寸）的差异，使两相之间发生相对运动而使其分离。机械分离大致可分为沉降、过滤和离心分离三种方法。

非均相物系分离在工业生产中的应用：①净制气体，以满足后续生产工艺的要求；②回收生产中有价值的物料，例如贵重的固体催化剂等；③环境保护和安全生产，很多含碳物质及金属的细粉与空气形成爆炸物，必须除去。

知识一 沉 降 分 离

在化工生产过程中，常用沉降操作将悬浮在气体或液体中密度大、微粒粗的固体微粒除去，以达到初步净制的目的。实现沉降操作的作用力可以是重力，也可以是惯性离心力，因此沉降过程又可分为重力沉降和离心沉降两种方式。

一、重力沉降设备及生产能力

在重力场中，借连续相与分散相的密度差异使两相分离的过程，称为重力沉降。重力沉降既可分离含尘气体，又可分离悬浮液，是广泛应用于化工生产过程的除尘技术。

1. 降尘室（气-固分离）

降尘室又称除尘室，它是利用尘粒与气体的密度不同，通过重力作用使尘粒从气流中自然沉降分离的除尘设备。最简单的设备形式是在气道中装置若干垂直挡板的降尘气道，如图 2-2(a) 所示。颗粒在降尘室中的运动情况如图 2-2(b) 所示，含尘气体进入长度、宽度、高度为 L、B、H 的降尘室后，颗粒随气流有一水平向前的运动速度 u，同时，在重力作用下，以沉降速度 u_t 向下沉降。只要颗粒能够在气体通过降尘室的时间内降至室底，便可从气流中分离出来。为了提高分离效率，可在气道中加设若干块折流挡板，既延长了气流在气道中的路程，又增加了气流在降尘室的停留时间。为满足除尘要求，气体在降尘室内的停留时间 θ 必须大于或等于最小颗粒沉降至底部所用时间 θ_t，即 $\dfrac{L}{u} \geqslant \dfrac{H}{u_t}$。

根据 $q_V \leqslant BLu_t$，可知降尘室的生产能力仅与其沉降速度 u_t 和降尘室的沉降面积 BL 有关，而与降尘室的高度无关。因此降尘室多制成扁平形，或在室内均匀设置多层水平隔板，构成多层降尘室。通常隔板间距为 40～100mm，多层降尘室虽能分离较细小的颗粒并节省地面，但出灰不便。

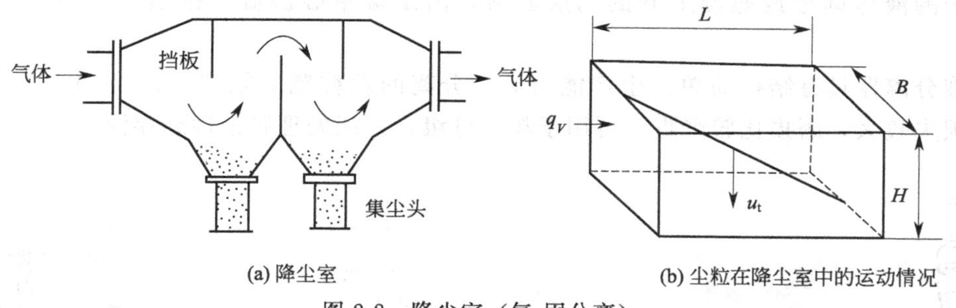

图 2-2　降尘室（气-固分离）

降尘室具有结构简单，造价低，维护管理方便，阻力小（一般约为 50～150Pa）等优点，一般作为第一级或预处理设备。其缺点是体积庞大，除尘效率低（一般只有 40%～70%），清灰麻烦。

降尘室主要用于净化那些密度大、颗粒粗的粉尘，特别是磨损性很强的粉尘，它能有效地捕集 50μm 以上的尘粒，但不宜捞集 20μm 以下的尘粒。

2. 沉降槽（液-固分离）

沉降槽又称为增浓器和澄清器，是利用重力沉降来提高悬浮液浓度并同时得到澄清液体的设备，如图 2-3 所示。可间歇操作也可连续操作。

沉降槽具有澄清液体和增浓悬浮液的双重功能。适用于处理量大而浓度不高，且颗粒不太细微，容易沉降的悬浮料浆。不宜作为最终分离用，常用以进行预处理，然后再用过滤机或离心机进一步分离。

图 2-3　沉降槽（液-固分离）

二、离心沉降设备及生产能力

在惯性离心力作用下实现沉降过程称为离心沉降。通常，液固悬浮物系的离心沉降可在旋液分离器或离心机中进行，气固非均相物质的离心沉降在旋风分离器中进行。

1. 旋液分离器（液-固分离）

旋液分离器又称水力旋流器，是利用离心沉降的原理，使悬浮液中固体颗粒增浓或将大小、密度不同的固体颗粒进行分级。如图 2-4 所示，主体由圆筒部分和圆锥部分构成。**悬浮液**经入口管以切线方向进入圆筒部分形成螺旋形向下的旋流，**固体粒子**受离心力作用被甩向器壁，随旋流下降到锥底部的出口，由**底部排出**，称为底部产品或底流；**澄清液**或含有较轻较细粒子的液体则形成螺旋上升的内层旋流，由**上端中心溢流管排出**，称为顶部产品或溢流。

旋液分离器具有结构简单，生产能力大，分离的颗粒范围较广（1～200μm）等优点，但阻力损失较大，磨损比较严重。可用于粒子分级，还能处理腐蚀性悬浮液。

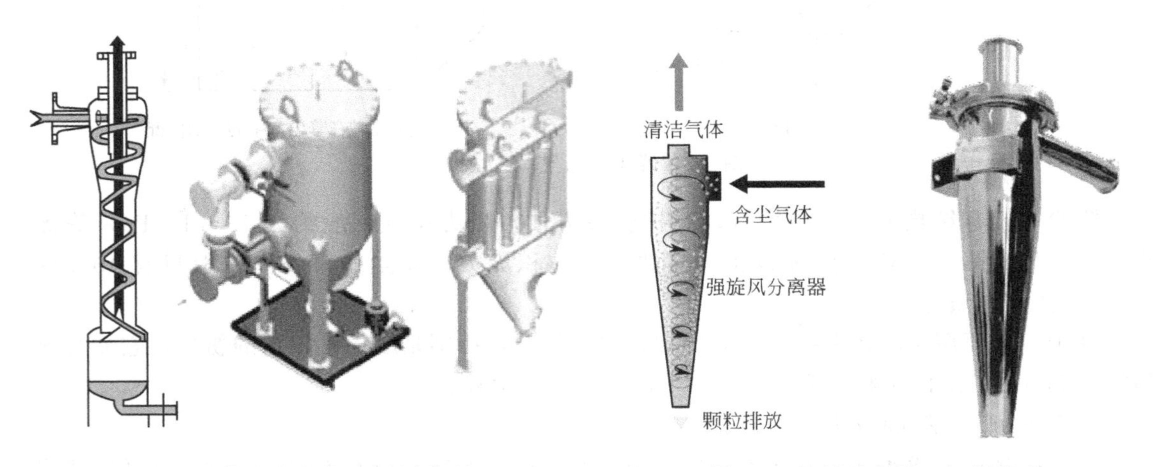

图 2-4　旋液分离器（液-固分离）　　图 2-5　旋风分离器（气-固分离）

2. 旋风分离器（气-固分离）

旋风分离器是利用惯性离心力作用来分离气体中的尘粒或液滴的设备。如图 2-5 所示，旋风分离器的主体上部为圆筒形，下部为圆锥形底，锥底下部有排灰口，圆筒形上部装有顶盖，侧面装有与圆筒相切的矩形截面进气管，圆筒的上部中央处装有排气口。

含尘气体从圆筒上侧的矩形进气管以切线方向进入，受圆筒壁的约束旋转，含尘气体只能在圆筒内和排气管之间的环状空间内做向下的螺旋运动，到达底部后折而向上，成为内层的上旋的气流（称为气芯），从顶部的中央排气管排出；气体中所夹带的尘粒在随气流旋转的过程中，受离心力的作用被甩向器壁，与器壁撞击后，因本身失去能量而沿器壁落至锥形底后由排灰口排出。

旋风分离器构造简单，没有运动部件，操作不受温度、压强的限制，分离效率较高，是目前最常采用的除尘分离设备。对于 5～75μm 的颗粒可获得满意的除尘效果。但不适用于处理黏度较大、湿含量较高及腐蚀性较大的粉尘。

知识二　过滤分离

过滤是分离悬浮液最普遍有效的单元操作之一，在化工生产中被广泛采用。与沉降分离相比，过滤具有操作时间短、分离较彻底等优点。过滤属于机械分离，与蒸发、干燥等非机械操作相比过滤的能耗较低。此外，在气体净化中，若颗粒微小且浓度较低，也可采用过滤操作。

过滤是在外力作用下，悬浮液中的液体通过多孔介质的孔道，使固体颗粒截留在介质上，从而实现固、液分离的操作。其中多孔介质称为过滤介质，所处理的悬浮液称为滤浆或料浆，滤浆中被过滤介质截留的固体颗粒称为滤渣或滤饼，滤浆中通过滤饼及过滤介质的液体称为滤液。

一、过滤分类

按推动力的不同，可以分为重力过滤、离心过滤、加压过滤和真空过滤；按操作方式的不同，可以分为连续过滤和间歇过滤；按过滤方式的不同，可以分为滤饼过滤和深层过滤。

（1）滤饼过滤　也称为表面过滤，如图 2-6(a) 所示，悬浮液置于过滤介质的一侧，固体物质沉积于介质表面而形成滤饼层。过滤介质的微细孔道的直径未必一定小于被截留的颗粒直径，在过滤操作开始阶段，会有一些细小颗粒穿过介质而使滤液混浊，但是会有部分颗粒进入过滤介质孔道中发生“架桥”现象，如图 2-6(b) 所示。随着颗粒的逐步堆积，形成了滤饼。穿过滤饼的液体则变为清净的滤液。通常操作初期得到的混浊滤液，在滤饼形成之后应返回重滤。可见滤饼才是真正有效的过滤介质。

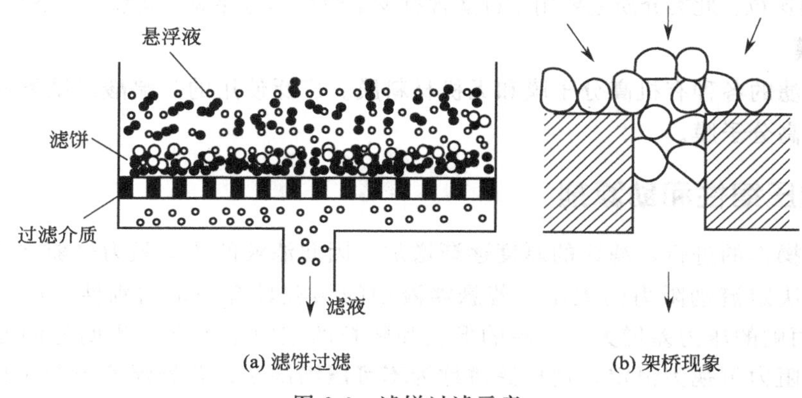

图 2-6　滤饼过滤示意

滤饼过滤具有滤饼层厚度随着过滤时间的延长而增厚，过滤阻力亦随之增大等特点。常用来处理固体浓度较高（体积浓度大于1%）的悬浮液。通过滤饼过滤可以得到滤液产品，也可以得到滤饼产品。因此被广泛地应用于化工、食品、冶金等领域。

（2）深层过滤　如图 2-7 所示，过滤介质是很厚的颗粒床层，过滤时悬浮液中的固体颗粒并不形成滤饼层而是被截留在过滤介质床层内部，当颗粒随着流体在床层内的曲折孔道中流过时，悬浮液中粒度小于床层孔道尺寸的固体颗粒，在表面力和静电的作用下附着在孔道壁上。

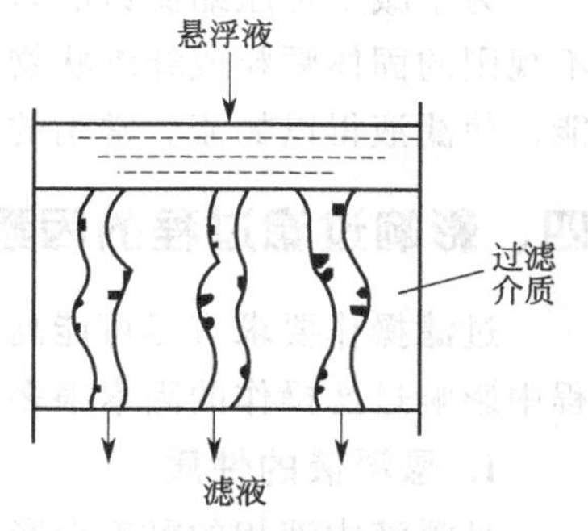

图 2-7　深层过滤示意

深层过滤没有滤饼层的形成过程，在整个过程中，过滤阻力不变。适合悬浮液中含有的固体颗粒尺寸很小，且含量很少（固相体积分布在0.1%以下）的情况，如自来水厂的饮水净化、合成纤维纺丝液中除去固体物质等。

化工生产中所处理的悬浮液浓度往往较高，其过滤操作多属滤饼过滤。

二、过滤介质

过滤介质起着支撑滤饼的作用，对其基本要求是具有足够的机械强度和尽可能小的流动阻力，同时，还应具有相应的耐腐蚀性和耐热性。最好表面光滑，滤饼剥离容易。

工业上常用的过滤介质有以下几种。

1. 织物介质

又称滤布，用天然纤维（如棉、麻、丝、毛等）和合成纤维织成的织物，以及由玻璃丝、金属丝等织成的网。这类过滤介质能截留颗粒的最小直径为5～65μm。在工业上应用较广泛，清洗及更换也很方便，可根据需要采用不同编织方法控制其孔道的大小，以满足要求。

2. 堆积介质

由各种固体颗粒（如砂、木炭、石棉、硅藻土等）或非编织纤维等堆积而成，多用于深层过滤中。

3. 多孔固体介质

具有很多微细孔道的固体材料，如多孔陶瓷、多孔塑料及多孔金属制成的管或板，能拦截1～3μm的微细颗粒。此类介质主要用于过滤含有少量微粒的悬浮液的间歇式过滤设备中。

4. 多孔膜

用于膜过滤的各种有机高分子膜和无机材料膜。广泛使用的是醋酸纤维素和芳香聚酰胺系两大类有机高分子膜。

三、滤饼的压缩性和助滤剂

随着过滤操作的进行，滤饼的厚度逐渐增加，因此滤液的流动阻力也随之增加。构成滤饼的颗粒特性决定流动阻力的大小。若悬浮液中的颗粒具有一定的刚性（如硅藻土、碳酸钙），当滤饼两侧的压力差增大，颗粒的形状和颗粒的空隙率不会发生明显的变化，单位厚度床层的流动阻力可视为恒定，这种滤饼称为**不可压缩滤饼**；若悬浮液中颗粒是非刚性的或其粒径较细（如胶体物质），则形成的滤饼在操作压力差的作用下会发生不同程度的变形，其空隙率明显下降，流动阻力急剧增加，这种滤饼称为**可压缩滤饼**。

为了减少可压缩滤饼的阻力，可使用助滤剂改变滤饼的结构。助滤剂是一种坚硬且形状不规则的固体颗粒或纤维状物质，将其混入悬浮液或预涂在过滤介质上，可以改善饼层的性能，使滤液得以畅流。常用的助滤剂有硅藻土、珍珠岩粉、炭粉和石棉粉等。

四、影响过滤过程的因素

过滤操作要求有尽可能高的过滤速率。过滤速率是单位时间内得到的滤液体积。过滤过程中影响过滤操作的因素很多，主要表现在以下几个方面。

1. 悬浮液的性质

悬浮液中液相的黏度会影响过滤速率，悬浮液的温度越高，黏度越小，对过滤有利，故一般料液趁热过滤。但在真空过滤时，提高温度会使真空度下降，从而降低了过滤速率。

由于悬浮液浓度越大，其黏度也越大，为了降低黏度，也可以将悬浮液加以稀释再进行过滤，加快过滤的速率。但这样会使过滤容积增加，因此，稀释滤浆只能在不影响滤液质量的前提下才能选用。

2. 滤饼的性质

在过滤操作中，滤渣颗粒的形状、大小、滤渣的厚度、结构紧密程度等，对过滤过程有明显的影响。滤渣越厚、颗粒越细、结构越紧密，其阻力越大。当滤渣增到一定厚度后，过滤速度将变得很小，再进行下去是不经济的，这时只有将滤饼除去，重新操作。

3. 过滤的推动力

过滤操作之所以能够进行，是因为在滤饼和介质两侧保持一定的压力差，即过滤推动力。若以重力为推动力，则过滤速度不快，仅用于处理固体含量少而易于过滤的悬浮液；若以负压为推动力，则过滤速率比较高，但受到溶液沸点和大气压强的限制；若以加压为推动力，则过滤速率明显提高，但对设备的强度、严密性要求较高，此外还受到滤布强度，滤饼的可压缩性，以及滤液澄清程度等的限制。

一般来说，矿浆中物料粒度越细，所需压力也越大。但压力差过大会增加过滤介质的损坏，增加电能消耗。有时由于压力差过大会使细粒物料钻进滤孔，产生严重堵塞，反而会降低过滤速度。因此对于微细泥矿浆的过滤最好采用较小的真空度和薄层滤饼，适当延长过滤时间的办法。

4. 过滤的阻力

在过滤操作刚开始时，滤液流动所遇到的阻力只有过滤介质一项。但随着过滤过程的进行，在过滤介质上形成滤渣以后，滤液流动所遇到的阻力是滤渣阻力和过滤介质之和。介质阻力仅在过滤开始时较为显著，至滤饼层沉积到相当厚度时，介质阻力便可忽略不计。大多数情况下，过滤阻力主要取决于滤饼的厚度及其特性。

5. 过滤介质的种类和性质

过滤介质的影响主要表现在过滤阻力和澄清程度上，因此，要根据悬浮液中颗粒的大小来选择合适的过滤介质。

五、常用的过滤设备

1. 板框式压滤机

板框式压滤机在工业生产中应用最早，至今仍沿用不衰。它由多块带凹凸纹路的滤板和滤框交替排列组装于机架而构成，如图 2-8(a) 所示。

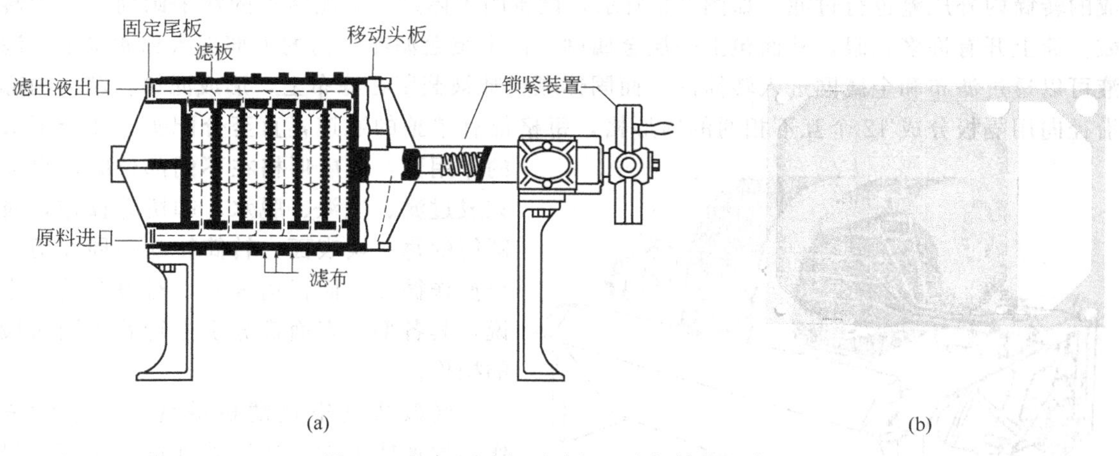

图 2-8　板框压滤机及滤板、滤框结构示意图

滤板和滤框构造如图 2-8(b) 所示。板和框的角端均开有圆孔，装合、压紧后即构成供滤浆、滤液或洗涤液流动的通道。框的两侧覆以滤布，空框和滤布围成了容纳滤浆及滤饼的空间。板又分为洗涤板和过滤板两种，为了便于区别，常在板、框外侧铸有小钮或其他标志，通常，过滤板为一钮，框为二钮，洗涤板为三钮，装合时按钮数 1-2-3-2-1……的顺序排列板和框。

板框式压滤机过滤是间歇操作，每个操作周期都由装合、过滤、洗涤、卸渣、整理五个阶段组成，板框装合完毕后，开始过滤。过滤时，悬浮液在一定的压差下经滤浆通道由滤框角端的暗孔进入框内，滤液分别穿过两侧的滤布，再经相邻滤板的凹槽汇集至滤液出口排出，固相则被截留于框内形成滤饼，待框内充满滤饼，过滤即可停止。

若滤饼需要洗涤，要先关闭悬浮液进口和洗涤板下部的滤液出口，打开洗涤进口阀门。洗涤液由洗液通道进入到洗涤板与滤布所形成的空间中，洗涤液在压差推动下穿过一层滤布和整个框厚的滤饼层，然后再横穿一层滤布，最后由过滤板上的凹槽汇集至下部的滤液出口排出，这种洗涤方式称为横穿洗涤法，效果较好。洗涤完毕即可旋开压紧装置，卸渣、洗布、重装，进入下一轮操作。

板框式压滤机结构简单，制造方便，占地面积小而过滤面积大，操作压力高，适应能力强，应用颇为广泛。其缺点是间歇生产，生产效率低，劳动强度大，滤布损耗也较快。但近年来大型压滤机的自动化与机械化发展很快，在一定程度上解放了劳动力，提高了劳动生产率。适用于处理固体含量较少的悬浮液。

板框式压滤机常见故障及处理方法如表 2-2 所示。

表 2-2　板框式压滤机常见故障及处理方法

故障现象	故 障 原 因	处 理 方 法
局部泄漏	1)滤框有裂纹或穿孔缺陷,滤框和滤板边缘磨损 2)滤布未铺好或破损 3)物料内有障碍物	1)更换新滤布和滤板 2)重新铺平或更换新滤布 3)清除干净
压紧程度不够	1)滤框不合格 2)滤框、滤板和传动件之间有障碍物	1)更换合格滤框 2)清除障碍物
滤液浑浊	滤布破损	更换滤布

2. 转鼓式真空过滤机

转鼓式真空过滤机是工业上广泛应用的一种连续操作的过滤设备，它是依靠真空系统造成的转筒内外压差进行过滤。如图 2-9 所示，设备的主体是一个能转动的水平圆筒，称为转鼓。筒上开有许多孔眼，外面包上一层金属网，网上覆盖滤布，筒的下部进入到滤浆中，滤液可以透过滤布和金属网进入转筒内，而固体颗粒却被截留在滤布上，形成滤饼。转筒内部沿径向用隔板分成 12 个互不相通的扇形格，每格都有单独的通道，直至分配头。在分配头的作用下，使扇形格在不同部位时，自动完成过滤、洗涤、脱水、卸饼等操作，对圆筒的每一块表面，转筒转动一周经历一个操作循环，而任何瞬间，对整个转鼓来说，其各部分表面都分别进行着不同阶段的操作。

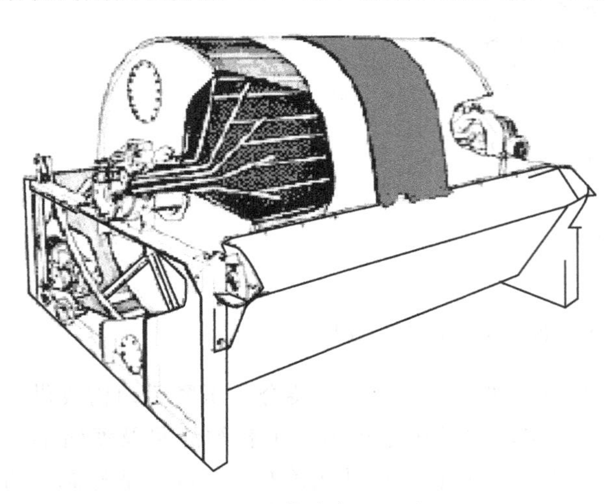

图 2-9　转鼓式真空过滤机

转鼓式真空过滤机的优点是连续操作，生产能力大，适于处理量大而容易过滤的滤浆，对于难过滤的细、黏物料，采用助滤剂预涂的方式也比较方便，此时可将卸料刮刀稍微离开转鼓表面一固定距离，可使助滤剂涂层不被刮下，而在较长时间内发挥助滤作用。它的缺点是附属设备较多，投资费用较高，滤饼含液量高，由于是真空操作，因而过滤推动力有限，尤其不能过滤温度较高（饱和蒸气压高）的滤浆，滤饼的洗涤也不充分。

转鼓式真空过滤机常见故障及处理方法如表 2-3 所示。

表 2-3　转鼓式真空过滤机常见故障及处理方法

故障现象	故障原因	处理方法
滤饼厚度达不到要求,滤饼不干	1)真空度达不到要求 2)滤槽内滤浆液面低 3)滤布长时间未清洗	1)检查真空管路,堵塞漏气处 2)增加进料量 3)洗涤滤布
真空度低	1)分配头磨损漏气 2)真空泵效率低或管路漏气 3)滤布有破损 4)错气窜风	1)检查分配头 2)检查真空泵和管路 3)更换滤布 4)调整操作区域

思考与练习

一、选择题

1. 多层降尘室是根据（　　）原理而设计的。

A. 含尘气体处理量与降尘室的层数无关　B. 含尘气体处理量与降尘室的高度无关

C. 含尘气体处理量与降尘室的直径无关　D. 含尘气体处理量与降尘室的大小无关

2. 拟采用一个降尘室和一个旋风分离器来除去某含尘气体中的灰尘，则较适合的安排是（　　）。

A. 降尘室放在旋风分离器之前　B. 降尘室放在旋风分离器之后

C. 降尘室和旋风分离器并联　D. 方案 A、B 均可

3. 现有一需分离的气固混合物，其固体颗粒平均尺寸在 10μm 左右，适宜的气固相分离器是（　　）。

A. 旋风分离器　B. 重力沉降器　C. 板框过滤机　D. 真空抽滤机

4. 下列物系中，可以用过滤的方法加以分离的是（　　）。

A. 悬浮液　B. 空气　C. 酒精水溶液　D. 乳浊液

二、简答题

1. 旋风分离器的进口为什么要设置成切线方向？

2. 过滤得到的滤饼是浆状物质，使过滤很难进行，试讨论解决方法？

任务 2　三足式离心机的操作

实训操作

一、情境再现

离心分离是在离心力的作用下，分离液态非均相混合物的方法。当悬浮液中固体颗粒很

小，或液相黏度很大时，利用离心分离效果较好。图 2-10 为三足式离心机，是化工生产中常用的固液分离设备，具有造价低廉，抗振性好，结构简单，操作方便等特点，广泛用于化工、制药、食品、印染、纺织、环保等行业。

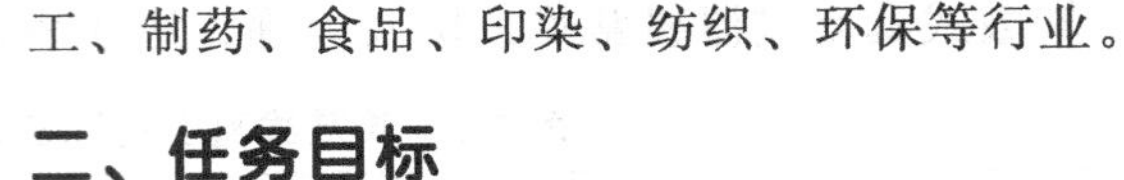

图 2-10　三足式离心机

二、任务目标

① 通过操作认识离心机的内部结构。

② 熟练操作三足式离心机。

③ 培养规范的操作习惯，养成严谨的工作态度。

三、任务要求

① 按操作规程规范操作。

② 以小组为单位，分工协作完成悬浮液的分离任务。

③ 分离产品合格，符合要求。

四、操作步骤

1. 检查准备

检查机内有无异物，主轴螺母有无松动，制动装置是否灵敏可靠，润滑是否正常，滤液出口是否通畅，空车试运行 3～5min，检查转动是否正常，转鼓转动方向是否正确，检查无问题后，将滤布均匀铺设在转鼓内壁上。

2. 开车

将物料放置均匀，不能超过额定体积和质量，启动前盘车，检查制动装置是否拉开，接通电源启动。

3. 正常运转

待电流稳定在正常范围内，转鼓转动正常时，即进入正常运行，运行中注意有无杂音，电流、转动是否正常，保持滤液出口通畅，当滤液停止排除后 3～5min，可进行洗涤。

4. 洗涤

缓慢加入洗涤水，取滤液分析合格后停止洗涤，待洗涤水出口停止排液后 3～5min，方可停车。

5. 停车

先切断电源，待转鼓减速后再使用制动装置，经多次制动，到转鼓转动缓慢时，再拉紧制动装置，完全停车后，方可卸料。

6. 卸料

从上部将固体物料卸出，卸料后，将机内外检查、清理。

五、项目考评

见表 2-4。

表 2-4　三足式离心机的操作项目考评表

项目	评分要素		分值	评分记录	得分
检查准备	无异物，无松动，润滑正常，滤液出口正常，转动正常		10		
开车	装料，启动前盘车，检查制动装置是否拉紧，接通电源启动		15		
正常运行	电流稳定，转动正常，严谨手触机壳		10		
洗涤	缓慢加入滤浆，滤液合格后停止洗涤，停止排液后 3～5min，可停车		15		
停车	先切断电源，待转鼓减速后再使用制动装置，到转鼓转动缓慢时，再拉紧制动装置，完全停车后，方可卸料		15		
卸料	卸料后，检查、清理机内外		10		
职业素养	纪律、团队精神		10		
实训报告	能完整、流畅地汇报项目实施情况；撰写项目完成报告，格式规范整洁		15		
安全操作	按国家有关规定执行操作	每违反一项规定从总分中扣 5 分，严重违规取消考核			
考评老师		日期		总分	

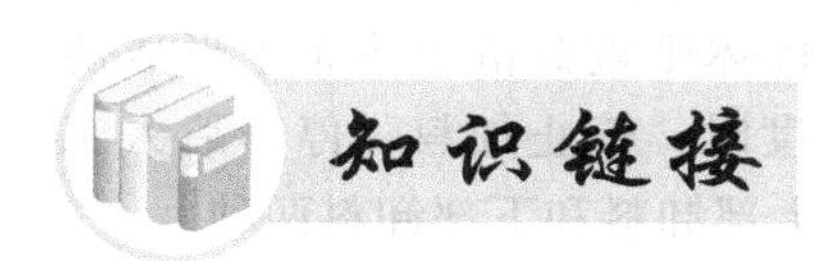

知识一　离心机的类型

一、离心分离

离心分离是在离心力的作用下分离液态非均相混合物（悬浮液、乳浊液）的操作。利用设备（转鼓）本身旋转产生的惯性离心力来分离液态非均相混合物的机械称为离心机。由于离心机可产生很大的离心力，故可用来分离用一般方法难于分离的悬浮液或乳浊液。根据分离方式或功能，离心机可分为过滤式、沉降式和分离式三种基本类型。

1. 过滤式离心机

过滤式离心机的转鼓壁上开有小孔，若固体颗粒较大时，可在转鼓的内壁上覆盖一层金属网作为过滤介质，若颗粒较小时，可在金属网上再盖上一层滤布。悬浮液加入高速旋转的转鼓内，悬浮液中的液体受到离心力的作用穿过滤布及转鼓上的小孔流出，而固体颗粒则被截留在转鼓内。

2. 沉降式离心机

转鼓壁上无开孔，故只能用以增浓悬浮液，使密度较大的颗粒沉积于转鼓内壁，清液集于中央并不断引出。

3. 离心分离机

转鼓壁上也无开孔，用以分离乳浊液。在转鼓内液体按轻重分层，重者在外，轻者在内，各自从径向的适宜位置引出。

分离因数 K_c 是离心分离设备的重要性能参数，设备的离心分离因数越大，则分离性能越好。根据离心分离因数的大小，又可将离心机分为以下三类：常速离心机（$K_c<3\times10^3$）、高速离心机（$3\times10^3<K_c<5\times10^4$）、超速离心机（$K_c>5\times10^4$）。分离因数的极限值取决于转动部件的材料强度，提高分离因数的基本途径是增加转鼓转速。最新式的离心机，其分离因数可高达 500000 以上，常用来分离胶体颗粒及破坏乳浊液等。

离心机还可按操作方式分为间歇操作和连续操作。此外还可以根据转鼓轴线的方向将离心机分为立式和卧式。

二、三足式离心机

三足式离心机是间歇操作、人工卸料的立式离心机，在工业上采用较早，目前仍是国内应用最广，制造数目最多的一种离心机。如图 2-11 所示，三足式离心机中间有一个旋转的转鼓，转鼓外壳和联动装置都固定在机座上，机座借助拉杆悬挂在三个柱脚上，故称为三足式离心机。

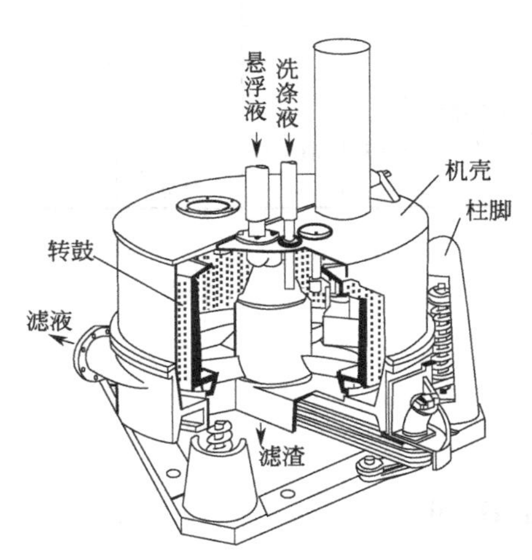

图 2-11　三足式离心机结构

操作时，将待过滤的悬浮液添加到旋转着的转鼓内，在离心力的作用下，滤液透过滤布和转鼓壁上的小孔流出外壳后排出，固体则被截留于滤布上形成滤饼，当其积累到一定厚度时，停止加料，停车后人工卸料。其卸料方式分为上部卸料和下部卸料两种。

三足式离心机结构简单，制造方便，运转平稳，适应性强，所得滤饼中液体含量少，滤饼中固体颗粒不易受损伤。但是其卸料时劳动强度大，生产能力低。适用于过滤周期较长，处理量不大，要求滤渣含液量较低的场合。三足式离心机常见故障及处理方法如表 2-5 所示。

表 2-5　三足式离心机常见故障及处理方法

故障现象	故障原因	处理方法
滤液中常有滤渣或外观浑浊	滤布损坏	更换滤布
离心机电流过高	1)滤布出口管堵塞 2)加料过多，负荷过大	1)检查处理 2)减少加料
轴承温度过高	1)回流小，前后轴回流量不均 2)机械故障，轴承磨损或安装不正确	1)调节回流量 2)检查维修
电机温度过高	1)加料负荷大 2)轴承故障 3)电动机故障 4)外界气温过高	1)减少加料 2)检查维修 3)电工检查 4)采取降温措施
振动大	1)供料不均匀 2)螺栓松动或机械故障	1)调整供料均匀 2)停机检查维修
噪声大	1)离心机放置不水平，减震系统破坏 2)加料不均匀，转鼓由于长时间被物料侵蚀 3)摩擦部位未加注相关润滑剂 4)出液口堵塞	1)检查离心机是否放置水平，离心机的减震柱角是否完好无损 2)均匀加料，或适当调节加料量 3)转子轴承部位加润滑剂 4)检查出液口是否堵塞

三、卧式刮刀卸料离心机

卧式刮刀卸料离心机是连续操作的过滤式离心机，在转鼓全速运动中自动地依次进行加料、分离、洗涤、脱水、卸料、洗网等操作，每一工序的操作时间可按预定要求实行自动控制，如图 2-12 所示。

图 2-12　卧式刮刀卸料离心机

操作时，悬浮液从进料管进入全速运转的转鼓内，滤液经滤网及鼓壁小孔被甩到鼓外，再经机壳的排液口流出。留在鼓内的固体颗粒被耙齿均匀分布在滤网面上。当滤饼达到指定厚度时，进料阀门自动关闭，冲洗阀自动开启进行洗涤。再经甩干一定时间后，刮刀自动上升，滤饼被刮下并经倾斜的溜槽排出。刮刀升至极限位置后自动退下，同时冲洗阀又开启，对滤网进行冲洗，即完成一个操作循环，重新开始进料。

刮刀卸料离心机可连续运转，自动操作，劳动强度低，生产能力大，适宜大规模连续生产。但由于刮刀卸料，致使颗粒破损严重，不适用于产品晶粒要求完整的场合。

四、螺旋卸料沉降式离心机

螺旋卸料沉降式离心机是一种用于处理悬浮液的可连续操作的沉降式离心机，属于卧式设备，如图 2-13 所示。

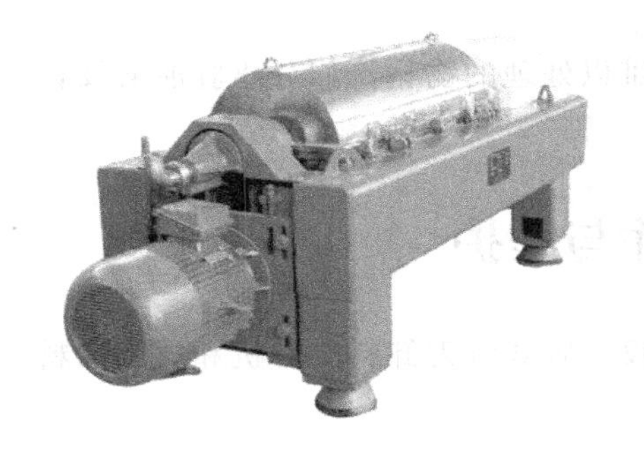

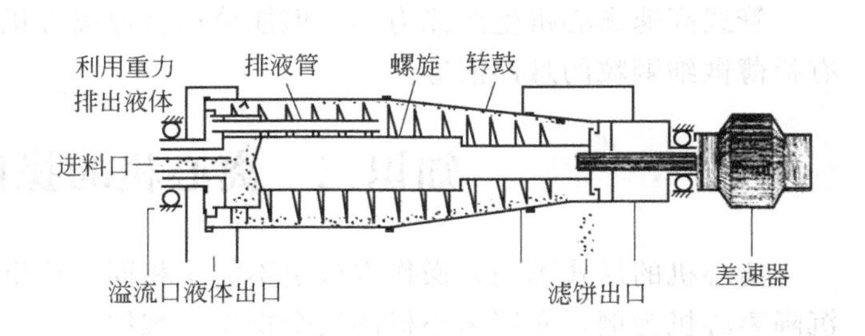

图 2-13　卧式螺旋卸料沉降式离心机

悬浮液由锥形或柱锥形转鼓的轴心进料管加入，经螺旋输送器外壁的开孔流入高速旋转的转鼓内。清液从柱端（大端）溢流而出。颗粒沉积在转鼓内壁，被转速相近同向旋转的螺旋输送器推至锥端（小端），由锥顶排渣口连续排出。

螺旋卸料沉降式离心机具有操作简便、生产能力大、适应性强、劳动强度小等优点，在工业上应用日益普遍。缺点是结构复杂，装配要求高且需定期维修，实现转鼓与螺旋输送器间的相对运动装置——差速器笨而昂贵，排渣中含液量较高，不能得到很干的滤渣及纯净的滤液等。适宜分离固液相密度差较大、粗颗粒的物料，常用于分离固相含量在 2%～50%（体积）的悬浮液。

五、管式高速离心机

管式高速离心机是一种能产生高强度离心力场的离心机，具有很高的分离因数，转鼓转速可达到 $8\times10^3\sim5\times10^4$ r/min。为尽量减小转鼓所受的压力，需采用较小的鼓径，这样使得在一定的进料量下，悬浮液沿转鼓轴向运动的速度较大。为保证物料在鼓内有足够的沉降时间，只能增大转鼓的长度，于是导致转鼓成为细高的管式构形，如图 2-14 所示。

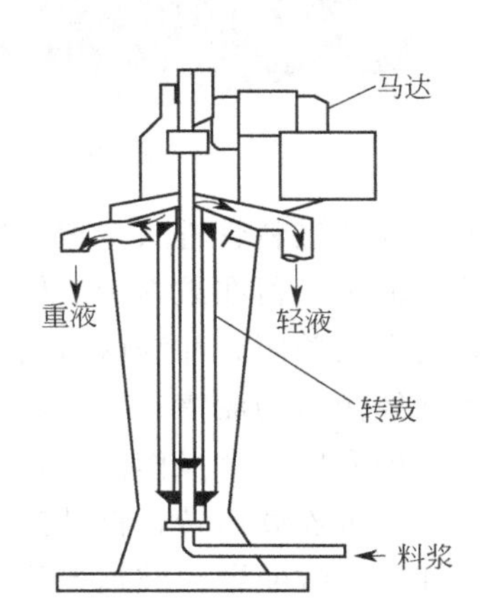

图 2-14　管式高速离心机

操作时，乳浊液或悬浮液由底部进料管送入转鼓，鼓内有径向安装的挡板，以便带动流体迅速旋转。若处理乳浊液，则液体分轻重两层，各由上部不同的出口流出；若处理悬浮液，则可只有一个液体出口，而微粒附着于鼓壁上，操作一定时间后停车取出。

管式高速离心机生产能力小，但能分离普通离心机难以处理的物料，如分离乳浊液及含有稀薄微细颗粒的悬浮液等。

知识二　离心机的操作与维护

离心机的形式不同，操作方法也不完全相同。这里仅以卧式刮刀卸料离心机和螺旋卸料沉降离心机为例，介绍离心机的安全操作与维护。

1. 离心机启动前的准备

① 清除离心机周围的障碍物。

② 检查转鼓有无不平衡迹象。一般用手拉动 V 带转动转鼓进行检查，若发现不平衡状态，应用清水冲洗离心机内部，直至转鼓平衡为止。

③ 启动润滑油泵，检查各注油点，确认已注油。

④ 将刮刀调至规定位置。

⑤ 检查制动装置。

⑥ 液压系统先进行单独试车。

⑦ 暂时接通电源并立即停车，检查转鼓的旋转方向是否正确，并确认无异常现象。

⑧ 必须认真进行下列检查，检查合格后方可启动离心机。

电动机架和防振垫已妥善安装和紧固；分离机架已找平；带轮已找正，并且带张紧程度适当；传动带的防护罩已正确安装和固定；全部紧固件均已紧固适当；管道已安装好，热交换器、冷却水系统已安装好；润滑油系统已清洗干净，并能对主轴供应足够的冷却润滑油；润滑油系统控制仪表已接好，仪表准确、可靠；所使用的冷却润滑油均符合有关规定；所用的电气线路均已正确接好；主轴、转鼓的径向跳动偏差在允许范围内。

2. 离心机的启动

① 驱动离心机主电动机。

② 调节离心机转速，使其达到正常操作转速。

③ 打开进料阀。

3. 离心机的运行和维护

① 在离心机运行中，经常检查各转动部位的轴承温度、各连接螺栓有无松动现象以及有无异常声响和强烈振动等。

② 维持离心机设计安装的防振、隔振系统效果良好，振动和噪声没有明显增大。在正常运行工况下，噪声的声压级不大于 85dB(A)。

③ 原来运转时振动很小的离心机，经检修拆装后其回转部分振动加剧，应考虑是否是由于转子的不平衡所致。必要时需要重新进行一次转子的平衡试验。

④ 空车时振动不大，而投料后振动加剧，应检查其布料是否均匀，有无漏料或塌料现象，特别是在改变物料性质或悬浮液浓度时，尤其要密切注意这方面的情况。

⑤ 离心机使用一段时间后如发现振动越来越大，应从转鼓部分的磨损、腐蚀、物料情况以及各连接零件（包括地脚螺栓等）是否松动进行检查、分析研究。

⑥ 对于已使用的离心机，在没有经过仔细的计算校核以前，不得随意改变其转速，更不允许在高速回转的转子上进行补焊、拆除或添加零件及重物。

⑦ 离心机的盖子在未盖好以前，禁止启动。

⑧ 禁止以任何形式强行使离心机停止运转。机器未停稳之前，禁止人工铲料。

⑨ 禁止在离心机运转时用手或其他工具伸入转鼓接取物料。

⑩ 进入离心机内进行人工卸料、清理或检修时，必须切断电源、取下保险、挂上警示牌，同时还应将转鼓与壳体卡死。

⑪ 严格执行操作规程，不允许超负荷运行；下料要均匀，避免发生偏心运转而导致转鼓与机壳摩擦产生火花。

⑫ 为安全操作，离心机的开关按钮应安装在方便操作的地方。

⑬ 外露的旋转零部件必须设有安全保护罩。

⑭ 电动机和电控箱接地必须安全可靠。

⑮ 制动装置与主电动机应有联锁装置，且准确可靠。

4. 离心机的停车

① 关闭进料阀，一般采取逐步关闭进料阀的操作方法，使其逐渐减少进料，直到完全停止进料为止。

② 清洗离心机。

③ 停电动机。

④ 离心机停止运转后，停止润滑油泵和水泵的运行。

思考与练习

简答题

1. 离心机开机前，操作人员应检查哪些问题？
2. 离心机盖子打不开故障的解决方法？
3. 通过查阅资料，说一下国内外新型离心机的类型及应用特点。

项目三　流体传热操作

任务 1　固定管板式换热器的拆装

实训操作

一、情境再现

化工生产中，无论是化学过程还是物理过程，几乎都需要热量的引入和导出，这就需要能够提供热量交换的设备——换热器。如日常生活中取暖用的暖气散热片、汽轮机装置中的凝汽器和航天火箭上的油冷却器等，都是换热器。

固定管板式换热器如图 3-1 所示，是最常用的列管式换热器的一种，对它的拆装是换热器维修的基本操作。固定管板式换热器拆装实训装置如图 3-2 所示。

图 3-1　固定管板式换热器

二、任务目标

① 通过拆卸观察换热器内部结构、特点和工作过程，清楚冷热流体的流程和流向。

② 准确列出所需的工具和易耗品等零件清单并能正确领取工具和易耗品。

③ 增强同学之间的团结协作能力。

图 3-2　固定管板式换热器拆装实训装置

④ 培养规范的拆装和测量操作习惯，养成严谨的工作态度。

三、任务要求

① 通过查阅资料了解换热器的结构特点，分析拆卸顺序。

② 以小组为单位，分工协作完成拆卸任务。

③ 与拆卸顺序相反，对拆后的部件重新组装并保证装配质量。

四、操作步骤

1. 拆卸

① 拆卸前做好设备表面各零部件相互位置关系的标记后，方可进行拆卸。

② 利用起吊工具将前封头吊住，利用适合的扳手进行拆卸，使得前封头和筒体螺栓松开，注意对称松开，留下一对等最后起吊时拆下，将其放置枕木上，螺栓单独放好。

③ 移动起重工具到后封头，将后封头吊住，同样松开螺栓，最后拧下顶上的两个螺栓，将后封头吊起放置指定位置，用枕木垫好。

④ 使用手拉葫芦连接管板上定位吊耳和现场固定承力点，将管束抽出一部分，待拉出的距离可以安装抽芯机后，用吊车吊起抽芯机至被抽芯换热器管板端的高度，并与换热器管板端轴向对正，连接好管束，利用壳体固定好抽芯机。

⑤ 检查确认管束的受力方向与壳体轴向一致后，启动抽芯机，将管束缓慢抽出。

⑥ 抽芯完成后，要放置在专用的垫具上，一般为具有与换热器吻合面的枕木，不得直接将换热器管束放置在平地上。

2. 装配

装配过程与拆卸过程顺序相反，注意隔板的方向，螺栓与孔对齐，不许有歪斜现象，注意螺栓对角要把紧。

五、项目考评

见表 3-1。

表 3-1　固定管板式换热器的拆装项目考评表

项目	评分要素		分值	评分记录	得分
准备工作	所需工具及辅助工具、标记		10		
拆前封头	选用合适的扳手松螺栓，留下一对螺栓等最后起吊时拆下		10		
拆后封头	吊起后封头、选用合适的扳手松螺栓、最后拧下顶上一对螺栓、放置在指定位置，用枕木垫好		10		
拉出管束	使用手拉葫芦连接管板上定位吊耳、将管束抽出一部分、合适距离后安装抽芯机、启动抽芯机、将管束缓慢抽出，放置枕木上		10		
装配	装配过程与拆卸过程顺序相反，螺栓与孔对齐，不许有歪斜现象，注意螺栓对角要把紧		30		
职业素养	纪律、团队精神		10		
实训报告	能完整、流畅地汇报项目实施情况；撰写项目完成报告，格式规范整洁		20		
安全操作	按国家有关规定执行操作	每违反一项规定从总分中扣 5 分，严重违规取消考核			
考评老师		日期		总分	

知识链接

传热是指由于温度差引起的能量转移，又称热量传递。化工生产过程中对传热的要求可分为两种情况：一是**强化传热**，即加快热量传递，包括物料的加热或冷却、热量的合理利用和余热的回收等。如各种换热设备中的传热，要求传热效率快，传热效果好；二是**削弱传热**，即抑制热量传递。如设备和管道的保温，要求热量传递效率慢，以减少热量的损失。工业生产中的换热都是通过一种称为换热器的设备来进行的。

知识一　换热器的类型

由于物料的性质和传热的要求不同，因此，换热器的类型很多，且有多种分类方法。

（1）按换热器的用途　分为：加热器、预热器、过热器、蒸发器、再沸器、冷凝器、冷却器。

（2）按换热器的作用原理　分为：间壁式换热器、混合式换热器、蓄热式换热器、中间载热体式换热器。

（3）按换热器传热面的形状和结构　分为：管式换热器、板式换热器、特殊形式换热器。

① 管式换热器是以管子作为传热元件的传热设备。常用的管式换热器有套管式、蛇管式、螺旋管式和列管式（管壳式）换热器，其中列管式换热器应用最广。

② 板式换热器是以板面作为传热元件的传热设备。常用的板式换热器有板面式换热器、螺旋板式换热器、板翅式换热器和板壳式换热器等。

③ 特殊形式换热器是根据工艺特殊要求而设计的具有特殊结构的换热器，如回转式换热器、热管式换热器等。

下面对具有代表性的间壁式换热器的特征和构造进行简要说明。

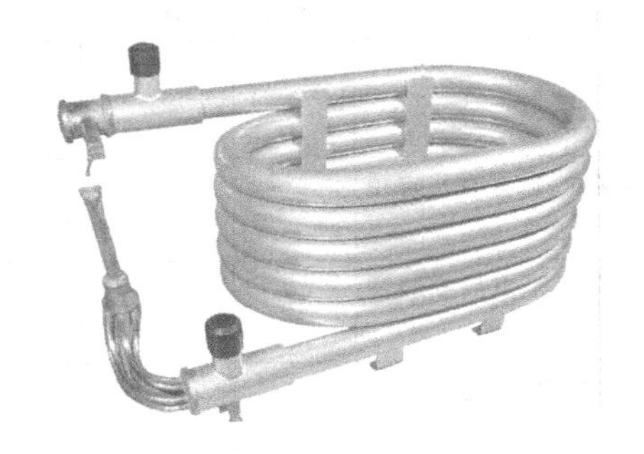

套管式换热器 由两根不同直径、同心组装的直管和连接内管的U形弯管所组成的。适用于高温、高压及流量较小的两流体传热，常用作冷却器或冷凝器。

蛇管式换热器 是由弯曲成蛇形的管子组成的。蛇管的弯曲形状有折曲形、螺旋形、方形、盘形等形状。其中沉浸式蛇管换热器用在高压流体的冷却或反应釜的传热构件，而喷淋式蛇管换热器多用于热流体的冷却或冷凝。

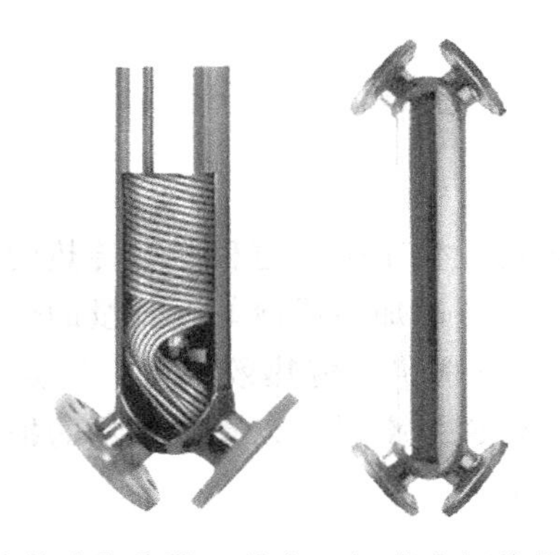

螺旋管式换热器 是由一组或多组缠绕成的螺旋状的管子置于壳体之间制成的。多用于较高黏度的流体加热或冷却。

螺旋板式换热器 由螺旋板、顶盖、接管口等组成。适用于黏性流体或含有固体颗粒的悬浮液的换热。

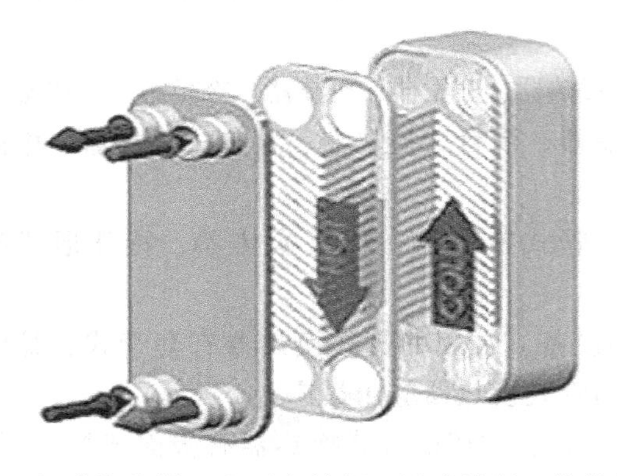

板式换热器 由固定端板、活动端板、传热板片、密封垫片、压紧和定位装置等构成。适用于温差和压力都不大的场合。

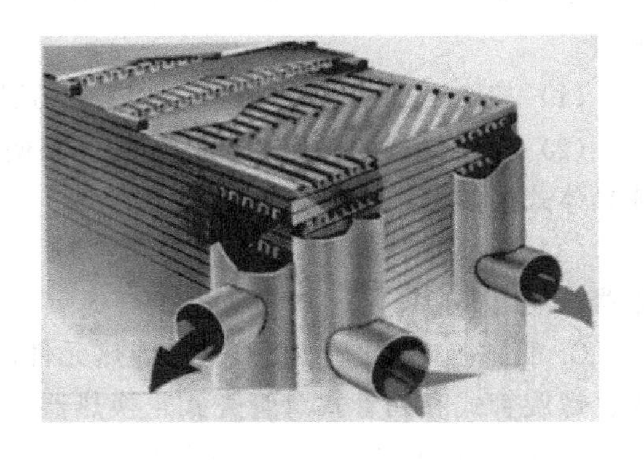

板翅式换热器 基本单位由翅片、隔板及封条组成。适用于冷凝和蒸发，特别适应低温和超低温操作。

知识二　列管式换热器

列管式换热器又称为管壳式换热器，在化工生产中广泛应用，其结构简单、坚固、制造较容易，处理能力大，适用性强，操作弹性较大，尤其在高压、高温和大型装置中使用普遍。

一、列管式换热器结构

如图 3-3 所示，列管式换热器主要由壳体、管束、管板、折流挡板和封头（又称端盖）等部件组成。壳体内装有管束，管束两端固定在管板上。管子在管板上的固定方法有胀接法、焊接法或胀焊结合法。冷、热两种流体在列管式换热器内进行换热时，一种流体通过管内，其行程称为管程；另一种流体在管外流动，其行程称为壳程。管束的表面即为传热面积。

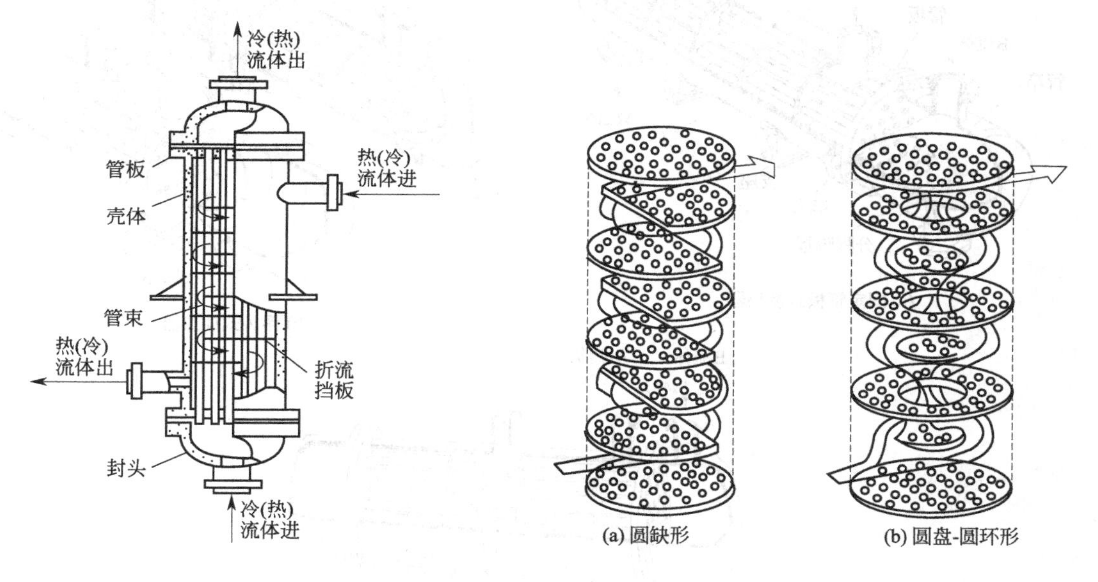

图 3-3　列管式换热器

图 3-4　折流挡板示意图

换热器管内的流体每通过一次管束称为一个管程。当换热器的传热面积较大时，则需要的管子数目较多，为提高管程流体的流速，可将管子分为若干组，使流体依次通过每组管子往返多次，称为多管程。应注意的是，管程数多有利于提高传热系数，但能量损失增加，传热温度差变小，故管程数不宜过多，以 2、4、6 程最为常见。

流体每通过一次壳体称为一个壳程，为了提高壳程流体的流速，增大壳程流体的对流传热系数，可在壳程内安装横向或纵向折流挡板。常见的横向折流挡板多为圆缺形挡板（也称弓形挡板），也可用圆盘-圆环形挡板，见图 3-4。

二、列管式换热器的类型

列管式换热器操作时，由于冷热两种流体的温度不同，使壳体和管束受热不同，其膨胀程度亦不同。若两者温差较大（50℃以上），就可能引起设备变形，或使管子扭弯，从管板上松脱，甚至毁坏整个换热器。为此，必须从结构上考虑消除或减轻热膨胀对整个换热器的影响。对热膨胀所采用的热补偿法有：浮头补偿、补偿圈补偿和U形管补偿等。根据补偿方式的不同，我们可以把列管式换热器分为固定管板式换热器、浮头式换热器和U形管式换热器。

1. 固定管板式换热器

如图3-5(a)所示，当管与壳间有温度差时，依靠补偿圈的弹性变化，来适应外壳与管子间不同的热膨胀。这种结构通常适用于管、壳温度差小于60～70℃，壳程压力小于588kPa的情况。固定管板式换热器具有结构简单、管内便于清洗、造价低廉的优点，但壳程清洗和检修困难，当管壁和壳壁的温度相差较大时会产生较大的热应力，甚至将管子从管板上拉脱。适用于壳程流体清洁不易结垢，两流体温差不大或温差较大但壳程压力不高的场合。

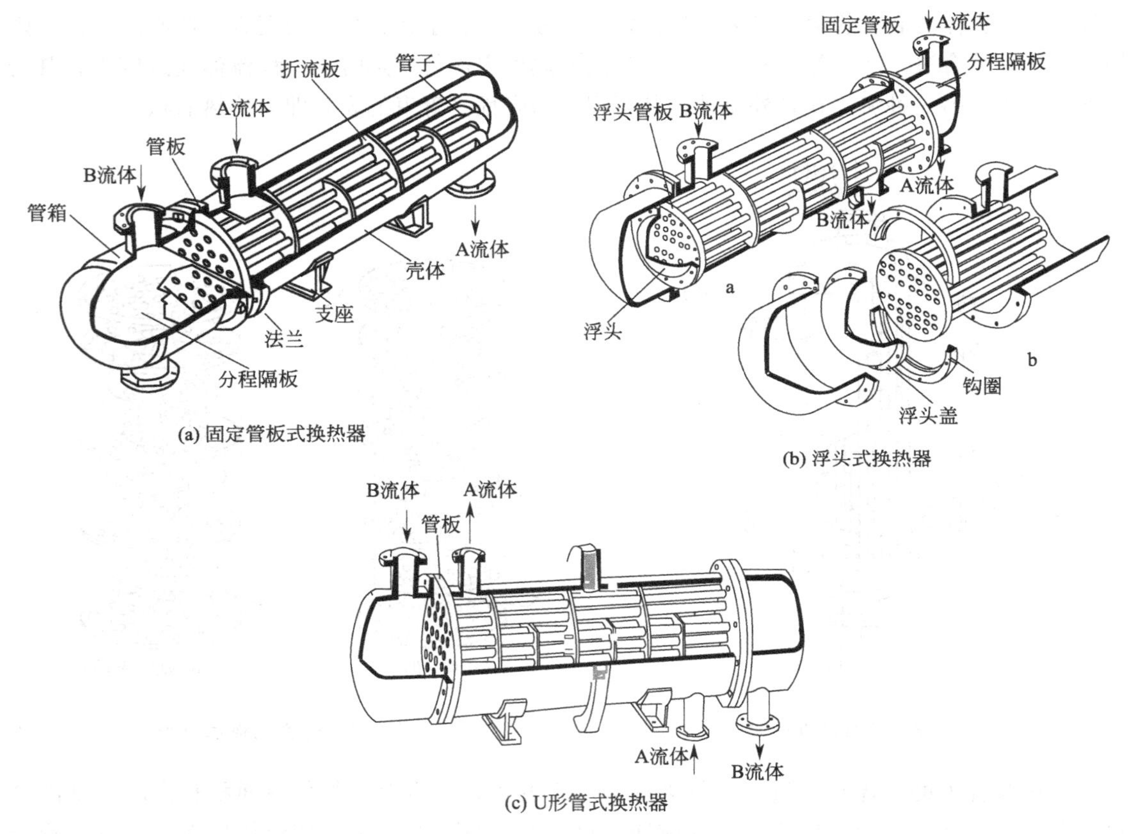

(a) 固定管板式换热器

(b) 浮头式换热器

(c) U形管式换热器

图3-5 列管式换热器结构类型

2. 浮头式换热器

在这种换热器中，两端均有管板，但其中有一端的管板不与壳体相连，此端管板连同管束可以沿管长方向自由浮动，如图3-5(b)所示。当壳体与管束因温度不同而受热膨胀时，管束连同浮头就可在壳体内沿轴向自由伸缩，所以可以完全消除热应力。浮头式换热器在清洗和检修时整个管束可以从壳体中抽出，但其结构复杂，用材量大，造价高。操作时，如果浮头盖连接处泄漏将无法发现。尽管浮头式换热器结构较复杂，金属消耗最多，造价也较高，但仍是应用较多的一种换热器。

3. U形管式换热器

当壳体与管束的温度差或壳体内的流体压强较大时，由于膨胀节过厚，难以伸缩，失去了补偿作用，就应该考虑其他结构进行补偿。图 3-5(c) 所示的 U 形管换热器就是其中的一种。其具有结构简单，管间清洗较易的优点，但管内清洗较困难，管板的利用率低。适用于管、壳程温差较大或壳程介质易结垢而管程介质不易结垢的场所。

需指出，U 形管式换热器和浮头式换热器，我国已有系列标准，可供选用。其规格型号一般包括以下几项：型式、外壳直径、公称压力、公称面积、管程数等。具体选择换热器时可查阅有关手册。

思考与练习

一、选择题

1. 目前，使用最为广泛的间壁式换热器的型式是（　　）。

A. 套管式换热器　　B. 蛇管式换热器　　C. 翅片管式换热器　　D. 列管式换热器

2. 有四种液体，其中适宜在列管式换热器壳程中流动的是（　　）。

A. 不清洁的和易结垢的流体　　B. 腐蚀性的流体

C. 被冷却的流体　　D. 压力高的流体

3. 工业采用翅片状的暖气管代替圆钢管，其目的是（　　）。

A. 增加热阻，减少热量损失　　B. 节约钢材、增强美观

C. 增加传热面积，提高传热效果　　D. 减少热阻，减少热量损失

4. 列管式换热器一般不采用多壳程结构，而采用（　　）以强化传热效果。

A. 隔板　　B. 波纹板　　C. 翅片板　　D. 折流挡板

5. 温差过大时，下列哪种管壳式换热器需要设置膨胀节（　　）。

A. 浮头式　　B. 固定管板式　　C. U 形管式　　D. 填料函式

二、简答题

1. 固定管板式换热器壳体上的补偿圈或称膨胀节起什么作用？

2. 对列管式换热器来说，两种流体在下列情况下，何种适合布置于管内流动，何种适合布置于管外流动，并请简要说明理由？(1) 清洁与不清洁的；(2) 腐蚀性大与小的；(3) 温度高与低的；(4) 压力大与小的；(5) 流量大与小的；(6) 黏度大与小的。

3. 参观附近的化工厂，调查所用换热器的作用、类型，分析换热器的结构及冷热流体的走向。

任务 2　换热器的操作

实训操作

一、情境再现

换热器是化工生产过程中最常见的化工设备，也是石油、动力等其它工业部门的通用设

备。由于生产中物料的性质、传热的要求各不相同，换热器的类型和操作规程也不同，同时，换热器属于压力容器，要求操作人员必须经过专业培训，懂得换热器的结构、原理、性能和用途，并会操作、保养、检查及排除故障，且具有安全操作知识才能上岗操作，使换热器能够安全运行，发挥较大的效能。图 3-6 所示为综合换热器实训装置，能够进行常见的套管式、板式和列管式换热器的基本操作。

图 3-6　综合换热器实操现场

二、任务目标

① 了解换热器换热的原理、认识各种换热设备的结构和特点。
② 认识传热装置流程及各传感检测的位置、作用，各显示仪表的作用等。
③ 掌握换热设备的基本操作、调节方法。
④ 了解影响传热的主要影响因素。
⑤ 了解折流挡板的作用及强化传热的途径。
⑥ 能区分不同类型的换热器及判断冷热流体的进出口。

三、任务要求

① 正常开车，按要求操作调节到指定数值。
② 正确使用设备、仪表，及时进行设备、仪器、仪表的维护与保养。
③ 应用计算机对现场数据进行采集、监控。
④ 做好开车前的准备工作及正常停车。

四、操作步骤

1. 检查准备

开车前，应检查压力表、温度计、安全阀、液位计以及有关阀门是否完好。在通入热流体（如蒸汽）之前，应先打开冷凝水排放阀门，排除积水和污垢；打开放空阀，排除空气和其他不凝性气体。

2. 开车

要先通入冷流体（打开冷流体进口阀和放空阀），待换热器中液位达到规定位置时，缓慢或分次加入热流体，做到先预热后加热，切忌骤冷骤热，以免换热器受到损坏，影响其使用寿命。

3. 传热操作及数据读取

调节冷、热流体的流量，达到工艺要求所需的温度；经常注意两种流体的温度及压力变化情况，检查换热器有无泄漏，有无振动现象，如有异常，应立即查明原因，排除故障。仪表读数稳定后记录。

4. 停车

应先关闭热流体进口阀，然后关闭冷流体进口阀，并将管程及壳程流体排净，以防冻裂和产生腐蚀。

五、项目考评

见表 3-2。

表 3-2　换热器的操作项目考评表

项目	评分要素		分值	评分记录	得分
检查准备	压力表、温度计、安全阀、液位计以及有关阀门是否完好；冷凝水排放阀门，排除积水和污垢；排除空气和其他不凝性气体		10		
开车	先通入冷流体，再通热流体		20		
数据读取	仪表稳定后记录		20		
停车	先停蒸汽，再停冷水		20		
职业素养	纪律、团队精神		10		
实训报告	能完整、流畅地汇报项目实施情况，撰写项目完成报告，数据准确、可靠		20		
安全操作	按国家有关规定执行操作	每违反一项规定从总分中扣 5 分，严重违规取消考核			
考评老师		日期		总分	

知识一　换热器的使用与维护

换热器的维护保养是建立在日常检查的基础上的，只有通过认真、细致的日常检查，才能及时发现存在的问题和隐患，从而采取正确的处理和预防措施，使设备能够正常运行，避免事故的发生。

一、列管式换热器的使用与维护

1. 列管式换热器的使用

① 开车前，应检查压力表、温度计、安全阀、液位计以及有关阀门是否完好。

② 在通入热流体（如蒸汽）之前，应先打开冷凝水排放阀门，排除积水和污垢；打开放空阀，排除空气和其他不凝性气体。

③ 换热器开车生产时，要先通入冷流体（打开冷流体进口阀和放空阀），待换热器中液位达到规定位置时，缓慢或分次加入热流体，做到先预热后加热，切忌骤冷骤热，以免换热器受到损坏，影响其使用寿命。

④ 进入换热器的冷热流体如果含有颗粒固体杂质和纤维质，一定要提前过滤和清除，防止堵塞通道。

⑤ 根据工艺要求，调节冷、热流体的流量，使其达到所需要的温度。

⑥ 经常检查冷热流体的进出口温度和压力变化情况，发现温度、压力有异常，应立即查明原因，及时消除故障。

⑦ 定期分析流体的成分，根据成分变化确定有无内漏，以便及时进行堵管及换管处理。

⑧ 定期检查换热器有无渗漏，外壳有无变形以及有无振动，若有应及时处理。

⑨ 定期排放不凝性气体和冷凝液，以免影响传热效果。

⑩ 停车时，应先关闭热流体进口阀，然后关闭冷流体进口阀，并将管程及壳程流体排净，以防冻裂和产生腐蚀。

2. 列管式换热器的维护

日常检查的主要内容有：是否存在泄漏；保温、保冷层是否良好，保温设备局部有无明显变形；设备的基础、支吊架是否良好；利用现场或总控室仪表观察流量是否正常，是否超温、超压；设备的安全附件是否良好；用听棒判断异常声响，以确认设备内换热管是否相互碰撞、摩擦等。

列管式换热器的保养措施主要有以下几点：

① 保持主体设备外部整洁，保温层和涂层完好。

② 保持压力表、温度计、安全阀和液位计等仪表及附件齐全，反应灵敏、准确。

③ 发现法兰和阀门有泄漏时，应及时消除。

④ 尽量减少换热器开停次数，停止时应将内部水和液体放净，防止冻裂和腐蚀。

⑤ 定期测量换热器的壁厚，一般为两年一次。

3. 列管式换热器的常见故障及处理方法

列管式换热器的常见故障及处理方法见表3-3。

表 3-3 列管式换热器的常见故障及其处理方法

故障现象	故障原因	处理方法
传热效率下降	1)列管结垢或堵塞 2)壳体内不凝气或冷凝液增多 3)列管、管路或阀门堵塞	1)清洗列管或除垢 2)排放冷凝气或冷凝液 3)检查清理
振动	1)因介质频率引起的共振 2)外部管道振动引发的共振 3)管束与折流挡板的结构不合理 4)机座刚度不够	1)改变流速或改变管束固有频率 2)加固管道,减小振动 3)改进设计 4)加固机座
管板和壳体连接处有裂纹	1)焊接质量不好 2)外壳歪斜,连接管线拉力或推力过大 3)腐蚀严重、外壳壁厚减薄	1)清除补焊 2)重新调整找正 3)鉴定后补修
管束、胀口渗漏	1)管子被折流挡板磨破 2)壳体与管束温差过大 3)管口腐蚀或胀(焊)接质量差 4)换热管腐蚀穿孔、开裂	1)堵管或换管 2)补胀或焊接 3)换管或补胀(焊) 4)重胀(补焊)或堵死

二、板式换热器的使用与维护

板式换热器是一种新型的换热设备，由于其结构紧凑，传热效率高，所以在化工、食品和石油等行业中得到广泛使用，但其材质为钛材和不锈钢，价格昂贵。因此要正确使用和精心维护，否则既不经济又不能发挥其优越性。

1. 板式换热器的正确使用

① 进入换热器的冷热流体，如果含有大颗粒泥沙和纤维质，必须提前过滤，防止堵塞狭小的间隙。

② 当传热效率下降20%～30%时，需要清理垢层和堵塞物，清理方式是用竹板铲刮或用高压水冲洗，冲洗时波纹板片要垫平，以防变形。严禁用钢刷刷洗。

③ 拆卸和组装波纹板片时不要将垫片损坏或掉出，如果发现脱落部分，应立即粘好。

④ 使用换热器，要防止骤冷骤热，使用压力不能超过铭牌规定的压力。

⑤ 使用中发现垫片渗漏时，应及时冲洗垢层，调紧螺栓，如果无效，应解体组装。

⑥ 经常察看压力表和温度计数值，掌握运行状况。

2. 板式换热器的维护

① 保持设备整洁，涂层完整。紧固螺栓的螺纹部分应涂防锈油并加外罩，防止生锈和黏结灰尘。

② 保持压力表和温度计清晰，阀门和法兰无泄漏。

③ 定期清理和切换过滤器，防止换热器堵塞。

④ 注意基础有无下沉、不均匀现象，地脚螺栓有无腐蚀。

⑤ 拆装板式换热器时，螺栓的拆卸和拧紧应对称进行，松紧适宜。

3. 板式换热器的常见故障及处理方法

板式换热器的常见故障及处理方法见表3-4。

表3-4 板式换热器的常见故障及处理方法

故障现象	故障原因	处理方法
传热效率下降	1)板片结垢严重 2)过滤器或管路堵塞	1)解体清理 2)清理
密封处渗漏	1)胶垫未放正或扭曲 2)螺栓紧固力不均匀或紧固不够 3)胶垫老化或有损伤	1)重新组装 2)提高螺栓紧固度 3)更换新垫片
内部介质渗漏	1)板片有裂缝 2)进出口胶垫不严密 3)侧面压板腐蚀	1)检查更新 2)检查修理 3)补焊、加工

三、换热器的清洗

换热器的清洗有化学法和机械法，清洗方法的选定应根据换热器的形式、沉淀物的类型和拥有的设备情况而定。一般化学法适用于形式较复杂的情况，如U形管的清洗、管壳式换热器管间的清洗，但对金属会有一些腐蚀；机械法常用于清洗坚硬的垢层、结焦或其他沉淀物，最常用的工具是刮刀、旋转式钢丝刷。

知识二 换热器的传热过程

不论是反应物料的加热或冷却，反应热量的取出或供应还是工业余热（废热）的回收和热能的综合利用都需要进行各种传热过程。根据传热机理的不同，一般分为热传导、对流传热、热辐射三种方式，见表3-5。

表 3-5 传热的基本方式

基本方式	传热形式	特 点	示 例
热传导	物体内部分子、原子和电子的微观运动	物体内的分子或质点不发生宏观的相对位移	手持一根铁丝放在火中加热，不久便会感到烫手
对流传热	流体与固体壁面发生的传热过程	只能发生在流体中	暖气片表面附近受热空气的向上流动
热辐射	物体以电磁波的形式向外发射能量的过程	不需中间介质，是个能量互变过程，其辐射能力与其温度性质有关	保温瓶的银膜

一、热传导

1. 傅里叶定律

理论研究证明，导热速率 Q 与温度梯度以及垂直于热流方向的等温面积 A 成正比，即热通量 q 正比于温度梯度，可用式(3-1) 表示

$$Q=-\lambda A\ \frac{\Delta t}{\Delta x}\text{或}\ q=-\lambda\ \frac{\Delta t}{\Delta x} \tag{3-1}$$

式中 Q——单位时间内通过任意传热面积的热量，W；

q——单位时间内通过单位传热面积的热量，W/m^2；

λ——热导率，W/(m・K) 或 J/(s・m・K)。

负号表示热流方向与温度梯度方向相反。热导率 λ 在数值上等于单位温度梯度下的热通量，它是表征物质导热性能的一个物性参数。通常，需要提高导热速率时，可选用热导率大的材料；反之，要降低导热速率时，应选用热导率小的材料。各种物质的热导率通常用实验方法测定。热导率数值的变化范围很大，一般来说，金属的热导率最大，非金属固体的次之，液体的较小，而气体的最小。工程上常见物质的热导率可从相关手册中查得。

应予指出，在热传导过程中，物质内不同位置的温度各不相同，因而热导率也随之而异，在工程计算中常取热导率的平均值。

2. 傅里叶定律的应用

(1) 平壁导热

① 单层平壁导热 如图 3-7 所示，假设平壁材料均匀，热导率不随温度而变化；壁内温度只沿垂直于壁面的 x 方向发生变化，因此所有等温面是垂直于 x 轴的平面。若平壁的面积 A 与厚度 b 相比很大，则从边缘处的散热可以忽略。对此种稳态的一维平壁热传导，导热速率 Q 和热面积 A 都为常量，故傅立叶定律可以化简成式(3-2)

$$Q=-\lambda A\ \frac{\Delta t}{\Delta x}=\frac{t_1-t_2}{b/(\lambda A)}=\frac{\Delta t}{R}=\frac{\text{推动力}}{\text{阻力}} \tag{3-2}$$

式中 R——导热热阻，K/W；

b——平壁壁厚，m；

Δt——温度差，导热的推动力，K。

由式(3-2) 可以看出，在温度差一定时，提高导热速率的关键在于减小导热热阻。导热壁厚越厚、导热面积和热导率越小，其热阻越大。

【例 3-1】 现有一厚度为 240mm 的砖壁，内壁温度为 600℃，外壁温度为 150℃。试求通过每平方米砖壁的热量。已知该温度范围内砖壁的平均热导率 λ=0.6W/(m・℃)。

解 $Q=\frac{\lambda A}{b}(t_1-t_2)$ $q=\frac{Q}{A}=\frac{\lambda}{b}(t_1-t_2)=\frac{0.06}{0.24}(600-150)=1125\text{W/m}^2$

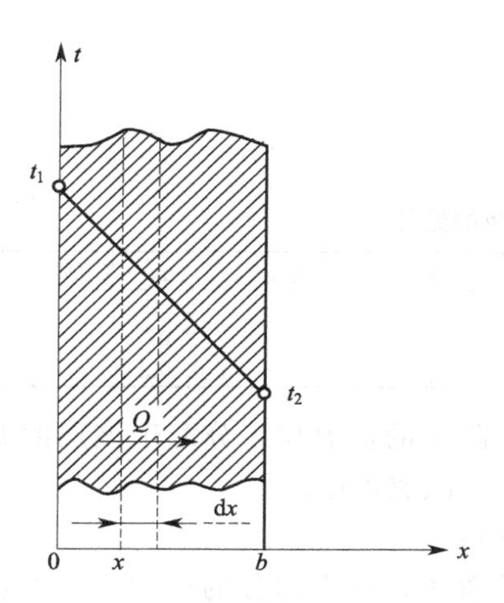

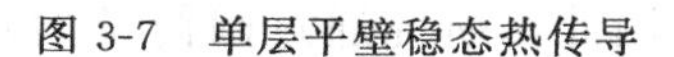

图 3-7 单层平壁稳态热传导

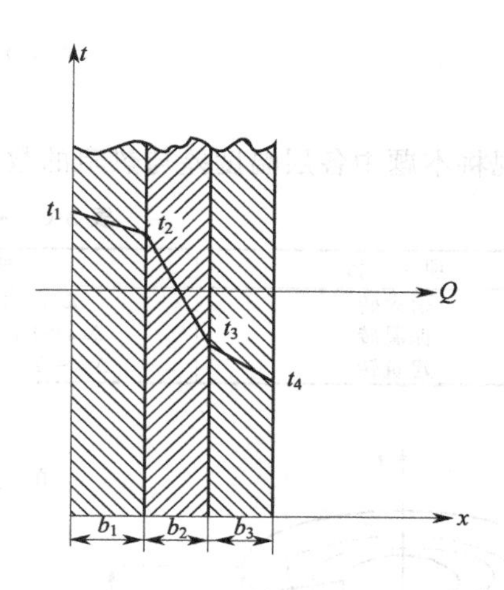

图 3-8 三层平壁稳态热传导

② 多层平壁导热 在化工生产中，多层平壁的导热过程也是很常见的。下面以三层平壁为例（如图 3-8 所示），分析其导热过程。假定各层之间接触良好，相互接触的表面温度相等，各层材质均匀且热导率可视为常数，且 $t_1>t_2>t_3>t_4$，$Q_1=Q_2=Q_3=Q$，根据等比定律，可得

$$Q=\frac{t_1-t_4}{\frac{b_1}{\lambda_1 A}+\frac{b_2}{\lambda_2 A}+\frac{b_3}{\lambda_3 A}} \tag{3-3}$$

式中 t_1，t_4——表示三层平壁的最高温度和最低温度；

b_1，b_2，b_3 和 λ_1，λ_2，λ_3——分别表示温度由高到低的三层平壁的壁厚和热导率。

【例 3-2】 有一燃烧炉，炉壁由三种材料组成。最内层是耐火砖，中间为保温砖，最外层为建筑砖。已知：耐火砖 $b_1=150\text{mm}$，$\lambda_1=1.06\text{W/(m·℃)}$；保温砖 $b_2=310\text{mm}$，$\lambda_2=0.15\text{W/(m·℃)}$；建筑砖 $b_3=240\text{mm}$，$\lambda_3=0.69\text{W/(m·℃)}$；今测得炉的内壁温度为 1000℃，耐火砖与保温砖之间界面处的温度为 946℃。试求：（a）单位面积的热损失；（b）保温砖与建筑砖之间界面的温度；（c）建筑砖外侧温度。

解 用下标 1 表示耐火砖，2 表示保温砖，3 表示建筑砖。t_3 为保温砖与建筑砖的界面温度，t_4 为建筑砖的外侧温度。

（a）热损失 q $q=\frac{Q}{A}=\frac{\lambda_1}{b_1}(t_1-t_2)=\frac{1.06}{0.15}(1000-946)=381.6\text{W/m}^2$

（b）保温砖与建筑砖的界面温度 t_3

$$q=\frac{Q}{A}=\frac{\lambda_2}{b_2}(t_2-t_3)$$

$$381.6=\frac{0.15}{0.31}(946-t_3)$$

$$t_3=157.4℃$$

（c）建筑砖外侧温度 t_4

$$q=\frac{Q}{A}=\frac{\lambda_3}{b_3}(t_3-t_4)$$

$$381.6=\frac{0.69}{0.24}(157.3-t_4)$$

$$t_4=24.6℃$$

现将本题中各层温度差与热阻的数值列于表 3-6。

表 3-6 各层温度差与热阻的数值

项　　目	温度差/℃	热阻 b/λ/(m^2·℃/W)
耐火砖	$\Delta t_1=1000-946=54$	0.142
保温砖	$\Delta t_2=946-157.4=788.6$	2.07
建筑转	$\Delta t_3=157.4-24.6=132.8$	0.348

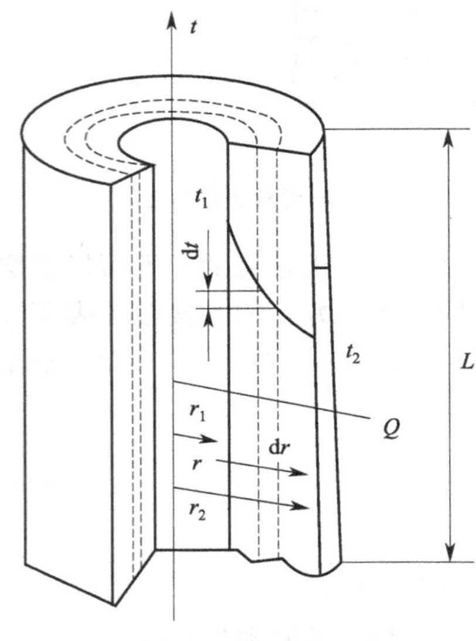

图 3-9 单层圆筒壁稳态热传导

由表可见，热阻大的保温层，分配于该层的温度差亦大，即温度差与热阻成正比。

(2) 圆筒壁导热

在化工生产装置中，绝大部分的容器、管道及其他设备都是圆筒壁的。因此，研究通过圆筒壁的热传导问题在工程上更有普遍的意义。

① 单层圆筒壁导热　单层圆筒壁导热过程如图 3-9 所示。仿照平壁传导公式，通过该薄圆筒壁的导热速率可以写成

$$Q=\frac{\Delta t}{R}=\frac{\Delta t}{\frac{1}{2\pi L\lambda}\cdot\ln\frac{r_2}{r_1}} \tag{3-4}$$

必须强调指出，在实际换热设备中，内、外壁面的温度均因位置的不同而变化，所以这里的 Δt 是指换热设备整体的平均温度差。

② 多层圆筒壁导热　在工程上，多层圆筒壁的导热情况是比较常见的。如为了减少某些热力管路的损失，通常在高温或低温管路的外面敷以热导率较小的保温材料；为了保证设备或管路的耐腐蚀性，在普通钢材的表面喷涂一层耐酸搪瓷或工程塑料；设备垢层的形成等情况。在这些情况下，热量传递将成为多层圆筒壁的导热过程。

由单层圆筒壁导热出发，按照多层平壁导热式的推导方法，以三层圆筒壁导热为例，其导热速率公式为

$$Q=\frac{t_1-t_4}{\frac{b_1}{\lambda_1 A_{m_1}}+\frac{b_2}{\lambda_2 A_{m_2}}+\frac{b_3}{\lambda_3 A_{m_3}}}=\frac{2\pi L(t_1-t_4)}{\frac{1}{\lambda_1}\ln\frac{r_2}{r_1}+\frac{1}{\lambda_2}\ln\frac{r_3}{r_2}+\frac{1}{\lambda_3}\ln\frac{r_4}{r_3}} \tag{3-5}$$

二、对流传热

如前所述，对流传热是运动流体与固体壁面之间的热量传递过程，故对流传热与流体的流动状况密切相关。对流传热主要有强制对流（强制层流和强制湍流）、自然对流、蒸汽冷凝和液体沸腾四种类型。

1. 对流传热过程

在间壁式换热器中，热量通过固体壁面的传递是以**热传导**的方式进行的。那么，热量是以怎样的方式从热流体传给固体壁面一侧、以及怎样从固体壁面的另一侧传给冷流体的呢？

流体流经固体壁面时形成流动边界层，边界层内存在速度梯度。无论其流动状态（层流或湍流）如何，在靠近壁面处总是有一层流内层（如图3-10所示），热量在层流内层中是以**导热**的方式进行的。尽管层流内层很薄，但热导率很低，热阻很大，所以对流传热的热阻主要集中在层流内层中，因此，减薄层流内层的厚度是强化对流传热的重要途径。在层流内层以外的湍流主体则通常处于湍流状态，流体质点之间剧烈地混合、碰撞，有宏观的位移存在，热量传递主要依靠**对流传热**。

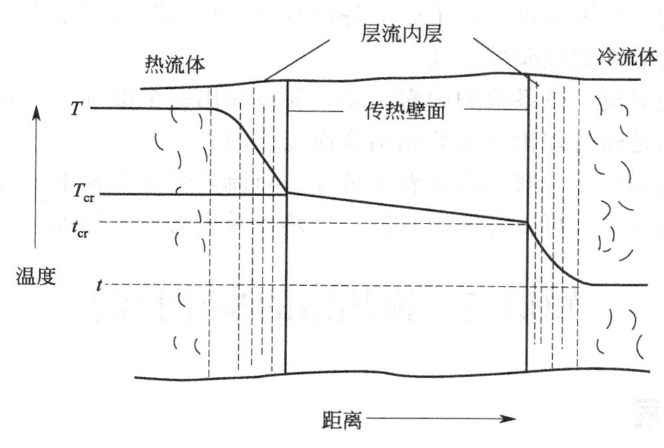

图3-10　对流传热过程分析

由此可见，从流体到固体壁面或从固体壁面到流体的热量传递过程，是一个以层流内层的导热和湍流主体内的对流传热的综合过程，也称为给热过程。

2. 牛顿冷却定律

通过上面的分析可以看出，对流过程是一个相当复杂的传热过程，影响对流传热速率的因素很多。因此，对流过程的纯理论计算是相当困难的。为了便于处理起见，研究工作者把它视为通过一层称为传热膜的导热过程，这层膜的厚度为层流内层的真实厚度、以及与过渡层热阻相当的虚拟层流内层厚度之和，以 δ_M 表示。因此，可以应用傅里叶定律来计算其传热热量，即 $Q=\frac{\lambda}{\delta_M}A\Delta t$，由于传热膜的厚度 δ_M 是难以测定的，故人为地用一个新的系数 α 来代替 λ/δ_M，则得到牛顿冷却定律

$$Q=\alpha A\Delta t \tag{3-6}$$

式中　Q——传热速率，W，或J/s；

A——传热面积，m^2；

Δt——传热推动力，为流体主体与壁面之间的温度差，K；

α——对流传热系数，也称给热系数，单位 $W/(m^2 \cdot K)$。

3. 对流传热系数 α 的确定

对流传热系数反映了对流传热程度。其值越大，说明对流强度越大，对流传热热阻越小。影响对流传热系数的因素有以下几个方面。

（1）流体的种类和相变化　液体、气体和蒸气的 α 各不相同，牛顿型流体和非牛顿型流体的 α 也有区别，流体有无相变以及属于何种相变都对 α 有影响。

（2）流体的性质　对 α 影响较大的流体物性参数有热导率、比热容、黏度和密度。对于同一种流体，这些物理参数又是温度的函数，有些还与压力有关。

（3）流体的流型　当流体呈湍流时，随着 Re 的增大层流内层的厚度减薄，故 α 就增大。当流体呈层流时，流体的热流方向上基本没有混杂运动，故层流时的 α 较湍流时小。

（4）对流的种类　根据引起流体流动的原因，对流传热可以分为自然对流和强制对流两类。通常，强制对流传热系数要比自然对流传热系数大几倍至几十倍。

（5）传热面的形状、位置和大小　传热管、板、管束等不同传热面的形状；管子的排列方式、水平或垂直放置；管径、管长或板的高度都影响 α 值。

从上述众多影响 α 的因素可见，工业上各种对流传热情况差别很大，它们各自须通过实验建立相应的对流传热系数经验关系式。

由此看出，影响对流传热系数的因素诸多，要想提出一个准确计算 α 的普遍公式是不可能的。一些计算式都是通过理论与实验相结合而提出的。

生产上的传热过程中，一般都存在着热传导、对流传热和热辐射三种传热方式。在一般换热器内辐射传热量很少，可以忽略，只需考虑热传导和对流传热即可。

知识三　换热器的操作控制

一、传热速率方程

在间壁式换热器中，热流体通过换热器的壁面，将热量传递到冷流体，这一过程包括对流传热、热传导、对流传热三个阶段。在定态传热条件下，根据导热速率方程和对流传热速率方程即可进行换热器的传热计算。但是，采用上述方程计算冷、热流体间的传热速率时，必须知道壁温，实际上，壁温往往是难以测定的，容易测定的是冷、热流体的温度。为了计算方便，避开壁温，直接用冷、热流体的主体温度进行计算，以冷、热流体的温度差为推动力的传热速率方程为总传热速率方程，又称为传热基本方程，其表达式为

$$Q=KA\Delta t_m \tag{3-7}$$

或

$$Q=\frac{\Delta t_m}{\frac{1}{KA}}=\frac{\Delta t_m}{R} \tag{3-7a}$$

式中　Q——传热速率，W；

K——以换热器外表面积为基准的传热总系数，简称传热系数，单位 $W/(m^2 \cdot K)$；

A——传热面积，m^2；

Δt_m——传热平均温差，K；

R——换热器的总热阻，K/W。

化工过程的传热问题可分为两类：一类是设计型问题，即根据生产要求，选定或设计换热器；另一类是操作型问题，即计算给定的传热量、流体的流量或温度等。两类均以传热基本方程为基础。下面以选型问题为例分析传热问题涉及的有关内容。

对于一定的传热任务，确定换热器所需传热面积是选择换热器的核心。由式(3-7) 可知，要计算传热面积，必须先求得传热系数 K、传热速率 Q 以及传热平均温差 Δt_m，这些项目的求取涉及热量衡算、传热推动力等有关问题的计算。

1. 传热系数 K 的确定

从传热速率式中可以看出，传热系数 K 在数值上等于温度差为 1K 时，单位时间内单

位面积的传热量。显然，一个换热器的 K 值越大，则表明它的换热性能越高。

实验表明，当流体的物性随温度变化不大的情况下，总传热系数可视为常量，其数值可依据如下三种方法确定。

（1）采用经验数据　列管式换热器对于不同流体在不同情况下传热系数的大致范围如表3-7所示。由表可见，K 值变化范围很大，化工技术人员应对不同类型流体间换热时的 K 值有一定量级概念。

表 3-7　列管式换热器中 K 值的大致范围

热流体	冷流体	$K/[W/(m^2 \cdot K)]$	热流体	冷流体	$K/[W/(m^2 \cdot K)]$
水	水	850～1700	有机溶剂	有机溶剂	115～340
轻油	水	340～910	低沸点烃类蒸气冷凝(常压)	水	455～1140
重油	水	60～280	高沸点烃类蒸气冷凝(常压)	水	60～170
气体	水	17～280	水蒸气冷凝	水沸腾	2000～4250
水蒸气冷凝	水	1420～4250	水蒸气冷凝	轻油沸腾	455～1020
水蒸气冷凝	气体	30～300	水蒸气冷凝	重油沸腾	140～425
有机溶剂	水	280～850			

（2）生产现场测定　当缺乏经验数据可供参考时，可以对工艺条件相近、处理物料类似的同类型设备进行实际测定。根据测定的数据求得传热速率 Q，传热温度差 Δt 和传热面积，然后由传热速率基本方程得到 K。

（3）理论计算　如前所述，传热过程是热量从热流体通过壁面传递到冷流体的过程。此热量传递包括三个连续的过程，即器壁两侧的对流传热和通过壁面的热传导。这三个过程都有热阻，传热的总热阻是三个热阻串联的结果。而传热系数 K 与总传热热阻成反比，即

$$K=\frac{1}{\frac{1}{\alpha_i}\times\frac{d_o}{d_i}+\frac{b}{\lambda}\times\frac{d_o}{d_m}+\frac{1}{\alpha_o}} \tag{3-8}$$

式中　K——基于外表面的传热系数，$W/(m^2 \cdot K)$；

d_o，d_i，d_m——传热管的外径、内径、平均管径，m；

α_i、α_o——传热管内侧、外侧流体的对流传热系数，$W/(m^2 \cdot K)$；

b——圆筒壁的厚度，m；

λ——热导率，$W/(m \cdot K)$。

式(3-8) 给出的 K 的计算式严格来讲仅适用于新投用的换热器。换热器在使用一段时间以后，传热速率往往会呈现一定程度的下降。这是因为工作流体中的一些难溶物沉积于换热面，或有生物物质生长于换热面上，分别形成一层污垢层。污垢层虽然很薄，但由于其热导率往往很小，因而对传热过程的影响不容忽视。污垢的存在相当于在壁面两侧各增加了一层热阻，因而总传热系数表达式变为（以换热管外表面积为基准）

$$\frac{1}{K}=\frac{1}{\alpha_i}\times\frac{d_o}{d_i}+\frac{b}{\lambda}\times\frac{d_o}{d_m}+\frac{1}{\alpha_o}+R_{si}\frac{d_o}{d_i}+R_{so} \tag{3-8a}$$

式中，R_{si}，R_{so} 分别为传热壁面内、外壁面的污垢热阻，单位 $(m^2 \cdot K)/W$。影响污垢热阻的因素很多，主要有流体的性质、传热壁面的材料、操作条件、清洗周期等。由于污垢热阻的厚度及热导率难以准确地估计，因此通常选用经验值，表3-8列出了一些常见流体的污垢热阻的经验值。

表 3-8 常见流体的污垢热阻

流体	污垢热阻/[(m^2·K)/W]	流体	污垢热阻/[(m^2·K)/W]
蒸馏水	0.09	优质-不含油	0.052
海水	0.09	劣质-不含油	0.09
未处理的凉水塔用水	0.58	盐水	0.172
已处理的凉水塔用水	0.26	有机物	0.172
已处理的锅炉用水	0.26	熔盐	0.086
硬水、井水	0.58	植物油	0.52
空气	0.26～0.53	重油	0.86
溶剂蒸气	0.172	焦油	1.72

若传热壁面为平壁或薄管壁，即 d_i、d_o、d_m 相等或近似相等，则式(3-8a) 可简化为

$$\frac{1}{K}=\frac{1}{\alpha_i}+\frac{b}{\lambda}+\frac{1}{\alpha_o}+R_{si}+R_{so} \tag{3-8b}$$

应予指出，传热计算中习惯上基于外表面计算总传热系数，如果没有说明，手册中所列 K 均是基于外表面的传热系数，换热器铭牌中的传热面积也是指外表面积。

2. 热负荷 Q 的确定

根据能量守恒定律，在换热器保温良好，无热损失的情况下，单位时间内热流体放出的热量等于冷流体吸收的热量，即 $Q_{热}=Q_{冷}=Q$，称为热量衡算式。

生产上的换热器内，冷、热流体间每单位时间所交换的热量是根据生产上换热任务的需要提出的，热流体的放热量或冷流体的吸热量，称为换热器的热负荷。热负荷是要求换热器具有的换热能力，主要是由工艺条件决定的；而传热速率是换热器单位时间能够传递的热量，是换热器的生产能力，主要由换热器自身的性能决定。为保证换热器完成换热任务，必须使其传热速率等于（或略大于）热负荷。所以，通过计算热负荷，便可确定换热器的传热速率。

必须注意，传热速率和热负荷虽然在数值上一般看作相等，但其含义却不同。

热负荷的确定有以下三种方法。

(1) 显热法　若流体在换热过程中没有相变，且流体的比热容可视为常数或可取为流体进、出口平均温度下的比热容时，其热负荷可按式(3-9) 计算

$$Q=q_{m热}c_{热}(T_1-T_2) 或 Q=q_{m冷}c_{冷}(t_2-t_1) \tag{3-9}$$

式中　$q_{m冷}$，$q_{m热}$——冷、热流体的质量流量，kg/s；

$c_{冷}$，$c_{热}$——冷、热流体的平均定压比热容，J/(kg·℃)；

T_1，T_2——热流体进、出口温度，℃；

t_1，t_2——冷流体进、出口温度，℃。

(2) 潜热法　若流体在换热过程中仅仅发生相变，而没有温度变化，其热负荷可按式(3-10) 计算

$$Q=q_{m热}r_{热} 或 Q=q_{m冷}r_{冷} \tag{3-10}$$

式中　$r_{冷}$，$r_{热}$——冷、热流体的相变热（蒸发潜热），J/kg。

若流体在换热过程中既有相变又有温度的变化，则可把上述两种方法联合起来求取热负荷。

(3) 焓差法　若能够得知流体进、出状态时的焓，则不需考虑流体在换热过程中是否发生相变，其热负荷可按式(3-11) 计算

$$Q=q_{m热}(H_1-H_2)\text{或}Q=q_{m冷}(h_2-h_1) \quad (3\text{-}11)$$

式中　H_1，H_2——热流体进、出口的焓，J/kg；

h_1，h_2——冷流体进、出口的焓，J/kg。

在化工生产中，若要加热一种冷流体，同时又要冷却另一种热流体，只要两者温度变化的要求能够达到，就应尽可能让两股流体进行换热。利用生产过程中流体自身的热交换，充分回收热能，对于降低生产成本和节约能源都具有十分重要的意义。但当工艺换热条件不能满足要求时，就需要采用外来的载热体与工艺流体进行热交换。载热体的种类较多，应根据工艺流体温度的要求，选择合适的载热体。载热体的选择可参考下列几个原则：①载热体温度必须满足工艺要求；②载热体的温度调节应方便；③载热体应具有化学稳定性；④载热体的毒性小，对设备腐蚀性小；⑤载热体不易燃易爆；⑥载热体价廉易得。目前生产中使用最为广泛的载热体是饱和水蒸气和水。

3. 平均温差 Δt_m 的确定

（1）恒温传热时的平均温差　参与传热的冷、热流体在换热器内的任一位置、任一时间，都保持各自的温度不变，此传热过程称为恒温传热。例如，蒸发器中，饱和蒸气和沸腾液体之间的传热过程。此时，冷、热流体的温度均不随位置而变化，两者之间的温度差处处相等，即

$$\Delta t_m=T-t \quad (3\text{-}12)$$

（2）变温传热时的平均温差　工业上最常见的是变温传热，即参与传热的两种流体或其中之一有温度变化。在变温传热时，换热器各处的传热温度差随流体温度的变化而不同，计算时必须取其平均值。

① 单侧流体变温传热　图 3-11 所示为热流体温度无变化，而冷流体温度发生变化的单侧流体变温传热。例如在生产中用饱和蒸汽加热某冷流体，水蒸气在换热过程中由汽变液放出热量，其温度是恒定的，但被加热的冷流体温度从 t_1 升至 t_2，此时沿着传热面的传热温度差是变化的。

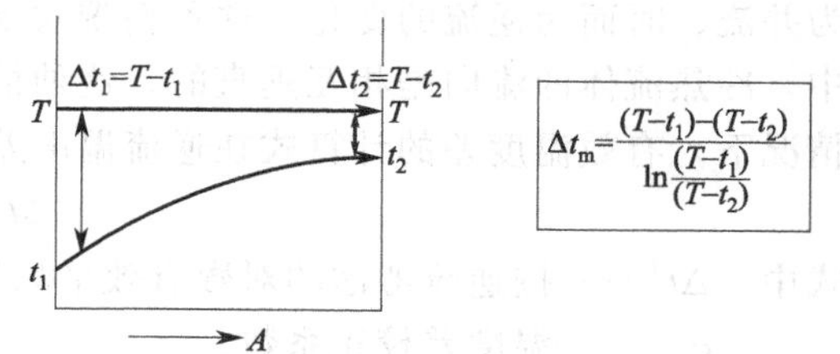

图 3-11　单侧流体变温时的温差变化

② 两侧流体变温传热　冷、热流体的温度均沿传热面发生变化，即两流体在传热过程中均不发生相变，其传热温度差显然是变化的。且平均温差的大小与两流体的相对流动方向有关，参与热交换的两种流体的流向大致有四种类型，如图 3-12 所示。

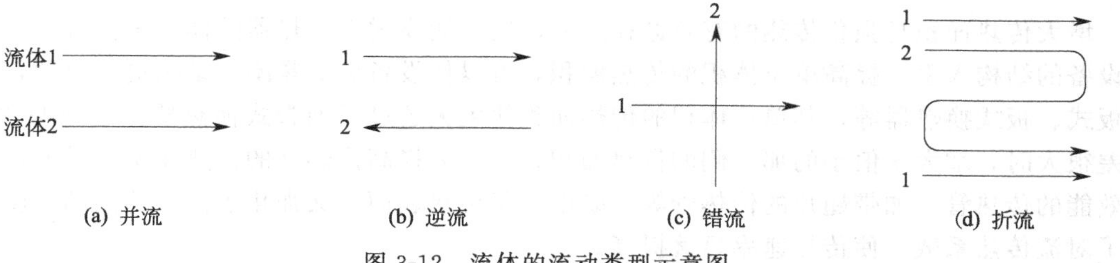

图 3-12　流体的流动类型示意图

变温传热时，其平均温差的计算方法因流向的不同而异，并流和逆流两种流向的温差变

化和计算式如图 3-13 所示。

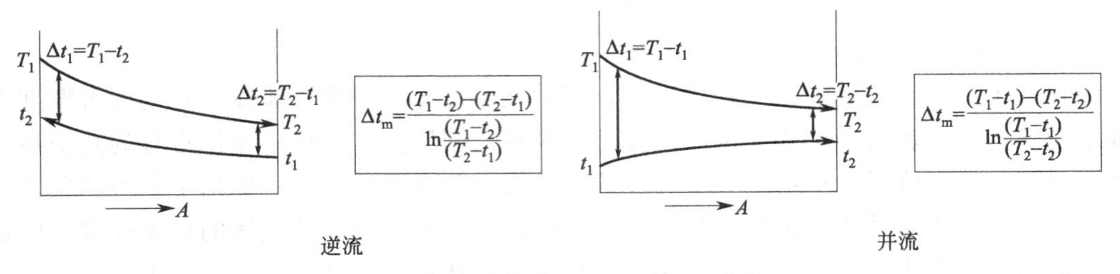

图 3-13 两侧流体变温时的温差变化

【例 3-3】 现用一列管式换热器加热原油，原油在管外流动，进口温度为 100℃，出口温度为 150℃；某反应物在管内流动，进口温度为 250℃，出口温度为 180℃。试求并流与逆流时的平均温度差。

解： ① 并流时 $\Delta t_m=\dfrac{\Delta t_1-\Delta t_2}{\ln\dfrac{\Delta t_1}{\Delta t_2}}=\dfrac{(250-100)-(180-150)}{\ln\dfrac{(250-100)}{(180-150)}}=74.6℃$

② 逆流时 $\Delta t_m=\dfrac{\Delta t_1-\Delta t_2}{\ln\dfrac{\Delta t_1}{\Delta t_2}}=\dfrac{(250-150)-(180-100)}{\ln\dfrac{(250-150)}{(180-100)}}=89.63℃$

逆流操作时，因 $\Delta t_1/\Delta t_2=100/80<2$，故可以用算术平均值，即

$$\Delta t_m=(\Delta t_1+\Delta t_2)/2=(100+80)/2=90℃$$

通过本题可以看出：在条件相同的情况下，采用逆流的传热推动力比并流要大。不过，目前工程上使用的多数换热器中，冷热流体的相互流向并不是简单的并流或逆流，而是时而为并流、时而为逆流的变化，这种情况称为折流，如图 3-12(d) 所示。此外，个别换热器中，冷热流体的流向是相互垂直的，这种情况称为错流，如图 3-12(c) 所示。在折流或错流情况下，有效温度差的计算式在逆流温度差的基础上乘以小于 1 的校正系数，即

$$\Delta t=\varphi_{\Delta t}\Delta t' \tag{3-13}$$

式中 $\Delta t'$——按逆流考虑的对数有效平均温度差，K；

$\varphi_{\Delta t}$——温度差校正系数。

二、传热过程的强化途径

所谓强化传热过程，就是指提高冷、热流体间的传热速率。从传热速率基本方程 $Q=KA\Delta t_m$ 可以看出，提高 K、A、Δt_m 中任何一个均可以强化传热过程。

1. 增大传热面积 A

增大传热面积是强化传热的有效途径之一，但不能靠增大换热器的体积来实现，而是要从设备的结构入手，提高单位体积的传热面积，可以使设备更加紧凑，结构更加合理，如螺旋板式、板式换热器等，其单位体积的传热面积便大大超过了列管式换热器。当间壁两侧 α 相差很大时，增大 α 值小的那一侧的传热面积，会大大提高换热器的传热速率。另外，采用高效能的传热管，如带翅片的传热管等，既增大了传热表面，又强化了流体的湍动程度，提高了对流传热系数，使传热速率显著提高。

2. 增大有效平均温差 Δt_m

传热温差是传热过程的推动力。有效平均温差的大小主要取决于两流体的温度大小及流

动形式。一般来说，流体的温度由生产工艺条件所决定，可动的范围是有限的。而加热剂或冷却剂的温度，可以通过选择不同介质和流量而加以改变。如用饱和水蒸气作为加热剂时，增加蒸汽压力可以提高其温度；在水冷器中增大冷却水流量或以冷冻盐水代替普通冷却水，可以降低冷却剂的温度等。当换热器两侧流体都变温时，应尽可能从结构上采用逆流或接近逆流的流向以得到较大的传热温度差。

3. 增大传热系数 K

增大 K 值是强化传热过程中应着重考虑的方面。提高传热系数是提高传热效率的最有效途径。由式(3-8b) 可知，欲提高 K 值，就必须减小对流传热热阻、污垢热阻和管壁导热热阻。由于各项热阻所占比例不同，故应设法减去其中起控制作用的热阻。一般来说，在金属换热器中，壁面较薄且导热率高，不会成为主要热阻；污垢热阻是一个可变因素，在换热器刚投入使用时，污垢热阻很小，可不予考虑，但随着使用时间的加长，污垢逐渐增加，便成为阻碍传热的主要因素；对流传热热阻是传热过程的主要矛盾，必须重点考虑。

提高 K 值的具体途径和措施有以下几点。

(1) 对流传热热阻占主导地位　根据对流传热过程分析，对流传热热阻主要集中在靠近管壁的层流边界层上，减小层流边界层的厚度是减小对流传热热阻的主要途径，通常采取的方法有以下几种。

① 提高流速，Re 随之增大，层流边界层随之减薄。例如增加列管式换热器的管程数和壳体中的挡板数，可提高流体在管程的流速，加大流体在壳程的扰动。

② 增强流体的人工扰动，强化流体的湍动程度。如管内装有麻花铁、螺旋圈等添加物，增大与壁面附近流体的扰动程度，减小层流边界层的厚度，增大 α 值。

(2) 污垢热阻占主导地位　当壁面两侧对流传热系数都很大，即两侧的对流传热热阻都很小，而污垢热阻很大时，欲提高 K 值，则必须设法防止污垢形成，同时及时清除垢层，以减小污垢热阻。具体方法有：提高流体的流速和扰动，以减小垢层的沉积；让易结垢的流体走管程，以便于清洗；加强水质处理，尽量采用软化水；加入阻垢剂，防止和减缓垢层形成；定期采用机械或化学的方法及时清除污垢。

强化换热器传热过程的途径很多，但每一种都是以多消耗制造成本、流体输送动力或有效能为代价的。因此，在采取强化措施时，要综合考虑制造费用、能量消耗等诸多因素。强化传热固然重要，但不计成本地一味提高传热速率很可能导致得不偿失。

思考与练习

一、选择题

1. 下列列管式换热器操作程序哪一种操作不正确（　　）。

A. 开车时，应先进冷物料，后进热物料

B. 停车时，应先停热物料，后停冷物料

C. 开车时要排出不凝气

D. 发生管堵或严重结垢时，应分别加大冷、热物料流量，以保持传热量

2. 换热器经长时间使用需进行定期检查，检查内容不正确的是（　　）。

A. 外部连接是否完好　　B. 是否存在内漏

C. 对腐蚀性强的流体，要检测壁厚　　D. 检查传热面粗糙度

3. 列管换热器在使用过程中出现传热效率下降，其产生的原因及其处理方法是（　　）。

A. 管路或阀门堵塞，壳体内不凝气或冷凝液增多，应该及时检查清理，排放不凝气或冷凝液

B. 管路震动，加固管路

C. 外壳歪斜，联络管线拉力或推力甚大，重新调整找正

D. 全部正确

4. 在房间中利用火炉进行取暖时，其传热方式为（　　）。

A. 传导和对流

B. 传导和辐射

C. 传导、对流和辐射，但对流和辐射是主要的

5. 棉花保温性能好，主要是因为（　　）。

A. 棉纤维素热导率小

B. 棉花中含有相当数量的油脂

C. 棉花中含有大量空气，而空气的运动又受到极为严重的阻碍

D. 棉花白色，因而黑度小

6. 对下述几组换热介质，通常在列管式换热器中 K 值从大到小正确的排列顺序应是（　　）。冷流体热流体分别是①水、气体②水、沸腾水蒸气冷凝③水、水④水、轻油。

A. ②>④>③>①　　B. ③>④>②>①

C. ③>②>①>④　　D. ②>③>④>①

7. 对于工业生产来说，提高传热膜系数最容易的方法是（　　）。

A. 改变工艺条件　B. 改变传热面积　C. 改变流体性质　D. 改变流体的流动状态

8. 冷、热流体在换热器中进行无相变逆流传热，换热器用久后形成污垢层，在同样的操作条件下，与无垢层相比，结垢后的换热器的 K（　　）。

A. 变大　B. 变小　C. 不变　D. 不确定

9. 某反应为放热反应，但反应在 75℃ 时才开始进行，最佳的反应温度为 115℃。下列最合适的传热介质是（　　）。

A. 导热油　B. 蒸汽和常温水　C. 熔盐　D. 热水

10. 有一冷藏室需用一块厚度为 100mm 的软木板作隔热层。现有两块面积厚度和材质相同的软木板，但一块含水较多，另一块干燥，从隔热效果来看，宜选用（　　）。

A. 含水较多的那块　　B. 干燥的那块

C. 两块效果相同　　D. 不能判断

二、简答题

1. 简述切换换热器的操作注意要点？

2. 换热器在冬季如何防冻？

3. 通过调研附近化工企业所用的换热器类型，整理一种类型换热器的操作规程及事故处理方法。

4. 为强化一台冷油器的传热，有人用提高冷却水流速的方法，但发现效果并不显著，

请分析其原因。

5. 对于一个顺流式换热器，理论上冷、热流体的出口温度是否能达到同一温度，为什么？在工程实际应用中能否实现？

6. 热水在两根相同的管内以相同流速流动，管外分别采用空气和水进行冷却。经过一段时间后，两管内产生相同厚度的水垢。试问水垢的产生对采用空冷还是水冷的管道的传热系数影响较大？为什么？

7. 近几十年来，地球气温逐年上升，舆论认为原因之一是工业生产生成的大量CO_2、SO_2等气体排入大气造成的。你能否从传热学的角度对这一观点作出评述。

三、计算题

1. 在套管换热器中，水以1.0m/s的速度流过套管中的内管，内管内径为25mm、长为4m。水的进口温度为20℃，管内壁的平均温度为50℃，若管壁对水的平均对流传热系数为3000W/(m^2·℃)，试求水的出口温度。假设换热器的热损失可忽略。水的密度取为1000kg/m^3，比热容为4.2kJ/(kg·℃)。

2. 在套管换热器中，冷流体由100℃加热到160℃，热流体由250℃冷却到180℃，试计算两流体作并流和逆流时的平均温度差。

3. 在传热面积为20m^2的换热器中，用温度为20℃、流量为13200kg/h的冷却水冷却进口温度为110℃的醋酸，两流体呈逆流流动。换热器刚开始运行时，水出口温度为45℃，醋酸出口温度为40℃，试求总传热系数K。而在换热器运行一段时间后，若两流体的流量不变，进口温度也不变，而冷水的出口温度降到38℃，试求总传热系数下降的百分数。水的比热容可取为4.2kJ/(kg·℃)，换热器的热损失可忽略。

项目四　气体吸收-解吸操作

任务1　吸收-解吸装置流程的识读

实训操作

一、情境再现

吸收是依据混合物各组分在某种溶剂中溶解度的差异而分离气体混合物的方法，是化工生产中重要的单元操作之一。例如，炼焦制取城市煤气的生产过程中，焦炉煤气中含有少量的苯、甲苯类低碳氢化合物的蒸气，采用洗油对焦炉煤气进行分离，以回收苯系物质。其中含苯煤气中的苯为溶质，其他成分为惰性气体，洗油为吸收剂，脱苯煤气为吸收尾气，进入解吸塔的为吸收液。吸收液在解吸塔中被加热，苯和洗油分离。图4-1为吸收-解吸单元操作实训装置。

图4-1　吸收-解吸单元操作实训装置

二、任务目标

① 了解气体吸收解吸装置的组成。

② 掌握各部件的结构特点，管线及物料走向。

③ 熟悉测压测温点的选择，掌握温度、压力、流量等参数的测定控制方法。

三、任务要求

① 通过查阅资料了解填料塔的结构特点。

② 以小组为单位，分工协作完成吸收-解吸装置流程的识读任务。

③ 认真观察设备，分析各部件的结构特点。

四、操作步骤

1. 观察吸收塔、解吸塔主体

观察吸收塔、解吸塔的结构类型，进出口的位置，检测点的位置及管线走向，观察吸收液、解吸液储罐及气体缓冲罐，注意观察塔顶液体分布装置及塔底液封装置。

2. 观察填料类型

观察填料类型，思考分析填料的作用。

3. 观察进气系统

观察风机、管线、调节阀、CO_2 钢瓶、进气口，注意观察 CO_2 钢瓶减压阀压力。

4. 观察仪表及调节系统

观察流量表、变送器、温度、压力显示仪表及各种调节阀，注意观察电脑操控界面。

五、项目考评

见表 4-1。

表 4-1　吸收-解吸装置流程的识读项目考评表

项目	评分要素		分值	评分记录	得分
观察吸收塔主体	能正确说出塔体各进出口的位置和作用		15		
观察解吸塔主体	能正确说出塔体各进出口的位置和作用		15		
观察填料类型	能正确说出填料类型及其作用		15		
观察进气系统	能正确说出气体进出口位置、吸收剂进出口位置		15		
观察仪表及调节系统	能正确说出各个监测点的位置、检测仪表的种类及参数控制方法		15		
职业素质	纪律、团队协作精神		10		
实训报告	能完整、流畅地汇报项目实施情况；撰写项目完成报告，格式规范整洁		15		
安全操作	按国家有关规定执行操作	每违反一项规定从总分中扣 5 分，严重违规取消考核			
考评老师		日期		总分	

知识链接

吸收设备是完成吸收操作的设备，其主要作用是为气液两相提供充分的接触面积，使两相之间的传质、传热过程充分有效的进行，并能使接触之后的气液两相及时分开，互不夹带。吸收设备性能的优良直接影响到产品质量、生产能力、吸收率等。一个高效的吸收设备应满足以下要求：①能提供足够大的气液相接触面积和一定的接触时间；②气液间的扰动强烈，吸收阻力小，吸收效率高；③气流压力损失小；④结构简单，操作维修方便，造价低，具有一定的抗腐蚀和防堵塞能力。

吸收设备中最常见的为塔设备。

知识一　吸 收 设 备

一、塔设备概述

塔设备是化工、石油化工和炼油等生产中最重要的设备之一。它可使气（或汽）液或液液两相之间进行紧密接触，达到相际传质及传热的目的。可在塔设备中完成的常见单元操作有：精馏、吸收、解吸和萃取等。此外，工业气体的冷却与回收、气体的湿法净制和干燥，以及兼有气液两相传质和传热的增湿、减湿等也可在塔设备中完成。

这些过程都是在一定的压力、温度、流量等工艺条件下，在一定的设备内完成的。由于其过程中两种介质主要发生的是质的交换，所以也将实现这些过程的设备叫传质设备；从外形上看这些设备都是竖直安装的圆筒形容器，且长径比较大，形如“塔”，故习惯上称其为塔设备。

随着科学技术的进步和石油化工生产的发展，塔设备形成了多种多样的结构，以满足各种不同的工艺要求。为了便于研究和比较，人们从不同角度对塔设备进行分类。如按操作压力将塔设备分为加压塔、常压塔、减压塔；按单元操作将塔设备分为精馏塔、吸收塔、萃取塔、反应塔和干燥塔等。但工程上最常用的是按塔的内部结构分为板式塔和填料塔。这里主要介绍填料塔，板式塔将在项目五中介绍。

二、填料塔的结构

填料塔是以塔内的填料作为气液两相间接触构件的传质设备。如图 4-2 所示，填料塔的塔身是一直立式圆筒，底部装有填料支撑板，填料以乱堆或整砌的方式放置在支撑板上。填料的上方安装填料压板，以防被上升气流吹动。液体从塔顶经液体分布器喷淋到填料上，并沿填料表面流下。气体从塔底送入，经气体分布装置（小直径塔一般不设气体分布装置）分布后，与液体呈逆流连续通过填料层的空隙，在填料表面上，气液两相密切接触进行传质。

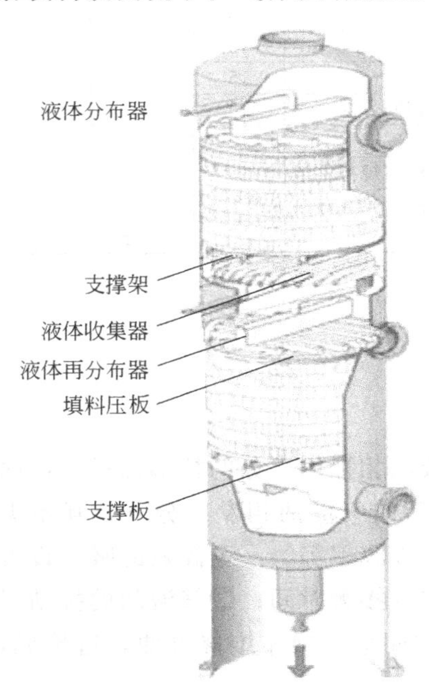

图 4-2　填料塔结构

填料塔属于连续接触式气液传质设备，两相组成沿塔高连续变化，在正常操作状态下，气相为连续相，液相为分散相。当液体沿填料层向下流动时，有逐渐向塔壁集中的趋势，使得塔壁附近的液体流量逐渐增大，这种现象称为“壁流”。壁流效应造成气液两相在填料层中分布不均，从而使传质效率下降。因此，当填料层较高时，需要进行分段，中间设置再分布装置。液体再分布装置包括液体收集器和液体再分布器两部分，上层填料流下的液体经液体收集器收集后，送到液体再分布器，经重新分布后喷淋到下层填料上。

三、填料塔的特点

新型高效填料的开发，使填料塔的生产能力（允许气速）和效率等于或超过了板式塔，国内外很多装置用新型填料改造板式塔，使生产能力和效率都有较大幅度的提高。其特点如下。

① 当塔径不很大时，填料塔因结构简单而造价便宜。

② 对于易起泡物系，填料塔更适合，因填料对泡沫有限制和破碎的作用。

③ 对于腐蚀性物系，填料塔更适合，因可采用瓷质填料。

④ 对热敏性物系宜采用填料塔，因为填料塔内的持液量比板式塔少，物料在塔内的停留时间短。

⑤ 填料塔的压降比板式塔小，因而对真空操作更为适宜。

⑥ 填料塔不宜用于处理易聚合或含有固体悬浮物的物料。

⑦ 当气液接触过程中需要冷却以移除反应热或溶解热时，填料塔因涉及液体均匀分布问题而使结构复杂化。

⑧ 以前乱堆填料塔直径很少大于 0.5m，后来又认为不宜超过 1.5m，根据近 10 年来填料塔的发展状况，这一限制似乎不再成立。

四、填料的类型

填料是填料塔气、液接触的元件，填料性能的优劣直接决定着填料塔的操作性能和传质效率。对填料的基本要求有：表面易于被液体湿润、表面积大、空隙率大、机械强度高、化学稳定性高、取材容易、价格便宜等。填料的种类很多，根据装填方式的不同，可分为散装填料和规整填料。

(1) 散装填料　是一个个具有一定几何形状和尺寸的颗粒体，一般以随机的方式堆积在塔内，又称为乱堆填料或颗粒填料。散装填料根据结构特点不同，又可分为环形填料、鞍形填料、环鞍形填料及球形填料等，如图 4-3(a)～(d) 所示是几种典型的散装填料。

(2) 规整填料　是按一定的几何构形排列，整齐堆砌的填料。规整填料种类很多，根据其几何结构可分为格栅填料、波纹填料等，如图 4-3(e) (f) 所示。

(a) 拉西环

(b) 鲍尔环

(c) 阶梯环

(d) 矩鞍环

(e) 格栅填料

(f) 波纹填料

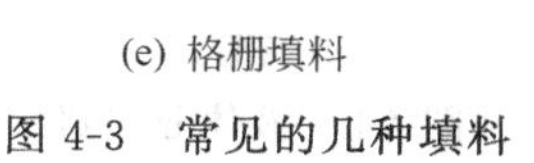

图 4-3　常见的几种填料

五、填料塔的附属设备

1. 填料支撑板

支撑板的作用是承载塔内的填料及填料所持液体的质量，并保证气体和液体能自由通过。填料支撑板不仅要有足够的机械强度，而且通道面积不能小于填料层的自由截面积，否则会增大气体的流动阻力，降低塔的处理能力。

支撑板通常采用竖立的扁钢制成栅板的形式，扁钢间距一般为填料外径的0.7～0.8倍，如图4-4(a) 所示。塔径较小时采用整块式栅板，大型塔可采用分块式栅板。栅板的缺点是若将填料乱堆在栅板上，则会堵塞空隙，减少开孔率，故常用于规整填料塔。

为使支撑板有较大的气体流通面积，也可采用升气管式。如图4-4(b) 所示，在支撑板上装若干个升气管，管的顶部及侧面有小孔，气体沿升气管上升，由顶部及侧面的孔进入填料层。

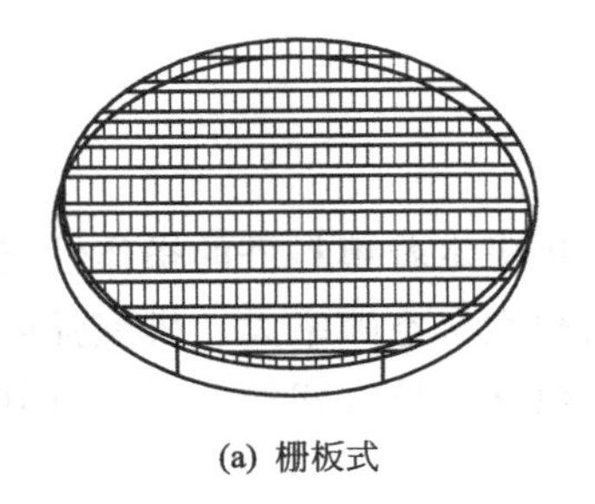

(a) 栅板式　　(b) 升气管式

图4-4　填料支撑板

2. 液体分布器

液体分布器作用是将液体均匀地分布在填料表面上，提高填料表面的有效利用率。常见的液体分布装置有喷头式分布器、盘式分布器、管式分布器及槽式分布器，如图4-5所示。其中喷头式分布器和盘式分布器一般应用于塔径小于0.6m的小塔中，而管式分布器用于直径大于0.8m的较大塔中。

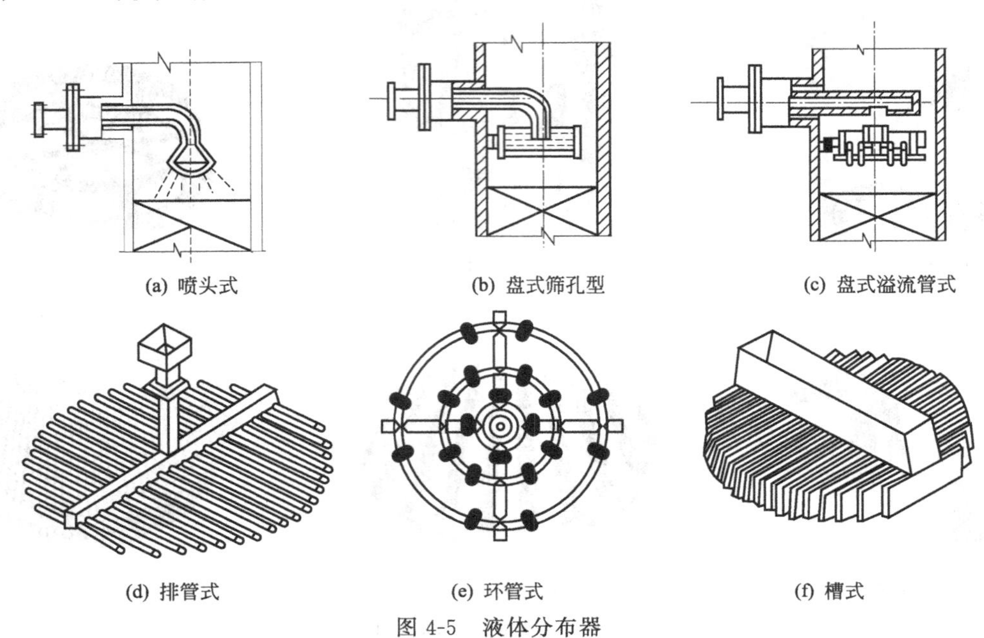

(a) 喷头式　　(b) 盘式筛孔型　　(c) 盘式溢流管式

(d) 排管式　　(e) 环管式　　(f) 槽式

图4-5　液体分布器

3. 液体再分布器

为了防止和改善沟流、壁流现象，可在填料层内每隔一定高度设置一液体再分布器。常用的液体再分布器有截锥式、槽式及斜板式。

4. 气体进口装置

填料塔的气体进口装置应能防止淋下的液体进入进气管，同时又能使气体分布均匀。对于直径500mm以下的小塔，可使进气管伸到塔的中心，管端切成45°向下的斜口。对于大塔可采用喇叭形扩大口或多孔盘管式分布器。进气口应向下开使气流折转向上。

5. 液体出口装置

液体的出口装置应保证形成塔内气体的液封，并能防止液体夹带气体，以免有价值气体的流失，且应保证液体的通畅排出。

6. 气体出口装置

气体的出口装置既要保证气体流动通畅，又应能除去被夹带的液体雾滴。若经吸收处理后的气体为下一工序的原料，或吸收剂价格昂贵，毒性较大时，要求塔顶排出的气体应尽量减少夹带吸收剂雾沫，因此需在塔顶安装除雾器。常用的除雾器有折板除雾器、填料除雾器及丝网除雾器等。

知识二　工业吸收

一、吸收的主要任务

吸收是利用混合气中各组分在液体溶剂中溶解度的差异来分离气体混合物的单元操作。混合气体中，能溶解的组分称为吸收质或溶质；不被吸收的组分称为惰性气体或载体；吸收操作所用的液体称为吸收剂或溶剂；吸收操作所得到的溶液称为吸收液或溶液，其成分为吸收剂和溶质；排出的气体称为吸收尾气，其主要成分应为惰性组分和残余的溶质，各组分具体的表示方法如表4-2所示。

表4-2　吸收组分的表示方法

名称	别称	表示方法	以水为溶剂处理空气和氨的混合物为例
吸收剂	溶剂	S	水
吸收质	溶质	A	氨
惰性气体	载体	B	空气
吸收液	溶液	S+A	氨水
吸收尾气	—	A(少量)+B	少量氨和空气

吸收操作是分离气体混合物的一种重要方法，是传质过程中的一种形式，在化工生产中已被广泛应用。归纳起来主要用于以下几个方面。

1. 回收有价值的组分

如用硫酸吸收焦炉气中的氨；用吸油吸收焦炉气中的苯、甲苯蒸气等。

2. 制备某种气体的溶液

如用水吸收氯化氢、二氧化硫、甲醛气体可以制备盐酸、硝酸和福尔马林溶液等。

3. 分离气体混合物

如石油化工中用油吸收精制裂解原料气；用水吸收丙烯胺氧化法反应器中的丙烯腈等。

4. 工业废气的治理

在煤矿、冶金、医药等生产过程中所排放的废气中常含有 SO_2、NO、NO_2 等有害气体，直接排放到大气污染环境，因此工业上这些废气在排放之前常用碱性吸收剂来吸收这些有害气体。

与吸收操作相反，使吸收质从吸收液中分离出来的操作称为解吸或脱吸。其目的是循环使用吸收剂或回收溶质，实际生产中吸收过程和解吸过程往往联合使用。

根据吸收过程特点，对于用水吸收 CO_2 的操作，溶质气体在吸收剂中以物理方式进行溶解，称为物理吸收；对于使用碱液吸收 CO_2 的操作，溶质气体与液体中的组分发生化学反应，称为化学吸收；若混合气体中只有一个组分进入液相，其余组分皆可认为不溶解于吸收剂，这样的吸收过程称为单组分吸收；如果混合气体中有两个或更多个组分进入液相，则为多组分吸收；在吸收过程中，操作温度不发生变化的称为等温吸收；操作温度发生变化的称为非等温吸收。本项目中重点讨论低浓度、单组分、等温的物理吸收操作过程。

二、吸收过程的气液相平衡

1. 相组成表示法

对于混合物中相的组成可以用多种方法表示，这里以组分 A 和 B 形式的混合物为例，介绍常用的几种相组成表示方法及其相互换算关系，如表 4-3 所示。

表 4-3 相组成表示方法及其相互换算关系

表示方法	组分表达式	相互换算关系
质量分数	$w_A=\frac{m_A}{m}$　$w_B=\frac{m_B}{m}$	由摩尔分数求质量分数 $w_A=\frac{x_AM_A}{x_AM_A+x_BM_B}$　$w_B=\frac{x_BM_B}{x_AM_A+x_BM_B}$ 由质量分数求摩尔分数 $x_A=\frac{\frac{w_A}{M_A}}{\frac{w_A}{M_A}+\frac{w_B}{M_B}}$　$x_B=\frac{\frac{w_B}{M_B}}{\frac{w_A}{M_A}+\frac{w_B}{M_B}}$ 由摩尔分数求摩尔比 $X_A=\frac{x_A}{1-x_A}$　$Y_A=\frac{y_A}{1-y_A}$
摩尔分数	气相：$y_A=\frac{n_A}{n}$；液相：$x_A=\frac{n_A}{n}$	
摩尔比	气相：$Y_A=\frac{n_A}{n_B}$；液相：$X_A=\frac{n_A}{n_B}$	

2. 亨利定律

在一定压力和温度下，使一定量的吸收剂与混合气体充分接触，气相中的溶质便向液相溶剂中转移，经长期充分接触之后，液相中溶质组分的浓度不再增加，此时，气液两相达到平衡，此状态为平衡状态，溶质在液相中的浓度为饱和浓度（溶解度），气相中溶质的分压为平衡分压。平衡时溶质组分在气液两相中的浓度存在一定的关系，即相平衡关系，其浓度对应关系可由亨利定律来描述。

即在温度一定条件下，当气体总压不超过 0.5MPa 时，稀溶液上方气相中溶质的平衡分压与溶质在液相中的摩尔分数成正比，其表达式为

$$p_A^*=Ex_A \tag{4-1}$$

式中　x_A——溶质在液相中的实际浓度；

E——比例常数，称亨利系数，其单位与压力单位一致；

p_A^*——溶质在气相中与之对应的平衡分压，kPa。

需指出，只有稀溶液才满足亨利定律。

当气体混合物和溶剂一定时，亨利系数仅随温度而改变，对于大多数物系，温度上升，E 值增大，溶解度较少。同一种溶剂中，难溶气体的 E 值很大，溶解度很小；而易溶气体的 E 值则很小，溶解度很大。亨利系数一般由实验测定，常见物系的亨利系数也可从有关手册中查得。

因互成平衡的气液两相组成可采用不同的表示方法，所以亨利定律有不同的表达形式，见表 4-4。

表 4-4　亨利定律的其他表达式

相组成表示方式	亨利表达式	符号含义
摩尔浓度	$p_A^*=\frac{1}{H}c_A$	H 为溶解度系数，单位 kmol/(m³·Pa)。溶解度系数 H 随温度的升高而降低；易溶气体 H 值较大，难溶气体 H 值较小。 溶解度系数 H 与亨利系数 E 的关系：$\frac{1}{H}\approx\frac{EM_s}{\rho_s}$ M_s 为溶剂的千摩尔质量，kg/kmol；ρ_s 为溶剂的密度，kg/m³
摩尔分数	$y_A^*=mx_A$	m 为相平衡常数，量纲为一。当温度、压力一定时，m 值越大，该气体的溶解度越小，故 m 值反映了不同气体溶解度的大小。 相平衡常数 m 与亨利系数 E 的关系：$m=\frac{E}{p}$
摩尔比	$Y_A^*=mX_A$	

【例 4-1】 某系统温度为 20℃，总压 200kPa，N_2 和 CO_2 的混合物中 N_2 摩尔分数为 80%，该混合物与水充分接触后，每立方米水溶解了多少克 CO_2？已知 $t=20℃$，$p=200kPa$，$y_B=80\%$，$M_A=44kg/kmol$，$M_s=18kg/kmol$，20℃时，CO_2 在水中的亨利系数 $E=1.44\times10^5kPa$；水的密度 $\rho_s=998.2kg/m^3$。

解　混合气按理想气体处理，CO_2 在气相中的分压为：$p_A=py_A=p(1-y_B)=200\times20\%=40kPa$

CO_2 为难溶气体，在水中的溶解度很低，气液相平衡关系服从亨利定律

$$H=\frac{\rho_s}{EM_s}=\frac{998.2}{1.44\times10^5\times18}=3.85\times10^{-4}mol/(m^3\cdot Pa)$$

$$c_A^*=Hp_A=3.85\times10^{-4}\times40\times10^3=15.4mol/m^3$$

故
$$\rho_A=\frac{m_A}{V}=M_Ac_A=44\times15.4=677.6g/m^3$$

3. 溶解度曲线

相平衡关系可用亨利定律表示，也可用溶解度曲线表示。用二维坐标绘成的气液相平衡关系曲线称为溶解度曲线。

理论上由亨利定律可知，平衡状态下，气相组成和液相组成呈正比例关系。表现在坐标中应该是一条直线，但是由于实际情况与理论有些偏差，坐标中一般是曲线的形式，如图 4-6 所示。

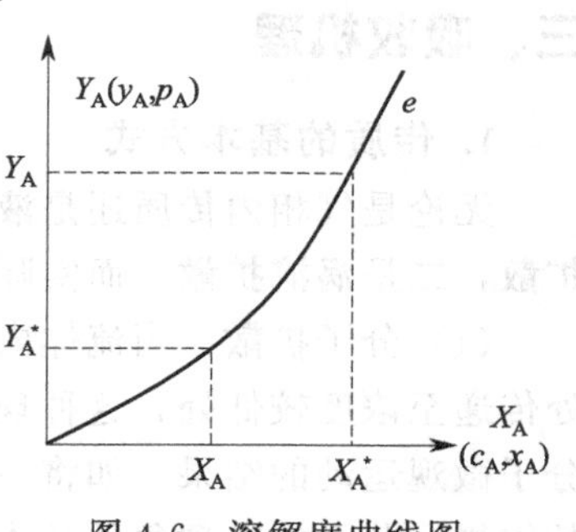

图 4-6　溶解度曲线图

4. 相平衡在吸收过程中的应用

（1）判断吸收能否进行　由于溶解平衡是吸收进行的极限，所以，在一定温度下，吸收若能进行，则气相中溶质的实际组成 y_A 必须大于液相组成中溶质含量成平衡时的组成 y_A^*，即 $y_A > y_A^*$。若出现 $y_A < y_A^*$ 时，则过程反向进行，为解吸操作。

（2）确定吸收推动力　显然，$y_A > y_A^*$ 是吸收进行的必要条件，而差值 $\Delta y = y_A - y_A^*$ 则是吸收过程的推动力，差值越大，吸收速率越大。

（3）判断过程进行的极限　气液两相达到平衡状态是过程进行的极限。

【例 4-2】 在操作条件 25℃、101.3kPa 下，用 CO_2 含量为 0.0001（摩尔分数）的水溶液与含 CO_2 10%（体积分数）的 CO_2-空气混合气在一容器充分接触，试：

（1）判断 CO_2 的传质方向，且用气相摩尔分数表示过程的推动力；

（2）设压力增加到 506.5kPa，CO_2 的传质方向如何，并用液相分数表示过程的推动力。

解　（1）查得 25℃、101.3kPa 下 CO_2-水系统的 $E=166\text{MPa}$

$$m=\frac{E}{p}=\frac{166}{0.1013}=1639$$

$$y^*=mx=1639\times0.0001=0.164$$

因为　$y=0.10$

所以　$y<y^*$

所以 CO_2 的传质方向由液相向气相传递，为解吸过程。

解吸过程的推动力为 $\Delta y=y^*-y=0.164-0.10=0.064$

（2）压力增加到 506.5kPa 时，$m'=\dfrac{E}{p'}=\dfrac{166}{0.5065}=327.7$

$$x^*=\frac{y}{m'}=\frac{0.10}{327.7}=3.05\times10^{-4}$$

因为　$x=1\times10^{-4}$

所以　$x^*>x$

所以 CO_2 的传质方向由气相向液相传递，为吸收过程。

吸收过程的推动力为 $\Delta x=x^*-x=3.05\times10^{-4}-1\times10^{-4}=2.05\times10^{-4}$。

由上述计算结果可以看出：当压力不太高时，提高操作压力，由于相平衡常数显著地提高，导致溶质在液相中的溶解度增加，故有利于吸收。

三、吸收机理

1. 传质的基本方式

无论是气相内传质还是液相内传质，它在单一相里的传递均有两种基本形式，一是**分子扩散**，二是**涡流扩散**。而实际传质操作中多为对流扩散。

（1）分子扩散　当流体内部存在浓度差时，因分子无规则的热运动使该组分由浓度较高处传递至浓度较低处，这种现象称为分子扩散。分子扩散发生在静止流体或层流流体中，是分子微观运动的结果。如将一滴红墨水滴入水杯中，片刻整水杯都会变红，这就是分子扩散的结果。分子扩散现象的基本规律可由菲克定律描述。

（2）涡流扩散　当流体作湍流流动时，由于流体质点的无规则运动，使组分从浓度高处向浓度低处移动，这种现象称为涡流扩散或湍流扩散。如将一勺砂糖放入水杯之中，用勺搅动，则将甜的更快更均匀，这就是涡流扩撒的效果。涡流扩散速率比分子扩散速率大得多，主要取决于流体的流动状态。

（3）对流扩散　对流扩散亦称对流传质，工业生产中常见的是物质在湍流流体中的对流传质现象。与对流传热类似，对流扩散通常指流体与某一界面之间的传质。在湍流流体中，对流扩散是分子扩散和涡流扩散共同作用的结果。

2. 双膜理论

吸收是气相中的吸收质经过吸收操作转入到液相中的传质过程，这个传质过程是如何进行的呢？为了从理论上说明这个机理，曾提过多种不同的理论，其中应用最为广泛的是1926年由刘易斯和惠特曼提出的“双膜理论”。它的基本要点如下。

① 当气液两相做相对运动时，气液两相界面的两侧分别存在着稳定的气膜和液膜。

② 两相界面上，溶质在两相的浓度始终处于平衡状态，界面上不存在传质阻力。

③ 气液两相的主体处于湍流状态，溶质以对流扩散的方式传递，两相主体内溶质的浓度基本均匀，传质阻力很小，可以忽略不计。

④ 气膜和液膜上，流体做层流运动，近似于静止状态，溶质以分子扩散的方式传递，传质阻力主要集中在气膜和液膜内。

根据双膜理论，在吸收过程中，溶质从气相主体中以对流扩散的方式到达气膜边界，又以分子扩散的方式通过气膜至相界面，在界面上不受任何阻力从气相进入液相，然后在液相中以分子扩散的方式通过液膜至液膜边界，最后又以对流扩散的方式转移到液相主体。这一过程非常类似于冷热两流体通过器壁的换热过程。将双膜理论的要点表达在一个坐标图上，即可得到描述气体吸收过程的物理模型——双膜理论模型，如图 4-7 所示。

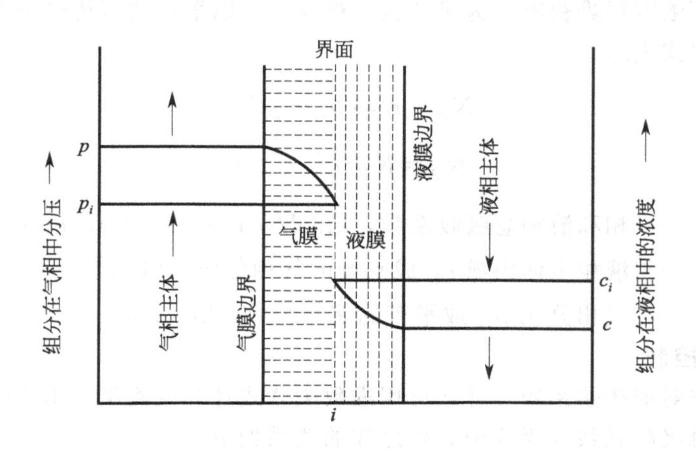

图 4-7　气体吸收双膜理论模型

双膜理论把复杂的相际传质过程大为简化。对于具有固定相界面的系统及速度不高的两流体间的传质，双膜理论与实际情况是相当符合的。根据这一理论的基本概念所确定的相际传质速率关系，至今仍是传质设备设计的主要依据，这一理论对于生产实际具有重要的指导意义。

四、吸收速率

1. 吸收速率方程式

所谓吸收速率是指单位传质面积上单位时间内吸收的溶质量，用 N_A 表示，单位 kmol/(m^2·s)。描述吸收速率和吸收推动力之间关系的数学表达式即为吸收速率方程式。

在定态操作吸收设备内的任一部位上，相界面两侧的气液膜层中的传质速率应是相等的（否则会在相界面处有溶质积累）。因此，其中任何一侧有效膜中的传质速率都能代表该部位上的吸收速率。根据双膜理论的论点，吸收速率方程式用吸收质以分子扩散方式通过气、液膜的扩散速率方程来表示。

（1）吸收质从气相主体通过气膜传递到相界面的吸收速率方程式

$$N_A=k_G(p-p_i) \tag{4-2}$$

或

$$N_A=k_y(y-y_i) \tag{4-2a}$$

式中 k_y、k_G——气膜吸收分系数，kmol/(m^2·s)、kmol/(m^2·s·kPa)；

p、p_i——吸收质在气相主体与界面处的分压，kPa；

y、y_i——吸收质在气相主体与界面处的摩尔分数。

（2）吸收质从相界面处通过液膜传递到液相主体时的吸收速率方程式

$$N_A=k_L(c_i-c) \tag{4-3}$$

或

$$N_A=k_x(x_i-x) \tag{4-3a}$$

式中 k_L、k_x——液膜吸收分系数，m/s、kmol/(m^2·s)；

c、c_i——吸收质在液相主体与界面处的浓度，kmol/m^3；

x、x_i——吸收质在液相主体与界面处的摩尔分数。

（3）总吸收速率方程式　由式(4-2)、式(4-3) 可以看出，上述吸收速率方程式均涉及界面浓度，而界面浓度很难获取，为避开这一难题，可以采用类似传热中的处理方法，用下列总吸收速率方程式表示

$$N_A=K_G(p_G-p^*) \tag{4-4}$$

或

$$N_A=K_L(c^*-c_L) \tag{4-4a}$$

式中 K_G、K_L——气相和液相总吸收系数，kmol/(m^2·s·kPa)、m/s；

p^*——与液相主体组成 c_L 成平衡的气相分压，kPa；

c^*——与气相分压 p_G 成平衡的液相组成，kmol/m^3。

2. 传质阻力控制

吸收分系数与对流传热系数一样，可用准数关联式计算或测定。由亨利定律和吸收速率方程式可以推导总吸收系数与吸收分系数之间的关系如下

$$\frac{1}{K_G}=\frac{1}{k_G}+\frac{1}{Hk_L} \tag{4-5}$$

$$\frac{1}{K_L}=\frac{H}{k_G}+\frac{1}{k_L} \tag{4-5a}$$

$\frac{1}{K_G}$和$\frac{1}{K_L}$分别为吸收过程的气相和液相总阻力，而$\frac{1}{k_G}$和$\frac{1}{k_L}$分别为气膜阻力和液膜阻力。从以上两式可知，吸收过程的总阻力为气膜阻力和液膜阻力之和。

① 对溶解度大的易溶气体，溶解度系数 H 很大。在 k_L 与 k_G 数量级相当时，$\frac{1}{k_G} \gg \frac{1}{Hk_L}$，则式(4-5) 变为 $K_G \approx k_G$，即易溶气体的液相阻力很小，吸收过程的传质阻力主要集中在气膜中，气膜阻力控制着整个过程的吸收速率，称为**“气膜控制”**。如用水吸收氯化氢、氨气以及浓硫酸吸收气相中的水蒸气等过程，通常都被视为气膜控制的吸收过程。显然，对于气膜控制的吸收过程，如要提高其吸收速率，在选择设备型式及确定操作条件时应特别注意减小气膜阻力。

② 对溶解度小的难溶气体，H 值很小，在 k_L 与 k_G 数量级相当时，则式(4-5a) 变为 $K_L \approx k_L$，即难溶气体的气相阻力很小，吸收过程的总阻力集中在液膜内，液膜阻力控制着整个过程的吸收速率，称为**“液膜控制”**。如用水吸收二氧化碳、氧气等吸收过程就是典型的液相阻力控制过程。对于液膜控制的吸收过程，如要提高过程速率，在选择设备型式及确定操作条件时，要特别注意减小液膜阻力。

③ 对于具有中等溶解度的气体吸收过程，气膜和液膜共同控制着整个吸收过程，气膜阻力和液膜阻力均不可忽略。如用水吸收二氧化硫及丙酮蒸气，气膜阻力和液膜阻力各占一定比例，此时应同时设法较小气膜阻力和液膜阻力，传质速率才会有明显提高，这种情况称为**“双膜控制”**。

【例 4-3】 在填料吸收塔内用水吸收混合于空气中的甲醇，已知某截面上的气、液两相组成为 $p_A = 5\text{kPa}$，$c_A = 2\text{kmol/m}^3$，设在一定的操作温度、压力下，甲醇在水中的溶解度系数 H 为 $0.5\text{kmol/(m}^3\cdot\text{kPa)}$，液相传质分系数为 $k_L = 2\times10^{-5}\text{m/s}$，气相传质分系数为 $k_G = 1.55\times10^{-5}\text{kmol/(m}^2\cdot\text{s}\cdot\text{kPa)}$。试求以分压表示吸收总推动力、总阻力、总传质速率及液相阻力的分配。

解　以分压表示吸收总推动力　$p_A^* = \frac{c_A}{H} = \frac{2}{0.5} = 4\text{kPa}$

$$\Delta p_A = p_A - p_A^* = 5 - 4 = 1\text{kPa}$$

总阻力

$$\frac{1}{K_G} = \frac{1}{Hk_L} + \frac{1}{k_G}$$

$$= \frac{1}{0.5\times2\times10^{-5}} + \frac{1}{1.55\times10^{-5}}$$

$$= 1.65\times10^5 \text{(m}^2\cdot\text{s}\cdot\text{kPa)/kmol}$$

总传质速率　$N_A = K_G(p_A - p_A^*) = \frac{1}{1.65\times10^5}\times1 = 6.06\times10^{-6}\text{kmol/(m}^2\cdot\text{s)}$

液相阻力的分配

$$\frac{\frac{1}{Hk_L}}{\frac{1}{K_G}} = \frac{1\times10^5}{1.65\times10^5} = 0.606 = 60.6\%$$

由计算结果可以看出此吸收过程为液相传质阻力控制过程。

五、解吸操作

工业生产中将离开吸收塔的吸收液送到解吸塔中，使吸收液中的溶质浓度由 X_1 降至 X_2，这种从吸收液中分离出被吸收溶质的操作称为解吸过程，解吸后的液体再送到吸收塔循环使用，同时在解吸过程中得到较纯的溶质，真正实现了原混合气各组分的分离，故吸收-解吸过程才是一个完整的气体分离过程。

1. 解吸操作的目的

一是获得所需要较纯的气体溶质；二是使溶剂再生返回到吸收塔循环使用，使分离过程经济合理。

2. 解吸的基本方法

（1）加热解吸　加热使溶液升温或增大溶液中溶质的平衡分压，减小溶质的溶解度，必有部分溶质从液相中释放出来，从而有利于溶质与溶剂的分离。

（2）减压解吸　若将原来处于较高压的溶液进行减压，则总压降低，气相中溶质的分压也相应降低，从而使溶质从吸收液中释放出来。溶质被解吸的程度取决于解吸的最终压力和温度。

（3）气体解吸　也称载气解吸法。其过程即为吸收液与载气逆流接触，载气中不含溶质或含溶质量极少，因此溶质由液相向气相转移，最后气体溶质从塔顶排除。常用载气一般有空气、氮气、二氧化碳、水蒸气等。

思考与练习

一、选择题

1. 吸收操作大多采用填料塔，下列（　　）不属于填料塔构件。

A. 液体分布器　　B. 疏水器

C. 填料　　D. 液体再分布器

2. 为改善液体壁流现象的装置是（　　）。

A. 填料支撑板　　B. 液体分布器

C. 液体再分布器　　D. 除沫器

3. 治理 SO_2 废气，一般采用（　　）法。

A. 催化　　B. 吸收　　C. 燃烧　　D. 转化

4. 低温甲醇洗工艺利用了低温甲醇对合成氨工艺原料气中各气体成分选择性吸收的特点，选择性吸收是指（　　）。

A. 各气体成分的沸点不同　　B. 各气体成分在甲醇中的溶解度不同

C. 各气体成分在工艺气中的含量不同　　D. 各气体成分的分子量不同

5. 用水吸收下列气体时，（　　）属于液膜控制。

A. 氯化氢　　B. 氨　　C. 氯气　　D. 三氧化硫

6. 在气膜控制的吸收过程中，增加吸收剂用量，则（　　）。

A. 吸收传质阻力明显下降　　B. 吸收传质阻力基本不变

C. 吸收传质推动力减小　　D. 操作费用减小

二、简答题

1. 气体吸收操作在化工生产中主要用来达到哪几种目的？

2. 操作时若发现富液无法进入解吸塔，会有哪些原因导致？应该如何调整？

任务2　填料吸收-解吸塔的操作

实训操作

一、情境再现

工业生产中的吸收操作是在吸收设备内进行的。吸收设备应具有如下特点：可提供足够的气液接触面积、吸收速率较快、气液相流动阻力小、结构简单、维修方便等。吸收设备的类型很多，其中以填料塔的应用最广。图4-8为填料吸收-解吸塔实操现场。

图4-8　填料吸收-解吸塔实操现场

二、任务目标

① 掌握吸收塔、解吸塔开停车、正常运转等操作。

② 掌握吸收塔、解吸塔常见故障及故障排除办法。

三、任务要求

① 按操作规程规范操作。

② 以小组为单位，分工协作完成填料塔的开车、停车。

③ 能正确判断和处理各种异常现象，特殊情况能进行紧急停车。

四、操作步骤

1. 检查准备

检查塔体、电源、仪表及吸收剂、混合气体管路是否正常，必要时需要对填料塔进行洗涤。

2. 开车

开启计算机电源及监控软件；开启吸收塔液相水泵和管路，开启吸收塔气相风机和管路，调节吸收塔底液封；开启解吸塔气相风机和管路，开启解吸塔液相水泵和管路，调节解吸塔底液封。

3. 正常操作

调整合适的气体压力和流速，维持塔顶与塔底压力稳定。

4. 不正常操作与调整

加大气、液流量，人为造成液泛事故，再调整到正常，注意观察塔压变化，并判断液泛程度，控制吸收剂不要从塔顶溢出。

5. 停车

停止向系统送气，同时关闭系统的出口阀；停止向系统输送循环液；关闭其他设备的进出口阀；开启系统放空阀，卸掉系统压力；将系统中的溶液排放到溶液贮槽，然后用清水洗净；用鼓风机向系统送入空气，进行空气置换，置换气中含氧量大于20%为合格。

五、项目考评

见表4-5。

表4-5　填料吸收-解吸塔的操作项目考评表

<table>
<tr><th>项目</th><th colspan="2">评　分　要　素</th><th>分值</th><th>评分记录</th><th>得分</th></tr>
<tr><td>检查准备</td><td colspan="2">检查塔体、电源、仪表及吸收剂、混合气体管路是否正常</td><td>10</td><td></td><td></td></tr>
<tr><td>开车</td><td colspan="2">正确开启吸收塔、解吸塔，调节塔底液封在塔底液体出口管到气体进风口之间</td><td>15</td><td></td><td></td></tr>
<tr><td>正常操作</td><td colspan="2">能正确调整气体压力和流速，维持塔顶与塔底压力稳定</td><td>20</td><td></td><td></td></tr>
<tr><td>不正常操作与调整</td><td colspan="2">人为设置液泛事故，并再将其调整到正常</td><td>15</td><td></td><td></td></tr>
<tr><td>停车</td><td colspan="2">停车顺序正确</td><td>20</td><td></td><td></td></tr>
<tr><td>职业素质</td><td colspan="2">纪律、团队精神</td><td>10</td><td></td><td></td></tr>
<tr><td>实训报告</td><td colspan="2">能完整、流畅地汇报项目实施情况，撰写项目完成报告，格式规范整洁</td><td>10</td><td></td><td></td></tr>
<tr><td>安全操作</td><td>按国家有关规定执行操作</td><td colspan="3">每违反一项规定从总分中扣5分，严重违规取消考核</td><td></td></tr>
<tr><td>考评老师</td><td></td><td>日期</td><td></td><td>总分</td><td></td></tr>
</table>

知识一　吸收塔操作与维护

一、吸收塔操作要点

吸收操作往往是以吸收后尾气浓度或出塔溶液中溶质的浓度为控制指标。当以净化气体为操作目的时，吸收尾气浓度为主要控制对象；当以吸收液作为产品时，出塔溶液浓度作为主要控制对象。

1. 控制好操作温度

吸收塔的操作温度对吸收速率有很大影响。温度越低，气体溶解度越大，吸收率越高；反之，温度越高，吸收率下降，容易造成尾气中溶质浓度升高。同时，由于有些吸收剂易发泡，温度高会造成气体出口处夹带量增加，加大了出口处气液分离负荷。

对于有明显热效应的吸收过程，通常要在塔内外设置中间冷却装置，及时移出热量。必要时，用加大冷却水用量的方法来降低塔温。若冷却水温度较高，冷却效果会变差，当冷却水用量不能再增加时，可以通过增加吸收剂用量来降低塔温。对吸收液有外循环且有冷却装置的吸收流程，采用加大吸收液的循环量的方法也可以降低温度。

2. 吸收塔操作压力的控制

提高操作压力有利于吸收操作，一方面可以增加吸收推动力，提高气体吸收率，减小吸收设备尺寸；另一方面能增加溶液的吸收能力，减少溶液的循环量。吸收塔实际操作压力主要由原料气组成、工艺要求的气体净化程度和前后工序的操作压力来决定。

对于解吸操作，提高压力会降低解吸推动力，使解吸进行的不彻底，同时增加了解吸的能耗和溶液对设备的腐蚀性。另外，由于操作温度是操作压力的函数，压力升高，温度相应升高，又会加快被吸收溶质的解吸速度，因此为了简化流程、方便操作，通常保持解吸操作压力略高于大气压力。

3. 保证吸收剂用量

实际操作中，若吸收剂用量过小，填料表面润湿不充分，气液两相接触不充分，出塔溶液的浓度不会因为吸收剂用量小而有明显提高，还会造成尾气中溶质浓度的增加，吸收率下降；吸收剂用量越大，塔内喷淋量大，气液接触面积大。由于液气比的增大，吸收推动力增大。对于一定分离任务，增大吸收剂用量还可以降低吸收温度，使吸收速率提高，增大吸收率。当吸收液浓度已远低于平衡浓度时，继续增加吸收剂用量已经不能明显提高吸收推动力，反而会造成塔内积液过多，压差变大，使得塔内操作恶化，反而使吸收推动力减小，尾气中溶质浓度增大。吸收剂用量的增加，还会加重溶剂再生的负荷量。因此在调节吸收剂用量时，应根据实际操作情况具体处理。

4. 保证吸收剂质量

对于吸收剂循环使用的吸收过程，入塔吸收剂中总是含有少量溶质，吸收剂中溶质浓度越低，吸收推动力越大，在吸收剂用量足够的情况下，尾气中溶质浓度也越低。相反，吸收剂中溶质浓度越大，吸收推动力减小，尾气中溶质浓度增大，严重时达不到分离要求。因此，当发现入塔吸收剂中溶质浓度升高时，要对吸收系统进行必要的调整，以保证解吸后循环使用的吸收剂符合工艺要求。

5. 控制好气流速度

气流速度会直接影响吸收过程，气流速度大，使气、液膜变薄，减少了气体向液体扩散的阻力，有利于气体的吸收，也提高了单位时间内吸收塔的生产效率。但气流速度过大时会造成液泛、液沫夹带或气液接触不良等现象，因此，要选择一个最佳气流速度，保证吸收操作高效稳定进行。

6. 控制好吸收塔液位

液位是吸收系统中重要的控制因素，无论是吸收塔还是解吸塔，都必须保持液位稳定。液位过低，会造成气体窜到后面低压设备引起超压，或者发生溶液泵抽空现象；液位过高，则会造成出口气体带液，影响后面工序安全运行。

总之，在操作过程中根据原料组分的变化和生产负荷的波动，及时进行工艺调整，发现问题及时解决，是吸收操作不可缺少的工作。

二、吸收过程的强化途径

强化吸收过程即提高吸收速率。吸收速率为吸收推动力与吸收阻力之比，故强化吸收过程从以下几方面考虑。

1. 提高吸收过程的推动力

① 吸收塔内气液流动方式可以是逆流，也可以是并流。一般工业吸收逆流较多，此时，气体由塔底通入，从塔顶排出，而液体则靠自重自上而流下；并流操作则气液同向。在逆流

操作与并流操作的气液两相进、出口组成相等的条件下，逆流操作可获得较大的吸收推动力，从而提高吸收过程的传质速率。但要注意在逆流操作过程中，液体在向下流动时受到上升气体的曳力，这种曳力过大会妨碍液体顺利流下，因而限制了吸收塔的液体流量和气体流量。

② 提高操作压力，降低操作温度对增大推动力有利；选择吸收能力大的吸收剂及增大液气比、降低进塔吸收剂中吸收质的浓度也都增大吸收推动力。

2. 降低吸收过程的阻力

流体湍动程度越剧烈，气、液膜厚度越薄，传质阻力越小。通常分两种情况，一是若气相传质阻力大，提高气相的湍流程度，如加大气体的流速，可有效地降低吸收阻力；二是若液相传质阻力大，提高液相的湍流程度，如加大液体的流速，可有效地降低吸收阻力。但在采用提高流速以增强流体湍动程度的同时，应注意不要使流体通过吸收设备的压力降过分增大。

3. 增大传质面积

传质面积即为气液相间的接触面积。传质面积的形式有两种方式：一种是使气体以小气泡状分散在液层中，另一种是使液体以液膜或液滴状分散在气流中，实际设备操作中这两种情况不是截然分开的。显然，要增大传质面积，必须设法增大气体或液体的分散度。

总之，强化吸收操作过程要权衡得失，综合考虑，得到经济而合理的方案。

三、吸收系统设备故障与处理

1. 塔体腐蚀

塔体腐蚀主要是吸收塔或解吸塔内壁的表面因腐蚀出现凹痕，主要产生原因如下。

① 塔体的制造材质选择不当。

② 原始开车时钝化效果不理想。

③ 溶液中缓蚀剂浓度与吸收剂浓度不对应。

④ 溶液偏流，塔壁四周气液分布不均匀。

一般在腐蚀发生的初始阶段，塔壁先是变得粗糙，钝化膜附着力变弱，当受到冲刷、撞击时出现局部脱落，使腐蚀范围扩大，腐蚀速率加快。对于已发生腐蚀的塔壁要立即进行修复，即对所有的被腐蚀处先补焊、堆焊后再衬以耐腐蚀钢带（如不锈钢板）。在日常操作过程中应严格控制工艺指标，确保良好的钝化质量，要适当增加对吸收溶液的分析次数，及时、准确、有效地监控溶液组分的变化，并及时清除溶液中的污物，保持溶液的洁净，减少系统污染。

2. 填料损坏

对于填料塔，由于所选填料的材质不同，损坏的原因也各不相同，如表 4-6 所示。

3. 液体分布器和液体再分布器损坏

液体分布器和液体再分布器损坏在吸收系统中比较常见，其主要原因如下。

① 由于设计不合理，受到液体高流速冲刷造成腐蚀。

② 选择材料不当所致。

③ 填料的摩擦作用造成分布器、再分布器上的保护层被破坏产生的腐蚀。

④ 多次开、停车，钝化控制不好。

表 4-6 填料损坏原因及处理方法

填料材质	损坏原因	不良影响	处理方法
瓷质填料	由于瓷质填料耐压性能较差，受压后产生破碎，也可能由于发生腐蚀而填料损坏	瓷质填料损坏后，设备、管道严重堵塞，系统无法继续运转	根据工艺性质、指标选择合适填料并严格控制工艺指标，适时更换填料
塑料填料	损坏主要表现为变形，由于耐热性不好，在高温下容易变形	变形后填料层高度下降，空隙率下降，阻力明显增加，使传质、传热效果变差，易引起拦液泛塔事故	
普通碳钢填料	具有较好的耐热、耐压特性，损坏的方式主要是被溶液腐蚀	被腐蚀后的填料性能变差，影响吸收或再生效果，降低溶液的吸收性能，同时，由于溶液中铁离子大幅度升高，与溶液中的缓蚀剂形成沉淀，缓蚀剂的浓度快速降低，失去缓蚀作用，致使其他设备的腐蚀加快	
不锈钢填料	一般不太容易损坏，在条件允许的情况下最好采用不锈钢材料		

当系统发生液体分布器、再分布器损坏后，应及时查找原因，并立即进行修复。同时采取相应措施，防止事故重复发生。

4. 溶液循环泵的腐蚀

吸收系统溶液循环泵被腐蚀的主要原因是发生“汽蚀现象”。“汽蚀现象”的发生使离心泵的叶轮出现蜂窝状的蚀坑，严重时变薄甚至穿孔，密封面和泵壳也会发生腐蚀。当溶液泵入口压力、温度和流量达到汽蚀的临界条件后即发生“汽蚀”，因此严格控制溶液的温度、压力和流量，避免“汽蚀现象”的发生，是防止溶液循环泵被腐蚀的关键。

5. 塔体振动

吸收塔体振动的主要原因可能是系统气液相负荷产生了突然波动，塔体受到溶液流量突变的剧烈冲击所致。这种现象通常发生在再生塔，吸收塔比较少见，因为再生塔顶部溶液的流量一般比较大，如果溶液进口分布不合理，就会出现塔体及管线振动。采取以下措施可以减轻或消除塔体振动的问题。

① 设置限流孔板，控制塔体两侧溶液流量，尽量保持两侧分配均匀。

② 在溶液总管上设减振装置，如减振弹簧等，减轻管线的振动幅度，防止塔体和管线发生共振。

③ 调整溶液入口角度，减小旋转力对塔体的影响。

④ 控制系统波动范围，尽量保持操作平稳。

四、吸收系统常见操作故障与处理

吸收系统常见操作故障与处理方法见表 4-7。

表 4-7 吸收系统常见操作故障与处理方法

故障现象	原 因	处 理 方 法
尾气夹带液体量大	1)原料气量过大 2)吸收剂量过大 3)吸收塔液面太低 4)吸收剂太脏，黏度大 5)填料堵塞	1)减少进塔原料气量 2)减少进塔喷淋量 3)调节排液阀，控制在规定范围 4)过滤或更换吸收剂 5)停车检查，清洗更换填料

续表

故障现象	原　　因	处 理 方 法
吸收剂用量突然下降	1)溶液槽液位低、泵抽空 2)水压低或停水 3)水泵损坏	1)补充溶液 2)使用备用水源或停车 3)启动备用水泵或停车检修
尾气浓度变大	1)进塔原料气中浓度高 2)进塔吸收剂用量不够 3)吸收温度过高或过低 4)喷淋效果差 5)填料堵塞	1)降低进塔入口处的浓度 2)加大进塔吸收剂用量 3)调节吸收剂入塔温度 4)清理、更换喷淋装置 5)停车检修或更换填料
塔液面波动	1)原料气压波动 2)吸收剂用量波动 3)液面调节器出故障	1)稳定原料气压 2)稳定吸收剂用量 3)修理或更换液面调节器
鼓风机有响声	1)杂物带入机内 2)水带入机内 3)轴承缺油或损坏 4)油箱液位过低、油质差 5)齿轮啮合不好,有活动 6)转子间隙不当或轴向位转	1)紧急停车处理 2)排除机内积水 3)停车加油或更换轴承 4)加油或更换油 5)停车检修或启动备用鼓风机 6)停车检修或启动备用鼓风机

实际运行过程中吸收系统可能发生的操作事故远不止以上几种，事故处理方式也不能一概而论，应根据实际情况酌情处理。为了减少操作事故的发生，主动防范是吸收系统操作的关键所在。

知识二　填料塔流体力学性能

填料塔传质性能的好坏、负荷的大小及操作的稳定性很大程度上取决于流体通过填料的流体力学性能。填料塔流体力学性能包括填料层的持液量、填料层压降、液泛速度、填料表面的润湿及返混等。

一、填料层的持液量

填料层的持液量是指一定操作条件下，在单位体积填料层内所积存的液体体积，以“m^3 液体/m^3 填料”表示。它是填料塔流体力学性能的重要参数之一。

填料的总持液量包括静持液量和动持液量。**静持液量**是指当填料被充分润湿后，停止气液两相进料，并经排液至无液滴流出时存留于填料层中的液体量，其取决于填料和流体的特性，与气液负荷无关。**动持液量**是指填料塔停止气液两相进料时流出的液体量，它与填料、液体特性及气液负荷有关。

适当的持液量对填料塔操作的稳定性和传质是有益的，但持液量过大，填料层的空隙和气相流通截面减小，压降增大，塔的处理能力下降。一般认为持液量以提供较大的气液传质面积且操作稳定为宜。

二、气体通过填料的压降

在逆流操作的填料塔中，从塔顶喷淋下来的液体，依靠重力在填料表面呈膜状向下流动，上升气体与下降液膜的摩擦阻力形成了填料层的压降。填料层压降除了与填料类型和尺寸有关外，还与液体喷淋流量及气速（即空塔气速，指气体体积流量与塔截面积之比）有关。实验表明，当喷淋量 $L=0$（干填料层）时，填料层压降与气速之间成直线关系，称为**干板压降**，斜率约为 1.8～2。有液体喷淋时，由于液体在填料的空隙中占有一部分体积，实际气速增加，相应的压降增加。流体流量越大，填料层的压降越大。

三、泛点气速

当气速增加到一定程度时，对液膜流动产生阻滞作用，使液膜增厚，填料层的持液量随气速的增加而增大，此现象称为**拦液**。开始发生拦液现象时的空塔气速称为**载点气速**。若气速继续增大，由于流体不能顺利向下流动，将使填料层的持液量不断增大，填料层内几乎充满液体，此时气速增加很小便会引起压降的剧增，此现象称为**液泛**，开始发生液泛现象时的气速称为**泛点气速**。气体流速正常的操作范围是载点气速到泛点气速之间。因泛点气速易测，所以通常操作气速为泛点气速的 0.6～0.8 倍。

在泛点气速下，持液量的增多使液相由分散相变为连续相，而气相则由连续相变为分散相，此时气体呈气泡形式通过液层，气流出现脉动，液体被大量带出塔顶，塔的操作极为不稳定，甚至会被破坏，此种情况称为**淹塔**或**液泛**。人们根据大量的实验数据得到了一些关联图和经验关联式，以此获得泛点气速，然后根据泛点气速确定操作气速，作为设计填料塔塔径的依据。影响泛点气速的因素很多，如填料特性、流体的物性及操作的液气比等。

填料特性的影响主要体现在填料因子（填料的比表面积与空隙率三次方的比值，以 φ 表示）上，填料因子 φ 值在某种程度上反映填料流体力学性能的优劣。实践证明，φ 值越小，液泛速度越高，即越不易发生液泛现象。

流体物性的影响体现在气体密度、液体密度和黏度上。液体的密度越大，因液体靠重力下流，则泛点气速越大；气体密度越大，相同气速下对液体的阻力也越大，液体黏度越大，流体阻力越大，故均使泛点气速下降。

操作的液气比越大，则在一定气速下液体喷淋量越大，填料层的持液量增加而空隙率减小，故泛点气速越小。

四、液体喷淋密度和填料表面的润湿

填料塔中气液两相间的传质主要是在填料表面流动的液膜上进行的。要形成液膜，填料表面必须被液体充分润湿，而填料表面的润湿状况取决于塔内的液体喷淋密度及填料材质的表面润湿性能。

液体喷淋密度是指单位塔截面积上，单位时间内喷淋的液体体积量，以 U 表示，单位为 $m^3/(m^2 \cdot h)$。为保证填料层的充分润湿，必须保证液体喷淋密度大于某一极限值，该极限值称为最小喷淋密度，以 U_{min} 表示。最小喷淋密度通常采用下式计算，即

$$U_{min}=(L_W)_{min}a \tag{4-6}$$

式中 U_{min}——最小喷淋密度，$m^3/(m^2 \cdot h)$；

$(L_W)_{min}$——最小润湿速率，$m^3/(m \cdot h)$；

a——填料的比表面积，即单位体积填料层的填料表面积，m^2/m^3。

最小润湿速率是指在塔的截面上，单位长度的填料周边的最小液体体积流量。其值可由经验公式计算（见有关填料手册），也可采用一些经验值。对于直径不超过 75mm 的散装填料，可取最小润湿速率为 $0.08m^3/(m \cdot h)$；对于直径大于 75mm 的散装填料，取最小润湿速率为 $0.12m^3/(m \cdot h)$。

填料表面润湿性能与填料的材质有关，就常用的陶瓷、金属、塑料三种材质而言，以陶瓷填料的润湿性能最好，塑料填料的润湿性能最差。

实际操作时采用的液体喷淋密度应大于最小喷淋密度。若喷淋密度过小，可采用增大回流比或采用液体再循环的方法加大液体流量，以保证填料表面的充分润湿；也可采用减小塔径予以补偿；对于金属、塑料材质的填料，可采用表面处理方法，改善其表面的润湿性能。

五、返混

在填料塔内，气液两相的逆流并不呈理想的活塞流状态，而是存在着不同程度的返混。造成返混现象的原因很多，如：填料层内的气液分布不均匀；气体和液体在填料层内存在沟流；液体喷淋密度过大时所造成的气体局部向下运动；塔内气液的湍流脉动使气液微团停留时间不一致等。填料塔内流体的返混使得传质平均推动力变小，传质效率降低。因此，按理想的活塞流设计的填料层高度，因返混的影响需适当加高，以保证预期的分离效果。

思考与练习

一、选择题

1. 吸收操作中，气流若达到（　　），将有大量液体被气流带出，操作极不稳定。

A. 泛点气速　　B. 空塔气速　　C. 载点气速　　D. 临界气速

2. 在吸收操作中，吸收剂（如水）用量突然下降，产生的原因可能是（　　）。

A. 溶液槽液位低、泵抽空　　B. 水压低或停水

C. 水泵坏　　D. 以上三种原因

3. 在吸收操作中，塔内液面波动，产生的原因可能是（　　）。

A. 原料气压力波动　　B. 吸收剂用量波动

C. 液面调节器出故障　　D. 以上三种原因

4. 吸收塔开车操作时，应（　　）。

A. 先通入气体后进入喷淋液体　　B. 增大喷淋量总是有利于吸收操作

C. 先进入喷淋液体后通入气体　　D. 先进气体或液体都可以

5. 吸收操作过程中，在塔的负荷范围内，当混合气处理量增大时，为保持回收率不变，可采取的措施有（　　）。

A. 减小吸收剂用量　　B. 增大吸收剂用量

C. 增加操作温度　　D. 减小操作压力

6. 在吸收操作过程中，当吸收剂用量增加时，出塔溶液浓度（　　），尾气中溶质浓度（　　）。

A. 下降，下降　　B. 增高，增高　　C. 下降，增高　　D. 增高，下降

7. 对于吸收来说，当其他条件一定时，溶液出口浓度越低，则下列说法正确的是（　　）。

A. 吸收剂用量越小，吸收推动力减小

B. 吸收剂用量越小，吸收推动力增加

C. 吸收剂用量越大，吸收推动力减小

D. 吸收剂用量越大，吸收推动力增加

8. 吸收塔尾气超标，可能引起的原因是（　　）。

A. 塔压增大　　B. 吸收剂降温

C. 吸收剂用量增大　　D. 吸收剂纯度下降

9. 由于氯化氢被水吸收时放出大量的热，所以会使酸液的温度（　　），氯化氢气体的分压（　　），从而不利于氯化氢气体的吸收。

A. 升高，增大　　B. 升高，减小

C. 降低，减小　　D. 降低，增大

二、简答题

1. 吸收岗位的操作是在高压、低温的条件下进行的，为什么说这样的操作条件对吸收过程的进行有利？

2. 假如吸收操作已经平稳，这时吸收塔的进料原料气温度突然升高，分析会导致什么现象？如果造成系统不稳定，吸收塔的塔顶压力上升，有几种手段将系统调节正常？

3. 正常停车时若发现吸收塔的富液无法排除，可能是什么原因，如何调整？

任务3　H_2O 吸收 CO_2-空气混合物的分离

实训操作

一、情境再现

在化工生产中，常常需要从气体混合物中分离出其中一种或多种组分。例如，在合成氨工业中，为了净化原料气，用水处理原料气以除去其中的二氧化碳等。吸收操作就是分离气体混合物的一种方法。图 4-9 为填料吸收塔单元操作控制界面。

吸收单元操作实训系统软件

图 4-9　填料吸收塔单元操作控制界面

二、任务目标

① 能完成水吸收空气中 CO_2 操作，分析吸收前后浓度的变化。

② 能进行故障点的排除。

③ 了解掌握工业现场生产安全知识。

三、任务要求

① 按操作规程规范操作。

② 制得要求浓度的 CO_2 气体，并计算吸收剂的用量。

③ 以小组为单位，分工协作完成吸收分离任务。

四、操作步骤

1. 检查准备

检查塔体、电源、仪表、工程用水、控制点位置、测量点位置、混合气体管路是否正常。

2. 开启吸收塔

开启吸收塔液相水泵和管路，调节吸收液相流量；开启吸收塔气相风机和管路；调节塔底液封在塔底液体出口管到气体进风口之间，并保持稳定（20～45cm）。

3. 开启解吸塔

开启解吸塔气相风机和管路，开启解吸塔液相水泵和管路；调节塔底液封在塔底液体出口管到气体进风口之间，并保持稳定（20～45cm）。

4. 正常操作

调整合适的气体压力和流速，维持塔顶与塔底压力稳定；按时记录各控制点变化。

5. 停车

先后停气体钢瓶，解吸液相泵、解吸风机、吸收风机、吸收液相泵，关闭仪表电源及控制柜总电源。

五、项目考评

见表 4-8。

表 4-8　H_2O 吸收 CO_2-空气混合物的分离项目考评表

<table>
<tr><th>项目</th><th colspan="2">评分要素</th><th>分值</th><th>评分记录</th><th>得分</th></tr>
<tr><td>检查准备</td><td colspan="2">检查塔体、电源、仪表及吸收剂、混合气体管路是否正常</td><td>15</td><td></td><td></td></tr>
<tr><td>开车</td><td colspan="2">能正确启动吸收塔和解吸塔，并能调节好塔底液封</td><td>20</td><td></td><td></td></tr>
<tr><td>正常操作</td><td colspan="2">能正确调整气体压力和流速，按时采集各控制点参数变化情况</td><td>20</td><td></td><td></td></tr>
<tr><td>停车</td><td colspan="2">停车顺序正确</td><td>20</td><td></td><td></td></tr>
<tr><td>职业素质</td><td colspan="2">纪律、团队协作精神</td><td>10</td><td></td><td></td></tr>
<tr><td>实训报告</td><td colspan="2">能完整、流畅地汇报项目实施情况，撰写项目完成报告，数据准确、可靠</td><td>15</td><td></td><td></td></tr>
<tr><td>安全操作</td><td>按国家有关规定执行操作</td><td colspan="2">每违反一项规定从总分中扣 5 分，严重违规取消考核</td><td></td><td></td></tr>
<tr><td>考评老师</td><td></td><td>日期</td><td></td><td>总分</td><td></td></tr>
</table>

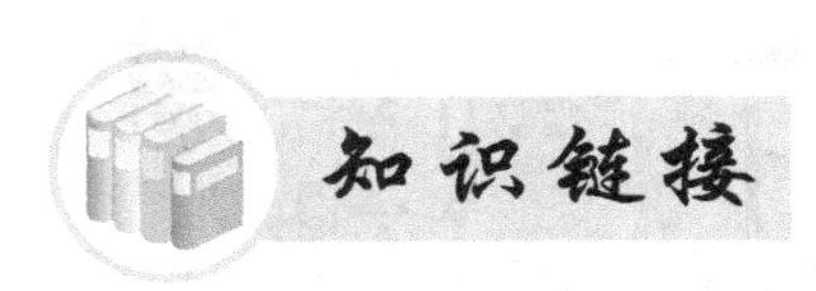

知识一　吸收剂的选用

一、吸收剂的选用原则

在吸收操作中，吸收剂性能的好坏常常是决定吸收操作是否良好的关键。在考虑选择吸收剂时，主要考虑以下方面。

(1) 溶解度　溶剂对混合气体中的溶质有较大的溶解度；若吸收剂与溶质发生化学反应，则溶解度可大大提高。但要使吸收剂循环使用，则化学反应必须是可逆的。

(2) 选择性　吸收剂对混合气体中的溶质要有良好吸收能力，而对其他组分应不吸收或吸收甚微，以减少有用惰性组分的损失或提高解吸后溶质的纯度，即选择性要高。

(3) 敏感性　溶质在吸收剂中的溶解度对操作条件（温度、压力）要敏感，即溶质在吸收剂中的溶解度在低温或高压下溶解度大，而在高温或低压下溶解度要迅速下降。这样，被吸收的气体组分解吸容易，吸收剂再生方便。

(4) 挥发度　吸收剂应不易挥发，吸收剂的挥发度小，既可减少吸收剂的损失，又可避免在混合气体中引进新的杂质。

(5) 黏性　吸收剂黏度要低，有利于传质，且流体输送功耗小。

(6) 化学稳定性　吸收剂化学稳定性好，这可避免因吸收过程中条件变化而引起吸收剂变质。

(7) 腐蚀性　吸收剂腐蚀性应尽可能小，以避免腐蚀设备，从而减少设备费和维修费。

(8) 其他　所选用吸收剂应尽可能满足价廉、易得、易再生、无毒、无害、不易燃烧、不易爆等要求。

二、工业上常用的吸收剂

实际上很难找到一种理想的溶剂能够满足上述所有要求。因此，应对可供选用的吸收作全面评价后，根据具体情况作出经济、合理、恰当的选择。常用吸收剂见表 4-9。

表 4-9　常见吸收剂汇总表

污染物	适宜的吸收剂	污染物	适宜的吸收剂
氯化氢	水、氢氧化钙	氯气	氢氧化钠、亚硫酸钠
氟化氢	水、碳酸钠	氨	水、硫酸、硝酸
二氧化硫	氢氧化钠、亚硫酸铵、氢氧化钙	苯酚	氢氧化钠
氧化氢氧化物	氢氧化钠、硝酸＋亚硫酸钠	有机酸	氢氧化钠
硫化氢	二乙醇胺、氨水、碳酸钠	硫醇	次氯酸钠

知识二　吸收剂用量控制

一、全塔物料衡算和操作线方程

在填料塔内，气液两相可作逆流也可作并流流动，在两相进出口浓度一定的情况下，逆流的平衡推动力大于并流。同时，逆流操作时下降至塔底的液体与进塔气体相接触，有利于提高出塔液体浓度，而且可减小吸收剂用量；上升至塔顶的气体与进塔的新鲜吸收剂接触，有利于降低出塔气体的浓度，可提高溶质的吸收率。

为使低浓度气体的吸收计算大大简化，吸收塔进行物料衡算限于如下假设条件。

① 由于在许多工业吸收过程中，进塔混合气体中的溶质浓度不高，所以吸收为低浓度等温物理吸收，总吸收系数为常数。

② 惰性组分 B 在吸收剂中完全不溶解，吸收剂在操作条件下完全不挥发，惰性气体和吸收剂在整个吸收塔中均为常量。

1. 全塔物料衡算

在单组分气体吸收过程中，吸收质在气液两相中的浓度沿着吸收塔高不断地变化，导致气液两相的总量也随塔高而变化。由于通过吸收塔的惰性气量和吸收剂量可认为不变，因而在进行吸收物料衡算时气、液两相组成用摩尔比表示十分方便。

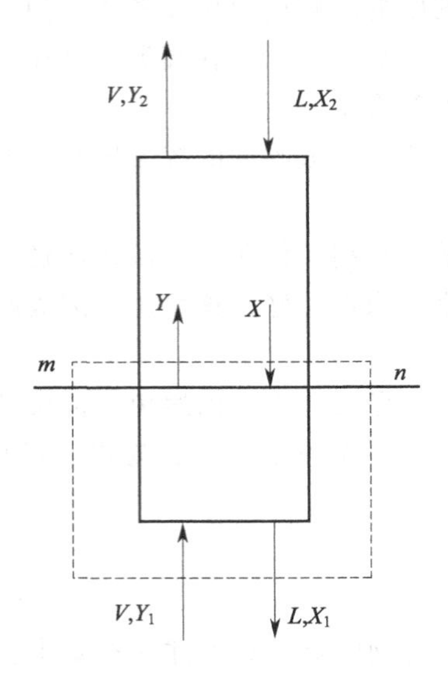

图 4-10　逆流吸收塔物料衡算

如图 4-10 所示为一个处于定态操作下的逆流接触吸收塔。塔底截面以下标“1”表示，塔顶截面以下标“2”表示，而 m-n 代表塔内任一截面。图中各符号的意义如下：

V—单位时间通过吸收塔的惰性气体的摩尔流量，kmol(B)/s；

L—单位时间通过吸收塔的吸收剂的摩尔流量，kmol(S)/s；

Y—塔内任一截面处气相中溶质的摩尔比，kmol(A)/kmol(B)；

X—塔内任一截面处液相中溶质的摩尔比，kmol(A)/kmol(S)；

Y_1，Y_2—分别为进塔和出塔气相中溶质的摩尔比，kmol(A)/kmol(B)；

X_1，X_2—分别为出塔和进塔液相中溶质的摩尔比，kmol(A)/kmol(S)。

在定态操作的情况下，对单位时间内进出吸收塔的溶质 A 作物料衡算，即

$$VY_1+LX_2=VY_2+LX_1 \tag{4-7}$$

或

$$V(Y_1-Y_2)=L(X_1-X_2) \tag{4-7a}$$

式(4-7) 表明了逆流吸收塔中气液两相流率 V、L 和塔底、塔顶两端的气液两相组成 Y_1、X_1 与 Y_2、X_2 之间的关系。一般情况下，进塔混合气的组成与流量是由吸收任务规定的，而吸收剂的初始组成和流量往往根据生产工艺要求确定，故 V、Y_1、L 及 X_2 均为已知数，如果吸收任务又规定了溶质回收率 φ_A，则气体出塔时的组成 Y_2 为

$$Y_2=Y_1(1-\varphi_A) \tag{4-8}$$

则

$$\varphi_A=\frac{Y_1-Y_2}{Y_1} \tag{4-8a}$$

式中　φ_A——混合气中溶质 A 被吸收的百分率，称为吸收率或回收率。

由此，V、Y_1、L、X_2 及 Y_2 均为已知，再通过全塔物料衡算式(4-7a) 便可求得塔底

排出液的组成 X_1。

2. 操作线方程与操作线

如图 4-10 所示，在逆流操作的填料塔内，气体自下而上，其组成由 Y_1 逐渐变至 Y_2；液体自上而下，其组成由 X_2 逐渐变至 X_1。在定态操作的情况下，塔内各横截面上的气液组成 Y 与 X 之间关系的确定，可在塔顶与塔内任一截面 $m-n$ 之间对组分 A 进行物料衡算，即

$$V(Y-Y_2)=L(X-X_2) \tag{4-9}$$

整理得

$$Y=\frac{L}{V}X+\left(Y_2-\frac{L}{V}X_2\right) \tag{4-9a}$$

若在塔底与塔内任一截面 $m-n$ 间对组分 A 作物料衡算，即

$$V(Y_1-Y)=L(X_1-X) \tag{4-10}$$

整理得

$$Y=\frac{L}{V}X+\left(Y_1-\frac{L}{V}X_1\right) \tag{4-10a}$$

由全塔物料衡算知，式(4-9a) 和式(4-10a) 等效，皆可称为逆流吸收塔的操作线方程，它表明塔内任一截面上实际气相组成 Y 与实际液相组成 X 之间的关系，直线的斜率为 L/V，且此直线通过点 $B(X_1,Y_1)$ 及点 $A(X_2,Y_2)$，如图 4-11 所示的直线 BA 即为逆流吸收塔的操作线。操作线上任何一点，代表着塔内相应截面上的液、气组成，端点 A 代表塔顶“稀端”，端点 B 代表塔底“浓端”。

应指出，操作线方程及操作线都是由物料衡算得出的，与系统的平衡关系、操作温度和压力、塔的结构形式等无关。

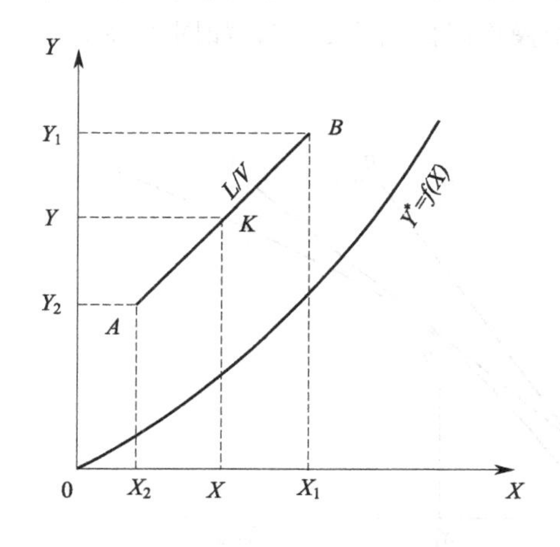

图 4-11　逆流吸收操作线

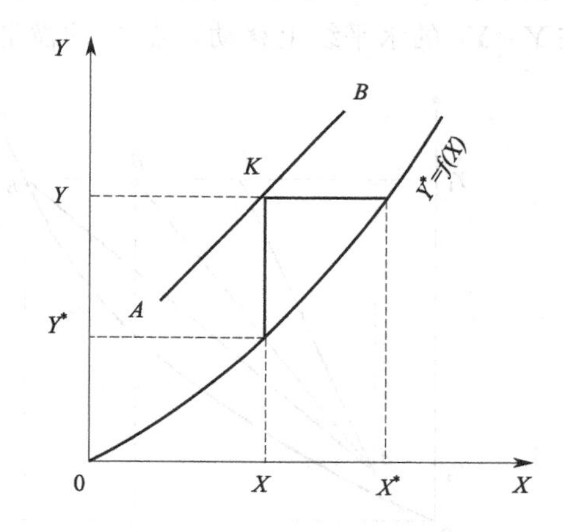

图 4-12　吸收操作推动力

操作线的特点如下。

① 定态连续吸收时，若 L、V 一定，Y_1、X_2 恒定，则该吸收操作线为通过塔顶 $A(X_2,Y_2)$ 及塔底 $B(X_1,Y_1)$ 的直线，斜率为液气比。

② 吸收操作时，表示气液相实际组成的点 $K(Y,X)$ 落在操作线上，而表示气液相平衡组成的点 (Y,X^*) 和 (Y^*,X) 落在平衡线上。

③ 吸收操作时，由于 $Y>Y^*$ 或 $X^*>X$，故吸收操作线在平衡线的上方；解吸操作时，因 $Y<Y^*$ 或 $X^*<X$，故解吸操作线在平衡线的下方。

由图 4-12 可知吸收塔内任一截面处气液两相间的传质推动力是由操作线和平衡线的相对位置决定的。塔内某一截面 $m-n$ 处吸收的推动力为操作线上点 $K(X,Y)$ 与平衡线的垂直距离（$Y-Y^*$）或水平距离（X^*-X）。显然，操作线离平衡线越远，吸收（解吸）的推动力越大。

二、吸收剂消耗量

1. 吸收剂对吸收操作的影响

由上述分析可知，在 X-Y 图上，操作线与平衡线的相对位置决定了过程推动力的大小，直接影响过程进行的好坏。因此，影响操作线、平衡线位置的因素均为影响吸收过程的因素，然而，在实际生产中，吸收塔的气体入口条件往往是由前一工序决定的，不能随意改变。因此，吸收塔在操作时的调节手段只能改变吸收剂的入口条件。吸收剂的入口条件包括流量、温度、组成三大要素。

适当增加吸收剂用量，有利于改善两相的接触状况，并提高塔内的平均吸收推动力。降低吸收剂温度，气体溶解度增大，平衡常数减小，平衡线下移，平均推动力增大。降低吸收剂入口的溶质浓度，液相入口处推动力增大，全塔平均推动力亦随之增大。

2. 吸收剂用量控制

由逆流吸收塔的物料衡算可知

$$\frac{L}{V}=\frac{Y_1-Y_2}{X_1-X_2} \tag{4-11}$$

在 V、Y_1、Y_2 及 X_2 均已知时，吸收操作线的起点 $A(X_2,Y_2)$ 是固定的，另一端点 B 则在 $Y=Y_1$ 的水平线上移动，点 B 的横坐标取决于操作线的斜率 L/V，如图 4-13 所示。

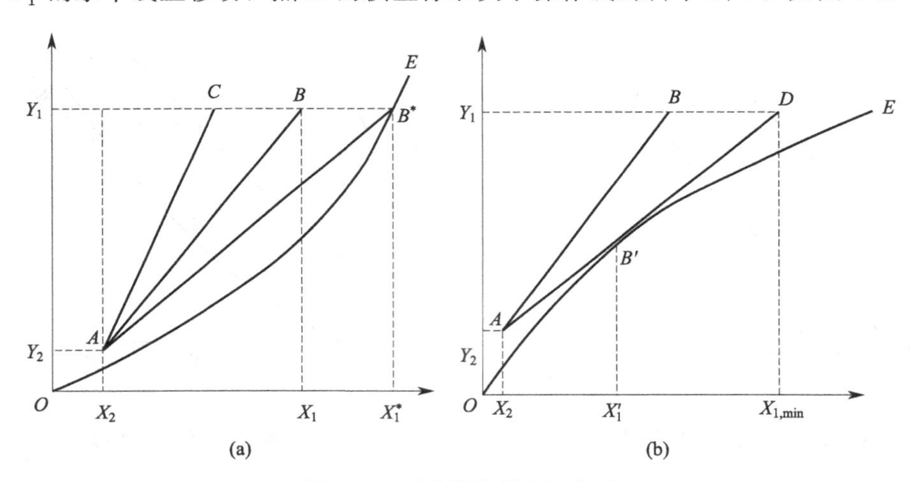

图 4-13　吸收塔的最小液气比

操作线的斜率 L/V 称为液气比，是吸收剂与惰性气体摩尔流量的比，即处理含单位摩尔惰性气体的原料气所用的纯吸收剂消耗量。它反映了单位气体处理量的溶剂消耗量大小。

由于 V 值已经确定，故若减少吸收剂用量 L，操作线的斜率就要变小，点 B 变沿水平线 $Y=Y_1$ 向右移动，其结果是使出塔吸收液的组成 X_1 加大，吸收推动力相应减小，致使设备费用增大。若吸收剂用量较小到恰使点 B 移至水平线 $Y=Y_1$ 与平衡线的交点 B^* 时，满足 $X_1=X_1^*$，即塔底流出的吸收液与刚进塔的混合气达到平衡。这是理论上吸收液浓度所能达到的最高含量，但此时过程的推动力变为零，因而需要无限大的相际传质面积。这在实际生产上是办不到的，只能用来表示一种极限状况。此种状况下吸收操作线 B^*A 的斜率为最小液气比，以 $\left(\frac{L}{V}\right)_{min}$ 表示，相应的吸收剂用量即为最小吸收剂用量，以 L_{min} 表示。

反之，若增大吸收剂用量，则点 B 将沿水平线向左移动，使操作线远离平衡线，过程推动力增大，设备费用减少。但超过一定限度后，效果便不明显，而溶剂的消耗、输送及回收等操作费用急剧增大。

在工业生产中，对实际吸收操作的吸收剂用量或液气比的选择、调节和控制主要从以下几方面考虑。

① 为了完成指定的分离任务，液气比应大于最小液气比，但也不应过高；

② 为了确保填料层的充分润湿，喷淋密度不能太小；

③ 当操作条件发生变化时，为达到预期的吸收目的，应及时调整液气比；

④ 适宜的液气比应根据经济衡算来确定，使设备的折旧费用及操作费用之和最小，即控制一个适宜的液气比。

通常根据生产实践经验，吸收操作适宜的液气比为最小液气比的 1.1～2.0 倍，即

$$\frac{L}{V}=(1.1\sim2.0)\left(\frac{L}{V}\right)_{min} \tag{4-12}$$

适宜的吸收剂用量为最小吸收剂用量的 1.1～2.0 倍，即

$$L=(1.1\sim2.0)(L)_{min} \tag{4-13}$$

3. 最小液气比的解法

最小液气比可用图解法求得。平衡曲线一般有两种情况，如图 4-13 的曲线 OE。如果平衡曲线符合如图 4-13(a) 所示的情况，则需找到水平线 $Y=Y_1$ 与平衡线的交点 B^*，读出 X_1^* 的值，然后代入式(4-11) 计算最小液气比

$$\left(\frac{L}{V}\right)_{min}=\frac{Y_1-Y_2}{X_1^*-X_2} \tag{4-14}$$

或

$$L_{min}=\frac{Y_1-Y_2}{X_1^*-X_2}\cdot V \tag{4-15}$$

式中 L_{min}——吸收剂最小用量，kmol/s；

X_1^*——操作线与平衡线相交时液相的浓度，kmol(A)/kmol(S)。

若平衡曲线呈现如图 4-13(b) 中的形状，则过点 A 作平衡线的切线，找到水平线 $Y=Y_1$ 与此切线的交点 B'的横坐标 X_1'的数值，用 X_1'代替式(4-15) 中 X_1^*，便可求得最小液气比或最小吸收剂用量。

若平衡关系符合亨利定律，可用 $Y^*=mX$ 表示，则最小液气比可用式(4-16) 计算

$$\left(\frac{L}{V}\right)_{min}=\frac{Y_1-Y_2}{\frac{Y_1}{m}-X_2} \tag{4-16}$$

必须指出，为了保证填料表面能被液体充分地润湿，还应考虑到单位塔截面上单位时间流下的液体量不得小于某一最低允许值。如果计算得出的最小吸收剂用量不能满足充分润湿填料的起码要求，则应采取更大的液气比。

【例 4-4】 在一填料吸收塔内，用清水逆流吸收混合气体中的有害组分 A，已知进塔混

合气体中组分 A 的浓度为 0.04（摩尔分数，下同），出塔尾气中 A 的浓度为 0.005，出塔水溶液中组分 A 的浓度为 0.012，操作条件下气液平衡关系为 $Y^*=2.5X$。试求操作液气比与最小液气比的倍数？

解 $Y_1=\dfrac{y_1}{1-y_1}=\dfrac{0.04}{1-0.04}=0.0417$

$Y_2=\dfrac{y_2}{1-y_2}=\dfrac{0.005}{1-0.005}=0.005$　　　$X_1=\dfrac{x_1}{1-x_1}=\dfrac{0.012}{1-0.012}=0.0121$

$$\left(\frac{L}{V}\right)_{\min}=\frac{Y_1-Y_2}{X_1^*-X_2}=\frac{Y_1-Y_2}{\dfrac{Y_1}{m}}=m\left(1-\frac{Y_2}{Y_1}\right)=2.5\left(1-\frac{0.005}{0.0417}\right)=2.2$$

$$\frac{L}{V}=\frac{Y_1-Y_2}{X_1-X_2}=\frac{0.0417-0.005}{0.0121-0}=3.03$$

$$\frac{L}{V}\Big/\left(\frac{L}{V}\right)_{\min}=\frac{3.03}{2.2}=1.38$$

思考与练习

一、选择题

1. 吸收操作中，减少吸收剂用量，将引起尾气浓度（　　）。

A. 升高　　B. 下降　　C. 不变　　D. 无法判断

2. 选择吸收剂时不需要考虑的是（　　）。

A. 对溶质的溶解度　　B. 对溶质的选择

C. 操作条件下的挥发度　　D. 操作温度下的密度

3. 用纯溶剂吸收混合气中的溶质，逆流操作时，平衡关系满足亨利定律。当入塔气体浓度 y_1 上升，而其他入塔条件不变，则气体出塔浓度 y_2 和吸收率 φ 的变化为（　　）。

A. y_2 上升，φ 下降　　B. y_2 下降，φ 上升

C. y_2 上升，φ 不变　　D. y_2 上升，φ 变化不确定

4. 在进行吸收操作时，吸收操作线总是位于平衡线的（　　）。

A. 上方　　B. 下方　　C. 重合　　D. 不一定

5. 通常所讨论的吸收操作中，当吸收剂用量趋于最小用量时，完成一定的任务（　　）。

A. 回收率趋向最高　　B. 吸收推动力趋向最大

C. 固定资产投资费用最高　　D. 操作费用最低

6. 从节能观点出发，适宜的吸收剂用量 L 应取（　　）倍最小用量 $L_{\min}$。

A. 2　　B. 1.5　　C. 1.3　　D. 1.1

二、计算题

1. 在一逆流吸收塔中，用清水吸收混合气体中的 CO_2。惰性气体处理量为 $300m^3/h$，进塔气体中含 CO_2 8%（体积分数），要求吸收率 95%，操作条件下 $Y^*=1600X$，操作液气比为最小液气比的 1.5 倍。求（1）水用量和出塔液体的组成；（2）写出操作线方程式。

2. 某吸收塔每小时从混合气中吸收 200kg SO_2，已知该塔的实际用水量比最小用水量大 65%，试计算每小时实际用水量是多少立方米？进塔气体中含 SO_2 18%（质量分数），其余是惰性组分，相对分子质量取为 28。在操作温度 293K 和压力 101.3kPa 下 SO_2 的平衡关系用直线方程式表示：$Y^*=26.7X$。

3. 在 293K 和 101.3kPa 下用清水分离氨和空气的混合气体。混合物中氨的分压是 13.3kPa，经吸收后氨的分压下降到 0.0068kPa。混合气的流量是 $1020m^3/h$，操作条件下的平衡关系是 $Y^*=0.755X$。试计算吸收剂最小用量；如果适宜吸收剂用量是最小用量的 1.5 倍，试求吸收剂实际用量。

项目五　液体精馏操作

任务1　精馏装置流程的识读

实训操作

一、情境再现

化工生产中常需要进行液体混合物的分离，以达到提纯或回收有用组分的目的。如甲醇生产中的甲醇精制过程，有机合成产品的提纯，溶剂的回收和废液排放前的达标处理等。精馏是分离均相物系最常用的蒸馏方法和典型单元操作之一，广泛用于石油、化工、轻工、食品、冶金等行业。图5-1所示为精馏实训装置，可用于乙醇和水等液体混合物的精馏分离操作。

图5-1　精馏实训装置

二、任务目标

① 通过观察设备，了解精馏装置的组成，各部分的结构特点。

② 了解管线及物料的走向，测压、测温点的选择，温度、压力及流量等参数的测定与控制方法。

③ 培养学生认真观察和思考的能力，养成严谨的工作态度。

三、任务要求

① 查阅资料了解精馏塔的结构特点。

② 认真观察过程中所看到的设备结构特点、管线及物料流向。

③ 以小组为单位，分工协作完成装置流程识读任务。

四、操作步骤

1. 观察精馏塔主体

认识塔主体的结构类型，进出口位置，监测点的位置，管线走向。

2. 观察冷凝器

认识冷凝器的结构及其与塔主体的连接、管线的走向。

3. 观察塔釜或再沸器

认识塔釜与塔主体的连接、釜体结构、视镜结构、加热装置，搞清加热方式及釜温的调节方式。

4. 观察产品罐、原料罐

认识罐体的结构、管线的连接及走向。

5. 观察仪表及调节系统

观察温度、压力、流量仪表及温度、流量的调节系统。

五、项目考评

见表 5-1。

表 5-1　精馏装置流程的识读项目考评表

<table>
<tr><th>项目</th><th colspan="2">评分要素</th><th>分值</th><th>评分记录</th><th>得分</th></tr>
<tr><td>观察精馏塔主体</td><td colspan="2">能正确说出精馏段、提馏段，各进出口的位置和作用</td><td>15</td><td></td><td></td></tr>
<tr><td>观察冷凝器</td><td colspan="2">能正确说出冷凝器的外部结构类型，进出管线及物料的走向</td><td>15</td><td></td><td></td></tr>
<tr><td>观察塔釜或再沸器</td><td colspan="2">能正确说出再沸器的位置，作用、加热方式、管线及物料的走向</td><td>15</td><td></td><td></td></tr>
<tr><td>观察产品罐、原料罐</td><td colspan="2">能正确说出各罐体的种类、作用、管线及物料的走向</td><td>10</td><td></td><td></td></tr>
<tr><td>观察仪表及调节系统</td><td colspan="2">能正确说出各个监测点的位置、检测仪表的种类及参数控制方法</td><td>15</td><td></td><td></td></tr>
<tr><td>职业素养</td><td colspan="2">纪律、团队精神</td><td>10</td><td></td><td></td></tr>
<tr><td>实训报告</td><td colspan="2">能完整、流畅地汇报项目实施情况；撰写项目完成报告，格式规范整洁</td><td>20</td><td></td><td></td></tr>
<tr><td>安全操作</td><td>按国家有关规定执行操作</td><td colspan="4">每违反一项规定从总分中扣 5 分，严重违规取消考核</td></tr>
<tr><td>考评老师</td><td></td><td>日期</td><td></td><td>总分</td><td></td></tr>
</table>

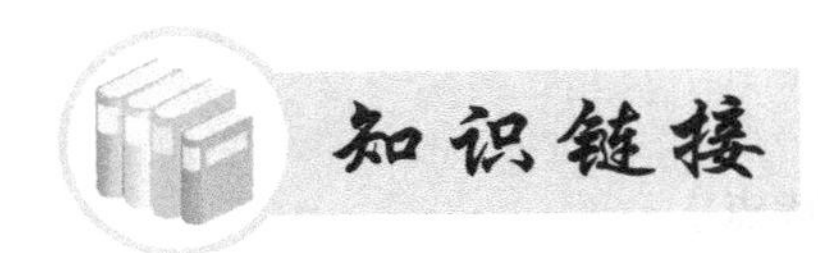

知识一 精馏设备

一、板式塔的结构

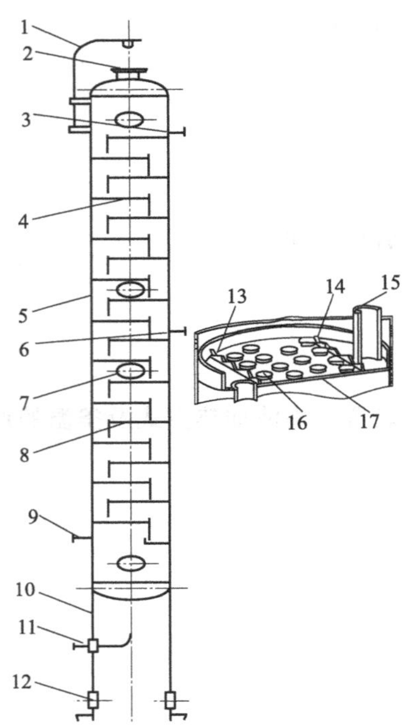

图 5-2 板式塔的总体结构

1—吊柱；2—气体出口；3—回流液入口；4—精馏段塔盘；5—壳体；6—料液进口；7—人孔；8—提馏段塔盘；9—气体入口；10—裙座；11—釜液出口；12—出入口；13—出口堰；14—进口堰；15—降液管；16—泡罩；17—塔盘

板式塔结构如图 5-2 所示。它是由圆柱形壳体、塔板、气体和液体进出口、溢流堰、降液管及受液盘等部件构成。塔板是板式塔的核心构件，它提供气液两相保持充分接触的场所，决定一个塔的基本性能，使之能在良好的条件下进行传质和传热。操作时，气体自塔底向上以鼓泡喷射的形式穿过塔板上的液层，而液体则从塔顶顶部进入顺塔而下。上升的气体和下降的液体主要在塔板上接触，达到传质、传热的目的。在塔中，两相一般呈逆流流动，以提供最大的传质推动力。

板式塔除内部装有塔板、降液管及各种物料的进出口之外，还有很多附属装置，如除沫器、人（手）孔、基座，有时外部还有扶梯或平台。在塔体上有时还焊有保温材料的支撑圈。为了检修方便，有时在塔顶装有可转动的吊柱。

塔的总体结构由以下几部分组成。

塔体：是塔设备的外壳，通常由等直径、等壁厚的钢制圆筒和上、下椭圆封头组成。

支座：是塔体与基础的连接部件，塔体支座形式一般为裙式支座。

塔内件：包括塔盘、降液管、溢流堰、紧固件、支撑件、除沫器等。

设备接管口：包括人孔、手孔、物料进出口接管、仪表用接管等。

附件：包括吊柱、保温圈、扶梯、平台等。

二、塔板的类型

塔板是板式塔气、液接触的基本元件，主要分为有降液管式塔板（也称溢流式塔板或错流式塔板）和无降液管式塔板（也称穿流式塔板或逆流式塔板）两类。在有降液管式的塔板上，气液两相呈错流方式接触，这种塔板效率较高，且具有较大的操作弹性，使用较为广泛。在无降液管式的塔板上，气液两相呈逆流方式接触，这种塔板的板面利用率高，生产能力大，结构简单，但效率较低，操作弹性小，工业应用较少。

1. 降液管式塔板的主要类型

（1）泡罩塔板　如图 5-3(a) 所示，是最早应用于工业生产的典型塔板。操作时，液体横向流过塔板，靠溢流堰保持板上有一定厚度的液层，齿缝浸没于液层之中而形成液封。升气管的顶部应高于泡罩齿缝的上沿，以防止液体从中漏下。上升气体通过齿缝进入液层时，被分散成许多细小的气泡或流股，在板上形成鼓泡层，为气液两相的传热和传质提供大量的界面。

泡罩塔板的优点是操作弹性较大，塔板不易堵塞；缺点是结构复杂，造价高，板上液层厚，塔板压降大，生产能力及板效率较低。泡罩塔板已逐渐被筛板、浮阀塔板所取代，在新建塔设备中已很少采用。

（2）筛孔塔板　如图 5-3(b) 所示。操作时，筛板塔内的气体从下而上，通过各层筛板孔进入液层鼓泡而出，与液体密切接触而进行传热和传质。液体则从降液管流下，横经筛孔区，再由降液管进入下层塔板。在正常的操作条件下，通过筛孔上升的气流，应能阻止液体经筛孔向下泄漏。

筛孔塔板的优点是结构简单，造价低，板上液面落差小，气体压降低，生产能力大，传质效率高。其缺点是筛孔易堵塞，不宜处理易结焦、黏度大的物料。应予指出，筛板塔的设计和操作精度要求较高，过去工业上应用较为谨慎。近年来，由于设计和控制水平的不断提高，可使筛板塔的操作非常精确，故应用日趋广泛。

(a) 泡罩塔板

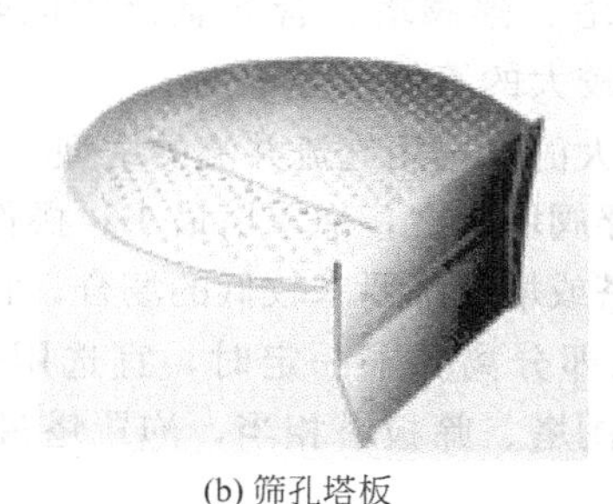
(b) 筛孔塔板

(c) 浮阀塔板

图 5-3　降液管式塔板类型

（3）浮阀塔板　如图 5-3(c) 所示，具有泡罩塔板和筛孔塔板的优点，应用广泛。操作时，由阀孔上升的气流经阀片与塔板间隙沿水平方向进入液层，增加了气液接触时间，浮阀开度随气体负荷而变，在低气量时，开度较小，气体仍能以足够的气速通过缝隙，避免过多的漏液；在高气量时，阀片自动浮起，开度增大，使气速不致过大。

浮阀塔板的优点是结构简单，造价低，生产能力大，操作弹性大，塔板效率较高。其缺点是处理易结焦、高黏度的物料时，阀片易与塔板黏结；在操作过程中有时会发生阀片脱落或卡死等现象，使塔板效率和操作弹性下降。

上述几种塔板，气体是以鼓泡或泡沫状态和液体接触，当气体垂直向上穿过液层时，使分散形成的液滴或泡沫具有一定向上的初速度。若气速过高，会造成较为严重的液沫夹带，使塔板效率下降，因而生产能力受到一定的限制。为克服这一缺点，近年来开发出舌形、浮舌和斜孔等喷射型塔板。

2. 板式塔的选择

板式塔是化工、石油生产中最重要的传质设备之一，它可使气液或液液两相之间进行紧密接触，达到相际传热和传质的目的。在塔内可完成精馏、吸收与解吸和萃取等单元操作。

板式塔的类型很多，性能各异，这里仅介绍板式塔一般的选用要求和原则。

（1）板式塔选择的一般要求

① 操作稳定，操作弹性大。当气、液负荷在较大范围内变动时，要求塔仍能在较高的传质传热效率下进行操作，并能保证长期操作所必须具有的可靠性。

② 流体流动的阻力小，即流体流经塔设备的压力降小。这将大大节省动力消耗，从而降低操作费用。对于减压精馏操作，过大的压力降会使整个系统无法维持必要的真空度，最终破坏操作。

③ 结构简单，材料耗用量小，制造和安装容易。

④ 耐腐蚀，不易堵塞，操作、调节和检修方便。

⑤ 塔内流体的滞留量小。

实际上，任何塔型都难以满足上述所有要求，各种塔型都具有各自的特点，且都有各自适宜的生产条件和范围，在具体选择塔型时应根据物质的性质和工艺要求，抓住主要方面进行选用。

（2）板式塔选择的原则　选择板式塔结构时，除考虑不同结构的塔性能不同外，还应考虑物料性质、操作条件以及塔的制造、安装、运转和维修等因素。

① 物性因素　易起泡物料易引起液泛，不宜选用板式塔；腐蚀性的介质宜选用结构简单、造价便宜的筛板塔板、穿流式塔板或舌形塔板便于及时更换；热敏性的物料需减压操作，宜选用压力降较小的筛板塔、浮阀塔；含有悬浮物的物料，应选择液流通道较大的塔型，如浮阀塔、舌形塔和孔径较大的筛板塔。

② 操作条件　液体负荷较大的宜选用气流并流的塔型，如喷射型塔板、筛板和浮阀塔板；塔的生产能力以筛板塔最大，浮阀塔次之，泡罩塔最小；操作弹性，以浮阀塔为最大，泡罩塔次之，筛板塔最小；对于真空塔或塔压降要求较低的场合，宜选用筛板塔，其次是浮阀塔。

③ 其他因素　被分离物系即分离要求一定时，宜选用造价最低的筛板塔，泡罩塔的价格最高；从塔板效率考虑，浮阀塔、筛板塔相当，泡罩塔最低。

三、精馏装置的附属设备

精馏装置的主要附属设备包括蒸气冷凝器、产品冷凝器、塔底再沸器、原料预热器、直接蒸汽鼓管、物料输送管及泵等。前四种设备本质上属换热器，并多采用列管式换热器，管线和泵属输送装置。

1. 冷凝器

按冷凝器与塔的位置可分为：整体式、自流式和强制循环式。

（1）整体式　如图 5-4(a) 和 (b) 所示，将冷凝器与精馏塔作成一体。这种布局的优点是上升蒸气压降较小，蒸气分布均匀，缺点是塔顶结构复杂，不便维修，当需用阀门、流量计来调节时，需较大位差，增大塔顶板与冷凝器间距离，导致塔体过高。该型式常用于减压精馏或传热面较小场合。

（2）自流式　如图 5-4(c) 所示，将冷凝器装在塔顶附近的台架上，靠改变台架的高度来获得回流和采出所需的位差。

（3）强制循环式　如图 5-4(d)、(e) 所示，当冷凝器换热面过大时，装在塔顶附近对造价和维修都是不利的，故将冷凝器装在离塔顶较远的低处，用泵向塔提供回流液。

需指出的是，在一般情况下，冷凝器采用卧式，因为卧式的冷凝液膜较薄，故对流传热

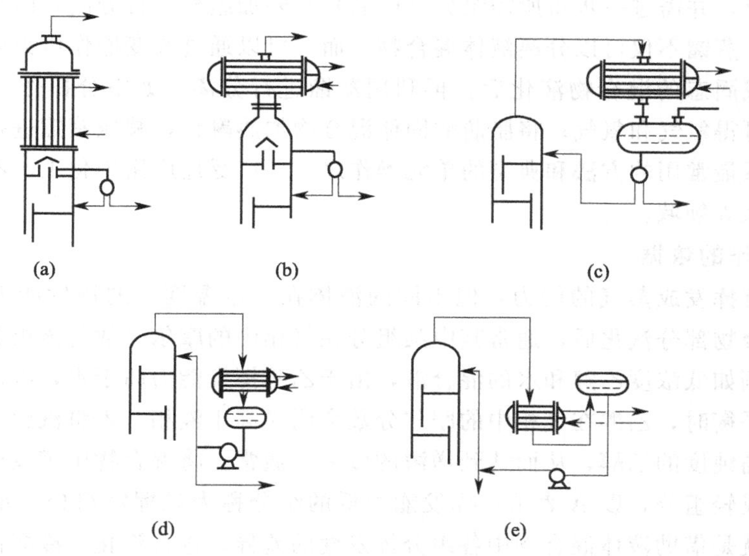

图 5-4　冷凝器的型式

系数较大，且卧式便于安装和维修。

2. 再沸器

精馏塔底的再沸器可分为：釜式再沸器、热虹吸式再沸器及强制循环再沸器。

（1）釜式再沸器

① 卧式再沸器　壳体为釜液沸腾，管内可以加热蒸气。塔底液体进入塔底液池中，再进入再沸器的管际空间被加热而部分汽化。为减少液沫夹带，再沸器上方应有一分离空间，对于小设备，管束上方至少有 300mm 高的分离空间，对于大设备，取再沸器壳径为管束直径的 1.3～1.6 倍。

② 夹套式再沸器　液面上方必须留有蒸发空间，一般液面维持在容积的 70%左右，夹套式再沸器常用于传热面较小或间歇精馏中。

（2）热虹吸式再沸器

热虹吸式再沸器是依靠釜内部分汽化所产生的气、液混合物其密度小于塔底液体密度，由密度差产生静压差使液体自动从塔底流入再沸器，因此又称自然循环再沸器。这种型式再沸器汽化率不大于 40%，否则传热不良。

（3）强制循环再沸器

强制循环再沸器是依靠泵输入机械功进行流体的循环，适用于高黏度液体及热敏性物料、固体悬浮液以及长显热段和低蒸发比的高阻力系统。

知识二　精 馏 分 离

一、液体混合物的提纯与分离——蒸馏

1. 蒸馏操作在化工生产中的应用

在工业上采用蒸馏方法即可直接获得所需要的组分（产品），而吸收、萃取等操作则需

要加入其他组分，并需进一步将所需组分（产品）与外加组分进行分离，因此，蒸馏操作的流程较为简单。蒸馏不仅可以分离液体混合物，而且可以通过改变操作压力或温度，使常压常温下呈气态或固态的混合物液化后，再利用蒸馏进行分离。如空分操作，将空气加压液化，再蒸馏，可得氮气和氧气；将脂肪酸固体混合物加热融化，减压蒸馏进行分离等。蒸馏是分离均相物系最常用的方法和典型的单元操作之一，广泛地应用于化工、石油、医药、食品、酿酒及环保等领域。

2. 蒸馏操作的依据

液体均具有挥发成蒸气的能力，但不同的液体在一定温度下的挥发能力各不相同，因此，将液体混合物部分汽化后，通常其中某组分在气相中的摩尔分数与该组分在液相中的摩尔分数不同。例如低浓度乙醇和水的混合液，由于乙醇挥发能力高于水，因而在加热形成气液两相并达到平衡时，乙醇在气相中的摩尔分数会明显高于液相。若将汽化后的蒸气全部冷凝则可得到较高纯度的乙醇，从而达到增浓的效果。通常，将混合物中挥发能力高的组分称为**易挥发组分**或轻组分，以 A 表示；挥发能力低的组分称为**难挥发组分**或重组分，以 B 表示。蒸馏操作就是借助液体混合物中各组分挥发性的差异，进行汽化、冷凝而分离液相混合物的化工单元操作。由于这种操作过程是物质在相间的转移过程，因此蒸馏操作属于传质过程。

3. 蒸馏过程分类

蒸馏操作可按不同方法进行分类，如表 5-2 所示。

表 5-2　工业蒸馏操作的分类

类别		特点及应用
按蒸馏方式分类	简单蒸馏	只适用于一般容易分离或分离要求不高的物系
	精馏	适用于分离各种物系以得到较高纯度的产品
	特殊精馏	适用于较难分离的或普通蒸馏不能分离的物系，如水蒸气蒸馏、萃取蒸馏等。
按操作方式分类	常压蒸馏	一般情况下大都采用常压蒸馏
	减压蒸馏	适用于沸点较高且又是热敏性的混合物
	加压蒸馏	适用于常压下为气态或常压下沸点为室温的混合物
按被分离混合物中组分的数目分类	双组分蒸馏	较少
	多组分蒸馏	化工生产中大多为多组分蒸馏
按操作过程是否连续分类	间歇蒸馏	应用于小规模生产或某些有特殊要求的场合
	连续蒸馏	工业生产大多采用连续蒸馏

二、理想溶液的气液相平衡——拉乌尔定律

根据溶液中同分子间的作用力与异分子间作用力的关系，溶液可分为理想溶液和非理想溶液两种。虽然严格意义上的理想溶液是不存在的，但对于双组分溶液，当两组分（A+B）的性质相近、液相内相同分子间的作用力与不同分子间的作用力相近、各组分分子体积大小相近，即宏观上表现为：两相组分混合时既无热效应又无体积效应时，这种溶液称为**理想溶液**，如苯-甲苯、甲醇-乙醇物系等。而一些性质不同、分子间力差异很大的组分组成的溶液则可视为**非理想溶液**，如乙醇-水、酸-水物系等。

实验证明，理想溶液遵循拉乌尔定律，即在一定温度下气液平衡时，理想溶液上方蒸气中任一组分的分压，等于此纯组分在该温度下饱和蒸气压乘以其在溶液中的摩尔分数，即

$$p_A = p_A^* x_A \tag{5-1}$$

或

$$p_B = p_B^* x_B = p_B^* (1-x_A) \tag{5-1a}$$

式中　p_A，p_B——分别为溶液上方A、B两组分的蒸气分压，kPa；

p_A^*，p_B^*——分别为同温度下纯组分A、B的饱和蒸气压，kPa；

x_A，x_B——分别为液相中A、B组分的摩尔分数。

理想物系气相服从道尔顿分压定律，即

$$p = p_A + p_B = p_A^* x_A + p_B^* (1-x_A) \tag{5-2}$$

式中　p——气相总压，kPa。

于是

$$x_A = \frac{p - p_B^*}{p_A^* - p_B^*} \tag{5-2a}$$

式(5-2a) 称理想溶液的气液相平衡方程，又称为泡点方程，该式表示平衡物系的温度和液相组成的关系。在一定压力下，液体混合物开始沸腾产生第一个气泡的温度，称为泡点温度（简称泡点）。

当物系的总压不太高（一般不高于10^4kPa）时，平衡的气相可视为理想气体。气相组成可表示为

$$y_A = \frac{p_A^* x_A}{p} = \frac{p_A^* x_A}{p_A^* x_A + p_B^* (1-x_A)} \tag{5-2b}$$

式(5-2b) 称理想溶液的气液相平衡方程，又称为露点方程。该式表示平衡物系的温度与气相组成的关系。在一定压力下，混合蒸气冷凝时出现第一个液滴时的温度，称为露点温度（简称露点）。

非理想溶液的气液相平衡关系可用修正的拉乌尔定律，或由实验测定。

三、双组分理想溶液的气液平衡相图

双组分理想溶液的气液平衡关系用相图表示比较直观、清晰，而且影响蒸馏操作的难易程度可在相图上直接反映出来。蒸馏中常用的相图为恒压下的温度-组成（t-x-y）图和气相-液相组成（y-x）图。

1. 温度-组成（t-x-y）图

在恒定的压力下，苯-甲苯混合液的气（液）相组成与温度的关系可表示成图5-5所示的曲线。这是一张直角坐标图，横坐标表示液相（或气相）组成（摩尔分数x、y），纵坐标表示温度t，常称为理想溶液的温度-组成（t-x-y）图。实际生产中的蒸馏操作总是在压力一定的设备内进行的，因此，总压一定的t-x-y图是分析蒸馏过程的基础。

（1）两线　饱和蒸气线　又称露点曲线或气相线，表示混合物的平衡温度t与平衡时气相组成y之间的关系，如图中上曲线（ByA）为t-y线。曲线上每一点相对应的纵坐标都表示一定蒸气组成的冷凝温度（即露点），其横坐标表示混合气体在该露点下的组成。

饱和液体线　又称泡点曲线或液相线，表示混合物的平衡温度t与平衡时液相组成x之间的关系，如图中下曲线（BxA）为t-x线。曲线上每一点相对应的纵坐标都代表混合液在某一组成下的汽化温度（即泡点），其横坐标表示混合液在该泡点下的组成。

（2）三区　饱和液体线以下的区域代表未沸腾的液体，称为液相区或过冷区；饱和蒸气线上方的区域代表过热蒸气，称为气相区或过热蒸气区；两曲线包围的区域表示气液两相共存，称为气液共存区。

(3) 两点　点 B 和点 A 分别代表甲苯和苯纯组分的沸点。

从 t-x-y 图上可以看出：当气液两相共存时，气相中易挥发组分含量总是大于液相中易挥发组分的含量，即 $y_A > x_A$，并且只能将混合液部分汽化或部分冷凝，混合液才能得到分离。通常，t-x-y 关系的数据由实验测得。对于理想溶液也可以用纯组分的饱和蒸气压数据按拉乌尔定律和道尔顿分压定律进行计算。

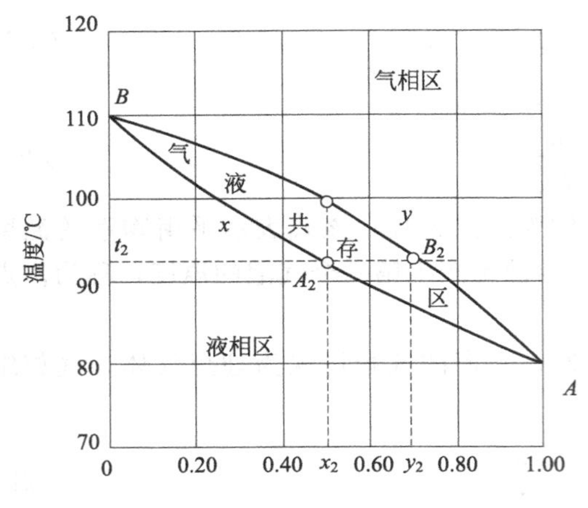

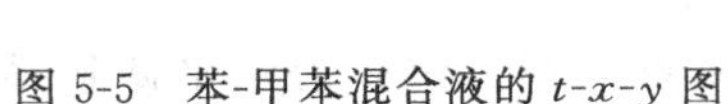

图 5-5　苯-甲苯混合液的 t-x-y 图

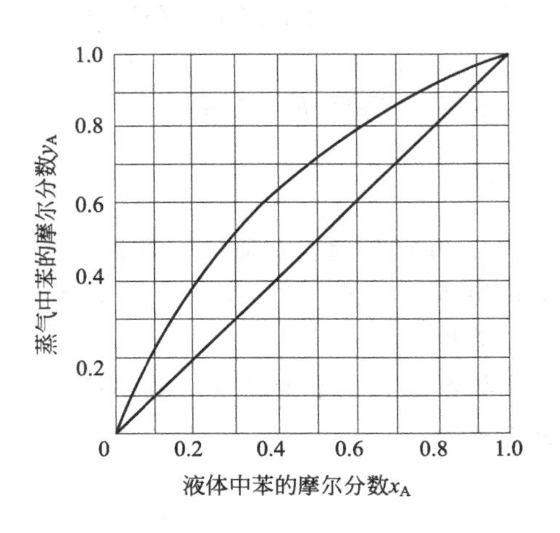

图 5-6　苯-甲苯混合液的 y-x 图

2. 气相-液相组成（y-x）图

图 5-6 表示苯-甲苯混合物系在总压一定时的 y-x 图。该图以 x 为横坐标，y 为纵坐标，曲线表示达到平衡时气、液两相组成间的关系，称为平衡曲线。对角线则为 $y=x$ 的直线，作为计算时的辅助曲线。对于理想溶液达到平衡时，气相中易挥发组分浓度 y 恒大于液相组成 x，故平衡线位于对角线上方。平衡线偏离对角线越远，表示该溶液越易分离。

溶液的 y-x 图平衡数据一般由实验测出载于有关手册中，也可通过 t-x-y 图查取。

实验证明，总压对气液平衡数据的影响不大。当总压变化范围为 20%～30%时，y-x 平衡曲线的变化不超过 2%。因此，工程计算时，若总压变化不大，可不考虑总压对平衡曲线的影响。而 t-x-y 图随总压的变化较大，一般不能忽略不计。由此可知，蒸馏计算中使用 y-x 图比使用 t-x-y 图更为方便。

四、双组分非理想物系的气液平衡相图

实际生产中所遇到的大多数物系为非理想物系。非理想物系可能有如下三种情况：液相为非理想溶液，气相为理想气体；液相为理想溶液，气相为非理想气体；液相为非理想溶液，气相为非理想气体。

图 5-7 为乙醇-水混合液的 t-x-y 图。由图可见，液相线和气相线在点 M 上重合，即点 M 所示的两相组分相等。常压下点 M 的组成为 $x_M=0.894$（摩尔分数），称为恒沸组成。点 M 的温度为 78.15℃，称为恒沸点。该点的溶液称为恒沸液。因点 M 的温度比任何组成该溶液的沸点温度都低，故这种溶液又称最低恒沸点的溶液。图 5-8 是其 y-x 图，平衡线与对角线的交点与图 5-7 中的点 M 相对应，该点溶液的相对挥发度等于 1。

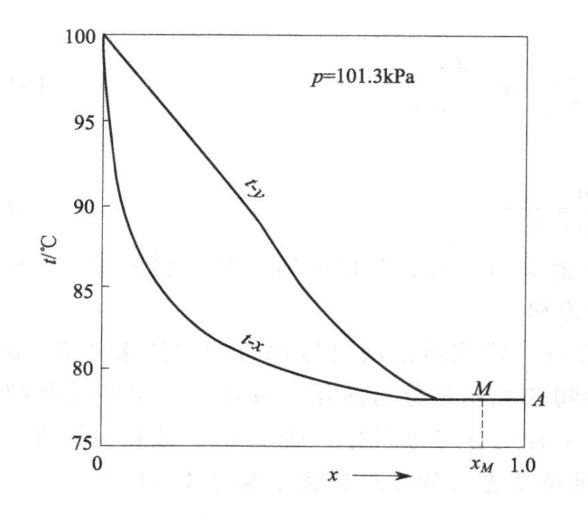

图 5-7 常压下乙醇-水溶液的 t-x-y 图

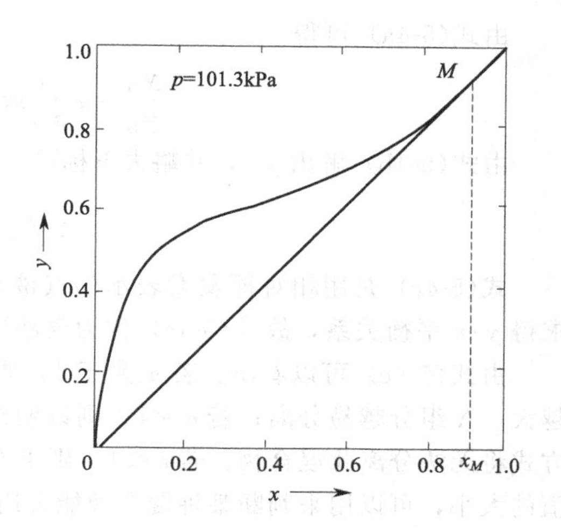

图 5-8 常压下乙醇-水溶液的 y-x 图

五、挥发度及相对挥发度

1. 挥发度

挥发度是表示物质（组分）挥发的难易程度。纯液体的挥发度可以用一定温度下该液体的饱和蒸气压表示。例如，乙醇在 25℃时饱和蒸气压为 78.6kPa，而水在 25℃时饱和蒸气压为 31.7kPa，所以乙醇的挥发性比水大。在同一温度下，蒸气压越大，表示挥发性越大。对混合液，因组分间的相互影响，使其中各组分的蒸气压比纯组分的蒸气压要低，故混合液中组分的挥发度可用该组分在气相中的平衡分压与其在液相中组成（摩尔分数）之比表示，即

$$\nu_A=\frac{p_A}{x_A} \qquad \nu_B=\frac{p_B}{x_B} \tag{5-3}$$

式中 ν_A，ν_B——组分 A、B 的挥发度；

p_A，p_B——气液平衡时，组分 A、B 在气相中的分压；

x_A，x_B——气液平衡时，组分 A、B 在液相中的摩尔分数。

对于理想溶液，因服从拉乌尔定律，则

$$\nu_A=\frac{p_A}{x_A}=\frac{p_A^* x_A}{x_A}=p_A^* \qquad \nu_B=\frac{p_B}{x_B}=\frac{p_B^* x_B}{x_B}=p_B^* \tag{5-3a}$$

由式(5-3a) 可知，对于理想溶液，可以用纯组分的饱和蒸气压来表示它在溶液中的挥发度。

2. 相对挥发度

混合液中两组分挥发度之比称为两组分的相对挥发度，用 α 表示。对两组分物系，习惯上用易挥发组分的挥发度比上难挥发组分的挥发度，即

$$\alpha=\frac{\nu_A}{\nu_B}=\frac{p_A/x_A}{p_B/x_B} \tag{5-4}$$

当操作压力不高，气体服从道尔顿分压定律，则式(5-4) 改写为

$$\alpha=\frac{y_A x_B}{y_B x_A} \tag{5-4a}$$

由式(5-4a) 可得

$$\frac{y_A}{y_B}=\alpha\frac{x_A}{x_B}\text{或}\frac{y_A}{1-y_A}=\alpha\frac{x_A}{1-x_A} \tag{5-4b}$$

由式(5-4b) 解出 y_A，并略去下标可得

$$y=\frac{\alpha x}{1+(\alpha-1)x} \tag{5-4c}$$

式(5-4c) 是用相对挥发度表示的气液相平衡关系，若 α 为已知时，即可利用式(5-4c)求得 y-x 平衡关系，故式(5-4c) 称为气液平衡方程。

由式(5-4c) 可以看出：若 α 大于 1，则 $y>x$，说明该溶液可以用蒸馏方法来分离，α 越大，A 组分越易分离；若 $\alpha=1$，则说明混合物的气相组分与液相组分相等，用普通蒸馏方式将无法分离此混合物；若 $\alpha<1$，则重新定义轻组分与重组分，使 $\alpha>1$。故相对挥发 α 值的大小，可以用来判断某种混合液能否用普通蒸馏方法分开及其被分离的难易程度。

相对挥发度的数值通常由实验测得。对于理想溶液，因其服从拉乌尔定律，故有

$$\alpha=\frac{\nu_A}{\nu_B}=\frac{p_A^*}{p_B^*} \tag{5-5}$$

即理想溶液的相对挥发度等于同温度下两纯组分的饱和蒸气压之比。

3. 平均相对挥发度 α_m

对于精馏塔，由于每块塔板上 x，y 组成不同，温度不同，α 也会有所变化，因此对于整个精馏塔，一般采用相对挥发度的平均值，即平均相对挥发度来表示，以符号 α_m 表示，即

$$\alpha_m=\sqrt{\alpha_{顶}\alpha_{釜}} \tag{5-6}$$

式中 $\alpha_{顶}$——塔顶的相对挥发度；

$\alpha_{釜}$——塔釜的相对挥发度。

六、液体混合物的深度分离——精馏

精馏是利用组分挥发度差异，借助“回流”技术实现混合液高纯度分离的多级分离操作，即同时进行多次部分汽化和部分冷凝的过程。

1. 精馏分离过程

精馏分离过程可利用气液平衡相图来说明，也可从热力学角度加以分析。理论上液体混合物经过多次部分汽化，在液相中可获得高纯度的难挥发组分；气体混合物经过多次部分冷凝在气相中可获得高纯度的易挥发组分。

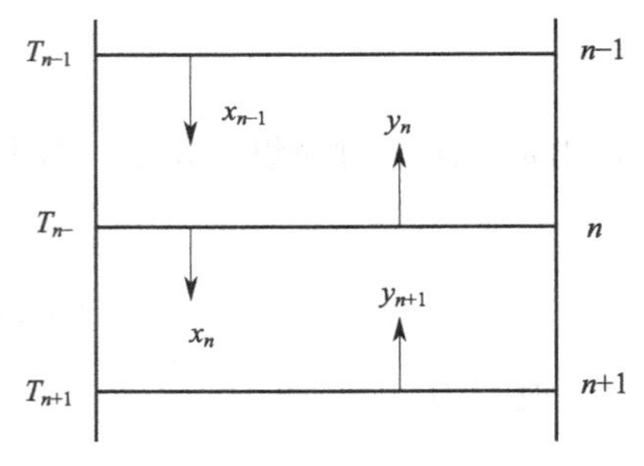

图 5-9 塔板上的精馏分离过程

在实际应用时，每一次部分汽化和部分冷凝都会产生部分中间产物，致使最终得到的纯产品量较少，而且能量消耗大，所需设备庞杂。为解决此问题，工业生产中精馏操作采用直立圆筒形的精馏塔进行，同时进行多次部分汽化和部分冷凝。

现以板式塔为例，讨论精馏过程气液传质传热过程。如图 5-9 所示，在第 n 块塔板上，由第 $n+1$ 块板上升的蒸气（组成为 y_{n+1}）与第 $n-1$ 块板下降的液体（组成为 x_{n-1}）接触，由于它们是组成互不平衡的两

相，且 $T_{n+1}>T_n>T_{n-1}$，因此在第 n 块塔板上进行传质、传热。组成为 y_{n+1} 的气相部分冷凝，其中部分难挥发组分转入液相，而冷凝时放出的潜热供给组成为 x_{n-1} 的液相，使之部分汽化，部分易挥发组分转入气相，直至在第 n 块板上达到平衡时离开。经过充分接触和传质传热后，气相组成 $y_n>y_{n+1}$，液相组成 $x_{n-1}>x_n$，精馏塔内每层塔板上都进行着上述相似的过程。所以，塔内只要有足够多的塔板，就可使混合物达到所要求的分离程度。除此之外，还必须保证源源不断上升的蒸气流和下降的液体流（回流），以建立气液两相体系。因此，塔底蒸气和塔顶液体回流是精馏过程连续进行的必要条件，回流也是精馏与普通蒸馏的本质区别。

2. 精馏操作流程

图 5-10 所示为典型的连续精馏操作流程。原料液通过泵（图中未画出）送入精馏塔。在加料板上，原料液和精馏段下降的回流液汇合，逐板溢流下降，最后流入再沸器中。操作时，连续地从再沸器中取出部分液体作为塔底产品（釜残液），部分液体汽化，产生上升蒸气依次通过各层塔板，最后在塔顶冷凝器中被全部冷凝。部分冷凝液利用重力作用或通过回流泵流入塔内，其余部分经冷凝器冷却后作为塔顶产品（馏出液）排出。

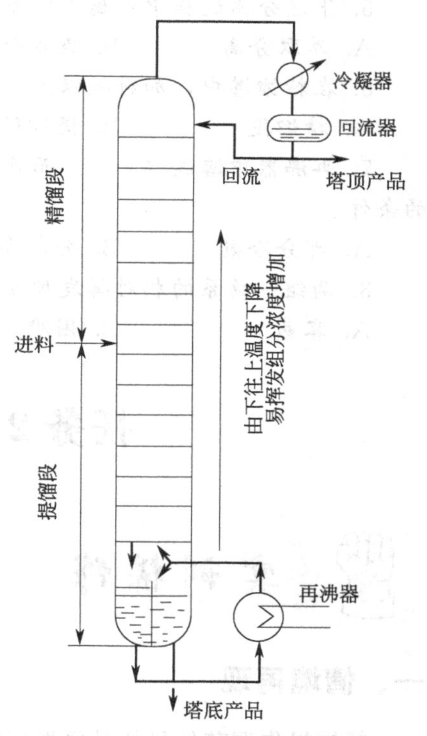

图 5-10　连续精馏操作流程

在加料板以上的塔段，上升蒸气中难挥发组分向液相传递，而回流液中易挥发组分向气相传递，两相间传质的结果，使上升蒸气中易挥发组分含量逐渐增高，达到塔顶时，蒸气将成为高纯度的易挥发组分。因此，塔的上半部完成了上升蒸气中易挥发组分的精制，因而称为精馏段。

加料板以下的塔板（包括加料板），同样进行着下降液体中易挥发组分向气相的传递，上升蒸气中难挥发组分向液相传递的过程。两相间传质的结果是在塔底获得高纯度的难挥发组分。因此，塔的下半部完成了下降液体中难挥发组分的提纯，因而称为提馏段。

精馏按操作方式分为间歇操作和连续操作，间歇操作的流程与连续操作的类同，区别在于，原料液一次加入塔釜中，因而间歇精馏塔只有精馏段而没有提馏段，进料位置移至塔上部；同时，间歇精馏釜液组成不断变化，在塔顶上升气量和塔顶回流液量恒定的条件下，馏出液的组成也逐渐降低，当釜液达到规定组成后，精馏操作即被停止，并排出釜残液。

思考与练习

选择题

1.（　　）是保证精馏过程连续稳定操作的必要条件之一。

A. 液相回流　　B. 进料　　C. 侧线抽出　　D. 产品提纯

2. 区别精馏与普通蒸馏的必要条件是（　　）。

A. 相对挥发度大于1　　B. 操作压力小于饱和蒸气压

C. 操作温度大于泡点温度　　D. 回流

3. 要想得到98%质量的乙醇，适宜的操作是（　　）。

A. 简单蒸馏　　B. 精馏　　C. 水蒸气蒸馏　　D. 恒沸蒸馏

4. 下列哪个选项不属于精馏设备的主要部分（　　）。

A. 精馏塔　　B. 塔顶冷凝器　　C. 再沸器　　D. 馏出液贮槽

5. 下述分离过程中不属于传质分离过程的是（　　）。

A. 萃取分离　　B. 吸收分离　　C. 精馏分离　　D. 离心分离

6. 在精馏塔中，加料板以上（不包括加料板）的塔部分称为（　　）。

A. 精馏段　　B. 提馏段　　C. 进料段　　D. 混合段

7. 再沸器中溶液（　　）而产生上升蒸气，是精馏得以连续稳定操作的一个必不可少的条件。

A. 部分冷凝　　B. 全部冷凝　　C. 部分汽化　　D. 全部汽化

8. 两组分物系的相对挥发度越小，则表示分离该物系越（　　）。

A. 容易　　B. 困难　　C. 完全　　D. 不完全

任务2　筛板精馏塔的操作

实训操作

一、情境再现

精馏操作调节的目的是要根据精馏过程的原理，采用相应的控制手段，调整某些工艺操作参数，保证生产过程能稳定连续的进行，并能满足过程的质量指标和产量指标。由此可见，掌握精馏塔的基本操作，对于化工人员来说尤为重要。那通过怎么样的操作步骤才能完成一个均相混合液的分离呢？现我们以如图5-11所示的精馏实训装置说明其操作步骤及注意事项。

二、任务目标

① 掌握连续精馏装置的基本流程及操作方法。

② 认识精馏塔、塔釜再沸器、塔顶冷凝器等主要设备的结构、功能和布置。

③ 了解电气、仪表测量原理及使用方法。

④ 了解预热器、塔釜再沸器的加热方式。

三、任务要求

① 能叙述精馏操作气-液相流程，指出精馏塔塔板、导流管、塔釜再沸器、塔顶冷凝器

图 5-11　精馏实训装置实操现场

等主要装置并能说出其作用。

② 具有现代信息技术管理能力，采用 DCS 集散控制系统，应用计算机对现场数据进行采集、监控和处理异常现象。

③ 做好开车前的准备工作及正常停车。

④ 以小组为单位，分工协作完成精馏操作任务。

四、操作步骤

1. 检查准备

清洁装置现场环境，检查仪表盘面是否正常，各管路系统、各阀门启闭情况是否合适，混合原料，记录水表、电表数据，并将所有现场控制参数设置为初始状态零。

2. 加料

向预热器、再沸器中注入规定量的原料液。

3. 升温

接通电源，开始加热升温（实训装置采用电加热），逐步加大再沸器加热电压，使再沸器内料液缓慢加热至沸腾，适时开塔顶冷凝器冷却水，使馏出物冷凝。

4. 全回流

待回流罐液位达到一定高度，开始全回流操作，并保持回流罐液位基本不变。观察塔顶、塔底温度和压力变化，调节塔顶温度在指标范围内，操作稳定后，从塔顶采样分析。

5. 正常运转

以指标范围的进料流量开始进料，同时开启部分回流，进料温度接近泡点温度，控制回流比，待操作状态稳定后，采样分析。

6. 停车

停止塔的进料，产品可继续产出，同时停止预热器、再沸器加热和塔底、塔顶冷凝器，然后缓慢放尽釜残液。停冷却水、停电，设备阀门状态复位。

五、项目考评

见表 5-3。

表 5-3 筛板精馏塔的操作项目考评表

<table>
<tr><th>项目</th><th colspan="2">评分要素</th><th>分值</th><th>评分记录</th><th>得分</th></tr>
<tr><td rowspan="3">检查准备</td><td colspan="2">查仪表盘面是否正常，各管路系统、各阀门启闭情况是否合适</td><td>4</td><td></td><td></td></tr>
<tr><td colspan="2">记录水表、电表数据</td><td>3</td><td></td><td></td></tr>
<tr><td colspan="2">所有现场控制参数设置为初始状态零</td><td>3</td><td></td><td></td></tr>
<tr><td>加料</td><td colspan="2">向预热器、再沸器中注入规定量的乙醇-水混合料液</td><td>5</td><td></td><td></td></tr>
<tr><td>升温</td><td colspan="2">再沸器内料液缓慢加热至沸腾，适时开冷却水阀门</td><td>10</td><td></td><td></td></tr>
<tr><td rowspan="3">全回流</td><td colspan="2">建立全回流，并保持回流罐液位基本不变</td><td>5</td><td></td><td></td></tr>
<tr><td colspan="2">塔顶、塔底温度和压力变化在指标范围内</td><td>5</td><td></td><td></td></tr>
<tr><td colspan="2">调节塔顶温度在指标范围内</td><td>5</td><td></td><td></td></tr>
<tr><td rowspan="3">正常运转</td><td colspan="2">规范开启进料泵</td><td>5</td><td></td><td></td></tr>
<tr><td colspan="2">控制进料温度泡点进料</td><td>5</td><td></td><td></td></tr>
<tr><td colspan="2">建立部分回流，调节回流比</td><td>10</td><td></td><td></td></tr>
<tr><td>停车</td><td colspan="2">停进料、停加热、停冷却水、停电</td><td>10</td><td></td><td></td></tr>
<tr><td>职业素质</td><td colspan="2">纪律、团队精神</td><td>10</td><td></td><td></td></tr>
<tr><td>实训报告</td><td colspan="2">能完整、流畅地汇报项目实施情况，撰写项目完成报告，数据准确、可靠</td><td>20</td><td></td><td></td></tr>
<tr><td>安全操作</td><td>按国家有关规定执行操作</td><td colspan="2">每违反一项规定从总分中扣 5 分，严重违规取消考核</td><td></td><td></td></tr>
<tr><td>考评老师</td><td></td><td>日期</td><td></td><td>总分</td><td></td></tr>
</table>

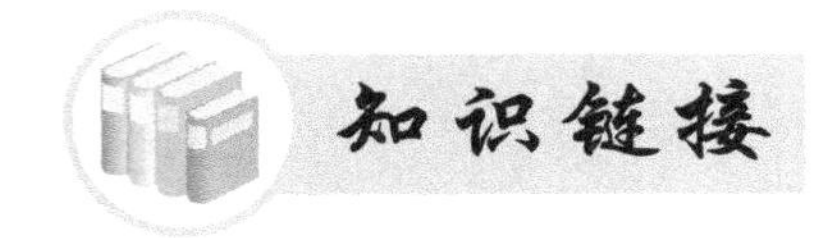

知识一 精馏塔操作与维护

一、影响精馏操作的主要因素

对于现有的精馏装置和特定物系，精馏操作的基本要求是使设备具有尽可能大的生产能力（即更多的原料处理量），达到预期的分离效果（规定的馏出液组成 x_D，釜底残液组成 x_W 或组分回收率），操作费用最低（在允许范围内，采用较小的回流比）。影响精馏装置稳态、高效操作的主要因素包括操作压力、进料组成和热状况、塔顶回流、全塔的物料平衡和稳定、冷凝器和再沸器的传热性能、设备散热情况等。以下就主要影响因素予以简要分析。

1. 物料平衡的影响

对于一定的进料量和进料组成，当塔顶和塔底的产品组成确定后，则塔顶和塔底产品的量就确定了，不能任意增减，否则进、出塔的两个组分的量不平衡，必然导致塔内组成的变化，操作波动，使操作不能达到预期的分离要求。

保持精馏装置的物料平衡是精馏塔稳态操作的必要条件，通常由塔底液位来控制精馏的物料平衡。

2. 塔顶回流的影响

回流比和回流液的热状态均影响塔的操作。回流是指将一部分塔顶产品返回塔内的过程，是维持精馏操作连续稳定的必要条件。回流量与所得塔顶馏出液的比称为回流比。

回流比是影响精馏塔分离效果的主要因素，生产中经常用回流比来调节、控制产品的质量。例如，当回流比增大时，精馏产品质量提高；反之，当回流比减小时，馏出液组成减小，而釜底残液组成增大，使分离效果变差。

回流液的温度变化会引起塔内蒸气实际循环量的变化。例如，从泡点回流改到低于泡点的冷回流时，上升到塔顶第一塔板的蒸气有一部分会被冷凝，其冷凝潜热将回流液加热到该塔板的泡点。这部分冷凝液成为塔内回流液的一部分，称为内回流，这样使塔内第一层塔板以下的实际回流量较计算值要大一些。与此对应的，上升到塔顶第一层塔板的蒸气量也要比计算值大一些。内回流增加了塔内实际的气液两相的流量，使分离效果提高，同时，能量消耗加大。

回流比增加，使塔内蒸气量及下降液体量均增加，若塔内气液负荷超过允许值，则可能引起塔板效率下降，此时应减小原料液流量。回流比变化时再沸器和冷凝器的传热量也应相应发生变化。

3. 进料组成和进料热状况的影响

当进料组成和进料热状况发生变化时，应适当改变进料位置，并及时调节回流比。一般精馏塔常设几个进料位置，以适应生产中进料状况，保证在精馏塔的适宜位置进料。如进料状况改变而进料位置不变，必然引起馏出液和釜底残液组成的变化。

对特定的精馏塔，若进料组成（x_F）减小，将使馏出液组成（x_D）和釜底残液组成（x_W）都减小，要保持馏出液组成不变，则应增大回流比。

4. 塔釜温度的影响

塔釜温度是精馏过程中重要的控制指标之一。提高塔釜温度，可使塔内液相中易挥发组分减少，同时，使上升蒸气的速度提高，有利于提高传质效率。

如果由塔顶得到产品，则塔釜排出物中，易挥发组分减少，损失减少；如果由塔釜得到产品，则可提高产品质量，但塔顶排出的易挥发组分中夹带的难挥发组分增多，损失增大。因此，在提高塔釜温度时，即要考虑产品质量，又要考虑工艺损失。

生产上，一般用蒸汽加热，可通过改变加热蒸汽量来调节塔釜温度。

5. 操作压力的影响

提高操作压力，可以相应地提高塔的生产能力，操作稳定。若从塔顶得到产品，则可提高产品的质量和易挥发组分的浓度，但在塔釜难挥发产品中，易挥发组分含量增加。改变操作压力，还应考虑安全生产问题，在精馏操作中，通常规定了操作压力的调节范围。

二、板式精馏塔的操作

精馏塔开停车操作是生产中十分重要的环节，目标是缩短开车时间，节省费用，避免可能发生的事故，尽快取得合格产品。

1. 板式精馏塔开车的一般步骤

① 制定出合理的开车步骤、时间表和必须的预防措施；准备好必要的原材料和水、电、汽的供应。

② 塔结构必须符合设计要求；塔中整洁无固体杂物、无堵塞，并清除了一切不应存在的物质；塔中含氧量和水分含量必须符合规定；机泵和仪表调试正常；安全措施到位。

③ 对塔体进行加压和减压，达到正常操作压力。

④ 对塔进行加热和冷却，使其接近操作温度。

⑤ 向塔中加入原料。

⑥ 开启塔顶冷凝器、塔底再沸器和各种加热器的热源及冷却器的冷源。

⑦ 对塔的操作条件和参数逐步调整，使塔的负荷、产品质量逐步又尽快地达到正常操作值，转入正常操作。

由于各个精馏塔处理的物性性质、操作条件的差异，必须重视具体塔的特点，确定开车步骤。

2. 板式精馏塔停车步骤

① 制定一个降负荷计划，逐步降低塔的负荷，相应地减小加热剂和冷却剂用量，直至完全停止。如果塔中有直接蒸汽，为避免塔板漏液，多产合格产品，降量时可适当增加直接蒸汽量。

② 停止加料。

③ 排放塔中存液。

④ 实施塔的降压或升压，降温或升温，用惰性气体清扫或冲洗等，使塔接近常温或常压，打开人孔通大气，为检修做好准备。

3. 板式精馏塔的正常操作

① 气体通过塔板上孔道的流速需要足够大，能阻止液体从孔道中泄漏，使液体横向流过塔板，越过溢流堰到达降液管。

② 气体一开始流经降液管的气速需足够小，使液体越过溢流堰后能降落并通过降液管。

③ 降液管必须被液体封住，即塔板液层高度必须大于降液管的底隙高度。

4. 全回流操作及应用

全回流操作在精馏塔开车中常被采用，在短期停料时往往也用全回流操作来保持塔的良好状况，全回流操作还是脱出塔中水分的一种方法。全回流开车一般既简单又有效，因为塔不受上游设备操作影响，有比较充裕的时间对塔操作进行调整，全回流下塔中容易建立起浓度分布，达到产品组成的规定值，并能节省料液用量和减少不合格产品量。

5. 板式精馏塔常见的操作故障及处理方法

板式精馏塔常见的操作故障及处理方法见表5-4。

表5-4 板式精馏塔常见的操作故障及处理方法

故障现象	故障原因	处理方法
漏液（板上液体经升气孔道流下）	1)气速太小 2)板面上液面落差引起气流分布不均匀	1)控制气体速度在漏液速度以上 2)在液层较厚，易出现漏液的塔板液体入口处，留出一条不开孔的区域(安定区)
液泛（整个塔内充满液体）	1)对一定的液体流量，气速过大 2)对一定的气体流量，液量过大 3)加热过于猛烈，气相负荷过高 4)降液管局部被垢污堵塞，液体下流不畅	1)气速应控制在泛点气速之下 2)减小液相负荷 3)调整加热强度，加大采出量 4)减负荷运行或停车检修
加热强度不够	1)蒸汽加热时压力低，冷凝水及不凝气排出不畅 2)液体介质加热时管路堵塞，温度差不够	1)提高蒸汽压力，及时排出冷凝水和不凝气 2)检修管路，提高液体介质温度
泵不上量	1)过滤器堵塞 2)液面太低 3)出口阀开得过小 4)轻组分浓度过高	1)检修过滤器 2)累积液相至合适液位 3)增大阀门开度 4)调整气、液相负荷

续表

故障现象	故障原因	处理方法
塔压力超高	1)加热过猛 2)冷却剂中断 3)压力表失灵 4)调节阀堵塞或调节阀开度漂移 5)排气管冻堵	1)加大排气量,减小加热剂量 2)加大排气量,加大冷却剂量 3)更换压力表 4)加大排气量,调整阀门 5)检查疏通管路
塔压差升高	1)负荷升高 2)液泛引起 3)堵塞造成气、液流动不畅	1)减小进料量,降低负荷 2)按液泛处理方法处理 3)检查疏通管路

知识二　板式塔流体力学性能

气液两相的传热和传质与其在塔板上的流动状况密切相关，板式塔内气液两相的流动状况即为板式塔的流体力学性能。

一、塔板上气液两相的接触状态

塔板上气液两相的接触状态是决定板上两相流体力学及传质和传热规律的重要因素。当液体流量一定时，随着气速的增加，可以出现如图 5-12 所示的四种不同接触状态。

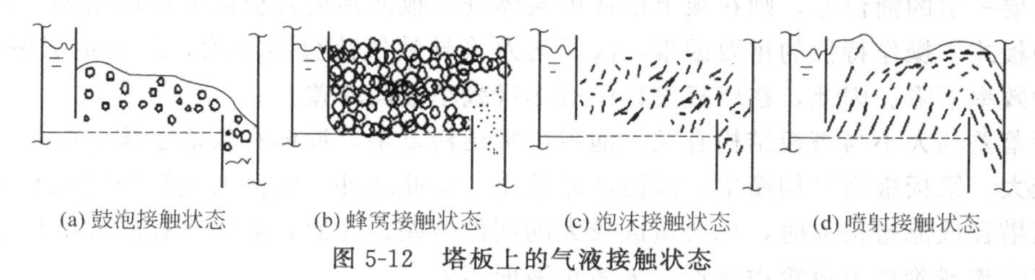

(a) 鼓泡接触状态　(b) 蜂窝接触状态　(c) 泡沫接触状态　(d) 喷射接触状态

图 5-12　塔板上的气液接触状态

1. 鼓泡接触状态

当气速较低时，气体以鼓泡形式通过液层。由于气泡的数量不多，形成的气液混合物基本上以液体为主，气液两相接触的表面积不大，传质效率很低。

2. 蜂窝接触状态

随着气速的增加，气泡的数量不断增加。当气泡的形成速度大于气泡的浮升速度时，气泡在液层中累积。气泡之间相互碰撞，形成各种多面体的大气泡，板上为以气体为主的气液混合物。由于气泡不易破裂，表面得不到更新，所以此种状态不利于传热和传质。

3. 泡沫接触状态

当气速继续增加，气泡数量急剧增加，气泡不断发生碰撞和破裂，此时板上液体大部分以液膜的形式存在于气泡之间，形成一些直径较小，扰动十分剧烈的动态泡沫，在板上只能看到较薄的一层液体。由于泡沫接触状态的表面积大，并不断更新，为两相传热与传质提供了良好的条件，是一种较好的接触状态。

4. 喷射接触状态

当气速继续增加，由于气体动能很大，把板上的液体向上喷成大小不等的液滴，直径较大的液滴受重力作用又落回到板上，直径较小的液滴被气体带走，形成液沫夹带，此时塔板上的气体为连续相，液体为分散相，两相传质的面积是液滴的外表面。由于液滴回到塔板上又被分散，这种液滴的反复形成和聚集，使传质面积大大增加，而且表面不断更新，有利于传质与传热进行，也是一种较好的接触状态。

如上所述，泡沫状态和喷射状态均是优良的塔板接触状态。因喷射状态的气速高于泡沫状态，故喷射状态有较大的生产能力，但喷射状态液沫夹带较多，若控制不好，会破坏传质过程，所以多数塔均控制在泡沫接触状态下工作。

二、气体通过塔板的压降

气体通过塔板的压降（塔板的总压降）包括：塔板的干板阻力（即板上各部件所造成的局部阻力）、板上充气液层的静压力及液体的表面张力。

塔板压降是影响板式塔操作特性的重要因素。塔板压降增大，一方面塔板上气液两相的接触时间随之延长，板效率升高，完成同样的分离任务所需实际塔板数减少，设备费降低；另一方面，塔釜温度随之升高，能耗增加，操作费增大，若分离热敏性物系时易造成物料的分解或结焦。因此，进行塔板设计时，应综合考虑，在保证较高效率的前提下，力求减小塔板压降，以降低能耗和改善塔的操作。

三、塔板上的液面落差

当液体横向流过塔板时，为克服板上的摩擦阻力和板上部件（如泡罩、浮阀等）的局部阻力，需要一定的液位差，则在板上形成由液体进入板面到离开板面的液面落差。液面落差也是影响板式塔操作特性的重要因素，液面落差将导致气流分布不均，从而造成漏液现象，使塔板的效率下降。因此，在塔板设计中应尽量减小液面落差。

液面落差的大小与塔板结构有关。泡罩塔板结构复杂，液体在板面上流动阻力大，故液面落差较大；筛板板面结构简单，液面落差较小。除此之外，液面落差还与塔径和液体流量有关，当塔径或流量很大时，也会造成较大的液面落差。为此，对于直径较大的塔，设计中常采用双溢流或阶梯溢流等溢流形式来减小液面落差。

四、塔板上的异常操作现象

塔板的异常操作现象包括漏液、液泛和液沫夹带等，是使塔板效率降低甚至使操作无法进行的重要因素，因此，应尽量避免这些异常操作现象的出现。

1. 漏液

在正常操作的塔板上，液体横向流过塔板，然后经降液管流下。当气体通过塔板的速度较小时，气体通过升气孔道的动压不足以阻止板上液体经孔道流下时，便会出现漏液现象。漏液的发生导致气液两相在塔板上的接触时间减少，塔板效率下降，严重时会使塔板不能积液而无法正常操作。通常，为保证塔的正常操作，漏液量应不大于液体流量的10%。漏液量达到10%的气体速度称为漏液速度，它是板式塔操作气速的下限。

造成漏液的主要原因是气速太小和板面上液面落差所引起的气流分布不均匀。在塔板液体入口处，液层较厚，往往出现漏液，为此常在塔板液体入口处留出一条不开孔的区域，称为安定区。

2. 液沫夹带

上升气流穿过塔板上液层时，必然将部分液体分散成微小液滴，气体夹带着这些液滴在板间的空间上升，如液滴来不及沉降分离，则将随气体进入上层塔板，这种现象称为液沫夹带。

液滴的生成虽然可增大气液两相的接触面积，有利于传质和传热，但过量的液沫夹带常造成液相在塔板间的返混，进而导致塔板效率严重下降。为维持正常操作，需将液沫夹带限制在一定范围，一般允许的液沫夹带量为 $e_V < 0.1$kg(液)/kg(气)。

影响液沫夹带量的因素很多，最主要的是空塔气速和塔板间距。空塔气速减小及塔板间距增大，可使液沫夹带量减小。

3. 液泛

塔板正常操作时，在板上维持一定厚度的液层，以和气体进行接触传质。如果由于某种原因，导致液体充满塔板之间的空间，使塔的正常操作受到破坏，这种现象称为液泛。

当塔板上液体流量很大，上升气体的速度很高时，液体被气体夹带到上一层塔板上的量剧增，使塔板间充满气液混合物，最终使整个塔内都充满液体，这种由于液沫夹带量过大引起的液泛称为夹带液泛。

当降液管内液体不能顺利向下流动时，管内液体必然积累，致使管内液位增高而越过溢流堰顶部，两板间液体相连，塔板产生积液，并依次上升，最终导致塔内充满液体，这种由于降液管内充满液体而引起的液泛称为降液管液泛。

液泛的形成与气液两相的流量相关。对一定的液体流量，气速过大会形成液泛；反之，对一定的气体流量，液量过大也可能发生液泛。液泛时的气速称为泛点气速，正常操作气速应控制在泛点气速之下。

影响液泛的因素除气液流量外，还与塔板的结构，特别是塔板间距等参数有关，设计中采用较大的板间距，可提高泛点气速。

五、塔板的负荷性能图

影响板式塔操作状况和分离效果的主要因素为物料性质、塔板结构及气液负荷。对一定的分离物系，当设计选定塔板类型后，其操作状况和分离效果便只与气液负荷有关。要维持塔板正常操作和塔板效率的基本稳定，必须将塔内的气液负荷限制在一定的范围内，该范围即为塔板的负荷性能。将此范围在直角坐标系中，以液相负荷 L 为横坐标，气相负荷 V 为纵坐标进行绘制，所得图形称为塔板的负荷性能图，如图 5-13 所示。

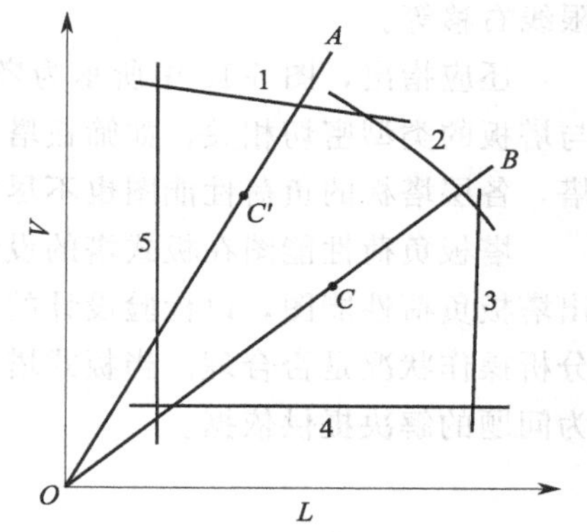

图 5-13　塔板的负荷性能图

负荷性能图由以下五条线组成。

1. 液沫夹带线

图中线 1 为液沫夹带线，又称气相负荷上限线。如操作的气液相负荷超过此线时，表明液沫夹带现象严重，此时液沫夹带量 >0.1kg(液)/kg(气)。塔板的适宜操作区应在该线以下。

2. 液泛线

图中线 2 为液泛线。若操作的气液负荷超过此线时，塔内将发生液泛现象，使塔不能正常操作。塔板的适宜操作区在该线以下。

3. 液相负荷上限线

图中线 3 为液相负荷上限线。若操作的液相负荷高于此线时，表明液体流量过大，此时液体在降液管内停留时间过短，进入降液管内的气泡来不及与液相分离而被带入下层塔板，造成气相返混，使塔板效率下降。塔板的适宜操作区应在该线以左。

4. 漏液线

图中线 4 为漏液线，又称气相负荷下限线。当操作的气相负荷低于此线时，将发生严重的漏液现象。此时的漏液量大于液体流量的 10%。塔板的适宜操作区应在该线以上。

5. 液相负荷下限线

图中线 5 为液相负荷下限线。若操作的液相负荷低于此线时，表明液体流量过低，板上液流不能均匀分布，气液接触不良，易产生干吹、偏流等现象，导致塔板效率的下降。塔板的适宜操作区应在该线以右。

六、板式塔的操作分析

在塔板的负荷性能图中，由五条线所包围的区域称为塔板的适宜操作区。操作时的气相负荷 V 与液相负荷 L 在负荷性能图上的坐标点称为操作点，如图 5-13 中 C 及 C'。在连续精馏塔中，回流比为定值，故操作的气液比 V/L 也为定值，因此，每层塔板上的操作点沿通过原点、斜率为 V/L 的直线而变化，该直线称为操作线，如图 5-13 中 OA、OB。操作线与负荷性能图上曲线的两个交点分别表示塔的上下操作极限，两极限的气体流量之比称为塔板的操作弹性。设计时，应使操作点尽可能位于适宜操作区的中央，若操作点紧靠某一条边界线，则负荷稍有波动时，塔的正常操作即被破坏，显然，图中操作点 C 优于点 C'。

应予指出，当分离物系和分离任务确定后，操作点的位置即固定，但负荷性能图中各条线的相应位置随着塔板的结构尺寸而变。因此，在设计塔板时，根据操作点在负荷性能图中的位置，适当调整塔板结构参数，可改进负荷性能图，以满足所需的操作弹性。例如：加大板间距可使液泛线上移，减小塔板开孔率可使漏液线下移，增加降液管面积可使液相负荷上限线右移等。

还应指出，图 5-13 中所示为塔板性能负荷图的一般形式。实际上，塔板的负荷性能图与塔板的类型密切相关，如筛板塔与浮阀塔的负荷性能图的形状有一定的差异，对于同一个塔，各层塔板的负荷性能图也不尽相同。

塔板负荷性能图在板式塔的设计及操作中具有重要的意义。通常，当塔板设计后均要作出塔板负荷性能图，以检验设计的合理性。对于操作中的板式塔，也需作出负荷性能图，以分析操作状况是否合理。当板式塔操作出现问题时，通过塔板负荷性能图可分析问题所在，为问题的解决提供依据。

思考与练习

一、选择题

1. 塔板上造成液沫夹带的原因是（　　）。

A. 气速过大　　B. 气速过小　　C. 液流量过大　　D. 液流量过小

2. 下列哪种情况不是诱发降液管液泛的原因（　　）。

A. 液、气负荷过大　B. 过量液沫夹带　C. 塔板间距过小　D. 过量漏液

3. 某筛板精馏塔在操作一段时间后，分离效率降低，且全塔压降增加，其原因及应采取的措施是（　　）。

A. 塔板受腐蚀，孔径增大，产生漏液，应增加塔釜热负荷

B. 筛孔被堵塞，孔径减小，孔速增加，液沫夹带严重，应降低负荷操作

C. 塔板脱落，理论板数减少，应停工检修

D. 降液管折断，气体短路，需要更换降液管

4. 操作属于板式塔正常操作的是（　　）。

A. 液泛　B. 鼓泡　C. 泄漏　D. 液沫夹带

5. 在精馏塔操作中，若出现淹塔时，可采取的处理方法有（　　）。

A. 调进料量，降釜温，停采出　B. 降回流，增大采出量

C. 停车检修　D. 以上三种方法

6. 精馏塔操作前，釜液进料位置应该达到（　　）。

A. 低于 1/3　B. 1/3　C. 1/2～2/3　D. 满釜

7. 精馏塔温度控制最关键的部位是（　　）。

A. 灵敏板温度　B. 塔底温度　C. 塔顶温度　D. 进料温度

二、简答题

1. 若精馏塔灵敏板温度过高或过低，则意味着分离效果如何？应通过改变哪些变量来调整至正常？

2. 若精馏塔塔顶温度、压力都超过标准，可以有几种方法将系统调节稳定？

3. 精馏操作中出现釜温突然下降，提不起温度现象，试分析出现此种现象的原因，并找出处理的方法。

任务 3　乙醇-水二元混合液的分离

实训操作

一、情境再现

双组分混合物的分离是最简单的精馏操作。通过对精馏过程变量和被控变量的调节，寻求精馏塔的最优操作条件，进一步理解精馏过程的动态和复杂的机理。图 5-14 为乙醇-水二元混合液精馏实训装置控制界面。

二、任务目标

① 掌握精馏塔的操作方法，加深对精馏分离过程的理解。

② 能独立地进行精馏岗位开、停车工艺操作。

③ 分离乙醇和水的混合溶液，馏出液乙醇达到要求的浓度。

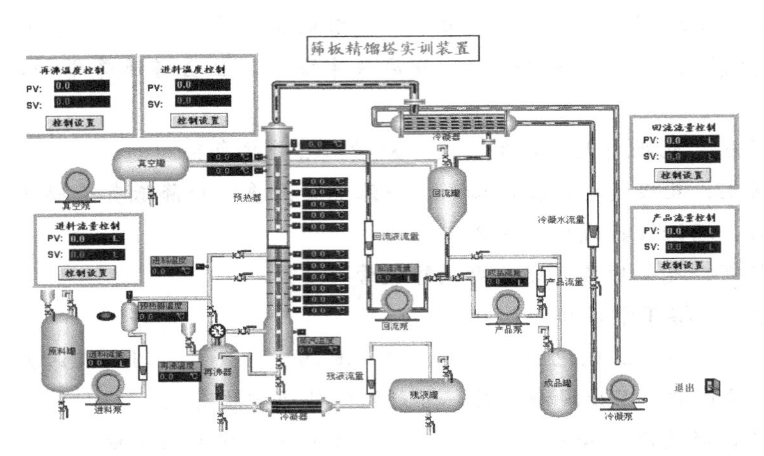

图 5-14 乙醇-水二元混合液精馏实训装置控制界面

三、任务要求

① 采用 DCS 集散控制系统，应用计算机对现场数据进行采集、监控和处理异常现象。

② 及时掌握设备的运行情况，及时发现、正确判断并处理各种异常现象，特殊情况能进行紧急停车操作。

③ 以小组为单位，分工协作完成乙醇-水二元混合液的分离任务。

四、操作步骤

1. 检查准备

清洁装置现场环境，检查仪表盘面是否正常，各管路系统、各阀门启闭情况是否合适，混合原料，记录水表、电表数据。

2. 加料

向预热器、再沸器中注入规定量的乙醇-水混合料液。

3. 升温

接通电源，开始加热升温，逐步加大再沸器加热电压，使再沸器内料液缓慢加热至沸腾，适时开塔顶冷凝器冷却水，使馏出物冷凝。

4. 全回流

待回馏罐液位达到一定高度，开始全回流操作。并观察塔顶、塔底温度和压力变化，调节塔顶温度，操作稳定后，从塔顶采样分析。

5. 正常运转

打开进料阀、进料泵，以一定流量进料，打开出料阀出塔顶、塔底产品，提高进料温度接近泡点温度，同时控制回流比，待操作状态稳定后，采样分析，测出不同回流比下的馏出液及釜液浓度。

6. 停车

实训结束，按停进料、停加热、停采出、停冷却水顺序进行。

五、项目考评

见表 5-5。

表 5-5　乙醇-水二元混合液的分离项目考评表

项目	评分要素		分值	评分记录	得分
检查准备	检查电路和仪表系统，检查各阀门开启情况及水表电表数值		10		
加料	向再沸器中加入定量的原料液		10		
升温	开再沸器电源，使再沸器内料液缓慢加热至沸腾，再缓慢调负荷，控制再沸器温度在指标范围内		10		
全回流	适时打开全回流流程使塔处于全回流状态		10		
正常运转	规范启动进料泵、产品泵，引出塔顶、塔底产品，并控制回流比，保持塔内状态稳定		20		
产品分析	测出不同回流比下的产品组成		10		
停车	规范停泵、停加热、停冷却水、停出料，各个阀门复位		10		
职业素质	纪律、团队精神、设备仪器维护管理		10		
实训报告	能完整、流畅地汇报项目实施情况，撰写项目完成报告，数据准确、可靠		10		
安全操作	按操作规程执行	每违反一项规定从总分中扣 5 分，严重违规取消考核			
考评老师		日期		总分	

知识链接

知识一　双组分连续精馏过程

一、理论板及恒摩尔流假定

由于影响精馏过程的因素很多，用数学分析法来进行精馏的计算很繁琐，为了简化精馏计算，通常引入“理论板”的概念和恒摩尔流假定。

1. 理论板

如果在塔板上气液两相相互平衡，这种塔板就是理论板。在理论板上，气液两相温度相同，组成达到平衡。实际中气液两相在塔板上很难达到平衡，因此理论板只是一种假定的理想状态。但是利用理论板可以大大简化精馏过程的分析和计算。实际应用中，理想状态与实际情况产生的偏差可以进行校正。

2. 恒摩尔流假定

（1）恒摩尔气流　精馏段和提馏段上升气流的摩尔流量分别相等，但两段上升的气相摩尔流量不一定相等，即

$$\text{精馏段 } V_1=V_2=\cdots\cdots=V_n=V$$

$$\text{提馏段 } V_1{}'=V_2{}'=\cdots\cdots=V_n{}'=V'$$

（2）恒摩尔液流　精馏段和提馏段下降液流的摩尔流量分别相等，但两段下降的液相摩尔流量不一定相等，即

$$\text{精馏段 } L_1=L_2=\cdots\cdots=L_n=L$$

$$\text{提馏段 } L_1{}'=L_2{}'=\cdots\cdots=L_n{}'=L'$$

在精馏塔的塔板上气液两相接触时，若有 $n$mol 的蒸气冷凝，相应有 $n$mol 的液体汽化，恒摩尔流动的假定才能成立。这一简化假定的主要条件是两组分的摩尔汽化潜热相等，同时还需要满足：①气液接触时因温度不同而交换的显热可以忽略；②塔设备保温良好，热损失

可以忽略。恒摩尔流虽是假定状态，但某些物系能基本上符合上述条件，精馏计算均是以恒摩尔流为前提的。

二、产品流量的确定——全塔物料衡算

连续精馏过程的馏出液和釜残液的流量、组成与进料的流量组成有关。通过全塔物料衡算，可求得它们之间的定量关系。

对图 5-15 所示的精馏塔（塔顶冷凝器、塔釜间接蒸汽加热）作全塔物料衡算，并以单位时间为基准，则

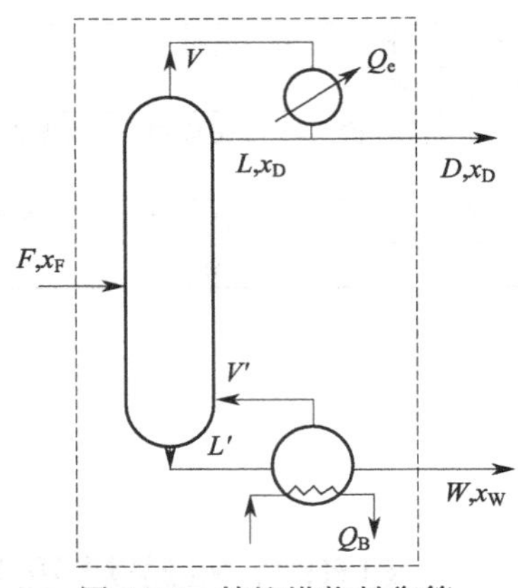

图 5-15　精馏塔物料衡算

总物料衡算　　$F=D+W$　　(5-7)

易挥发组分衡算　　$Fx_F=Dx_D+Wx_W$　　(5-7a)

式中　F——原料液流量，kmol/h；

D——塔顶产品（馏出液）流量，kmol/h；

W——塔底产品（釜残液）流量，kmol/h；

x_F——原料液中易挥发组分的摩尔分数；

x_D——馏出液中易挥发组分的摩尔分数；

x_W——釜残液中易挥发组分的摩尔分数。

由上述衡算式可以得到精馏过程不同工艺指标的表达式，见表 5-6。

表 5-6　精馏过程工艺指标的表达式

馏出液采出率	釜残液的采出率	塔顶易挥发组分的回收率	塔釜难挥发组分的回收率
$\frac{D}{F}=\frac{x_F-x_W}{x_D-x_W}$	$\frac{W}{F}=\frac{x_D-x_F}{x_D-x_W}$	$\eta_A=\frac{Dx_D}{Fx_F}\times100\%$	$\eta_B=\frac{W(1-x_W)}{F(1-x_F)}\times100\%$

应予指出，通常原料液的流量和组成是给定的，在规定分离要求时，应满足全塔总物料衡算的约束条件，即 $Dx_D\leqslant Fx_F$ 或 $\frac{D}{F}\leqslant\frac{x_F}{x_D}$。

【例 5-1】　在连续精馏塔中分离苯-苯乙烯混合液。原料液量为 5000kg/h，组成为 0.45，要求馏出液中含苯 0.95，釜残液中含苯不超过 0.06（均为质量分数）。试求馏出液量和釜残液产品量各是多少？

解　已知　$M_{C_6H_6}=78$kg/kmol　　$M_{C_8H_8}=104$kg/kmol

$q_m=5000$kg/h　$\omega_F=0.45$　$\omega_D=0.95$　$\omega_W=0.06$

（1）量的转换

$$x_F=\frac{\omega_F/M_A}{\omega_F/M_A+(1-\omega_F)/M_B}=\frac{0.45/78}{0.45/78+0.55/104}=0.52$$

$$x_D=\frac{\omega_D/M_A}{\omega_D/M_A+(1-\omega_D)/M_B}=\frac{0.95/78}{0.95/78+0.05/104}=0.96$$

$$x_W=\frac{\omega_W/M_A}{\omega_W/M_A+(1-\omega_W)/M_B}=\frac{0.06/78}{0.06/78+0.94/104}=0.08$$

$$\overline{M}=M_Ax_F+M_B(1-x_F)=78\times0.52+104\times0.48=90.5\text{kg/kmol}$$

$$F=\frac{q_m}{\overline{M}}=\frac{5000}{90.5}=55.2\text{kmol/h}$$

（2）流量确定

$$D=F\cdot\frac{x_F-x_W}{x_D-x_W}=55.2\times\frac{0.52-0.08}{0.96-0.08}=27.6\text{kmol/h}$$

$$W=F-D=55.2-27.6=27.6\text{kmol/h}$$

三、操作线方程与操作线的确定——分段物料衡算

表达由任意下降液相组成 x_n 及由其下一层板上升的蒸气组成 y_{n+1} 之间关系的方程称为操作线方程。在连续精馏塔中，由于原料液不断从塔中部加入，致使精馏段和提馏段具有不同的操作关系，应分别予以讨论。

1. 精馏段操作线方程

对于图 5-16 中虚线范围（包括精馏段的第 $n+1$ 层板以上塔段及冷凝器）作物料衡算，以单位时间为基准，得

总物料衡算
$$V=L+D \tag{5-8}$$

易挥发组分衡算
$$Vy_{n+1}=Lx_n+Dx_D \tag{5-8a}$$

式中　V，L——分别表示精馏段内上升蒸气和下降液体的摩尔流量，kmol/h；

x_n——精馏段第 n 层板下降液相中易挥发组分的摩尔分数；

y_{n+1}——精馏段第 $n+1$ 层板上升蒸气中易挥发组分的摩尔分数。

令回流比 $R=\frac{L}{D}$，代入式(5-8a) 得

$$y_{n+1}=\frac{R}{R+1}x_n+\frac{x_D}{R+1} \tag{5-8b}$$

式(5-8b) 为精馏段操作线方程。表示在一定操作条件下，精馏段内自任意第 n 层板下降液相组成 x_n 与相邻的下一层（即 $n+1$）塔板上升蒸气组成 y_{n+1} 之间的关系。方程斜率为 $R/(R+1)$，截距为 $x_D/(R+1)$，在 y-x 图中为一条直线，如图 5-17 中直线 ab 即为精馏段操作线。

根据恒摩尔流假定，L 为定值，且在定态操作时，D 及 x_D 为定值，故 R 也是常量，其值一般由设计者选定。R 值的确定和影响将在后面讨论。

2. 提馏段操作线方程

对于图 5-18 中虚线范围（包括提馏段第 m 层板以下塔段及再沸器）作物料衡算，以单位时间为基准，得

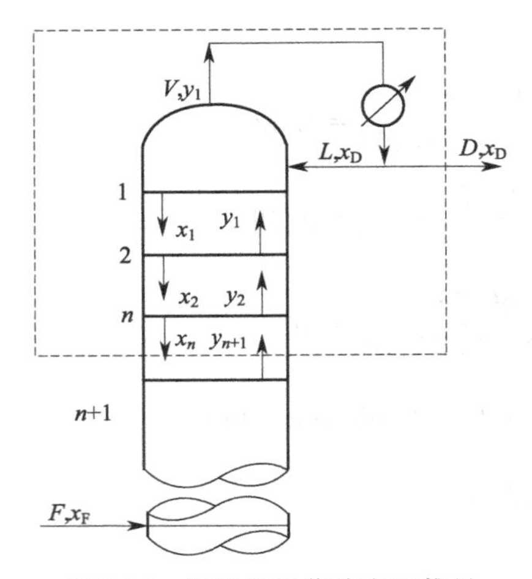

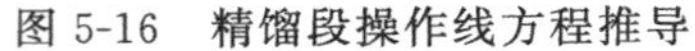

图 5-16　精馏段操作线方程推导

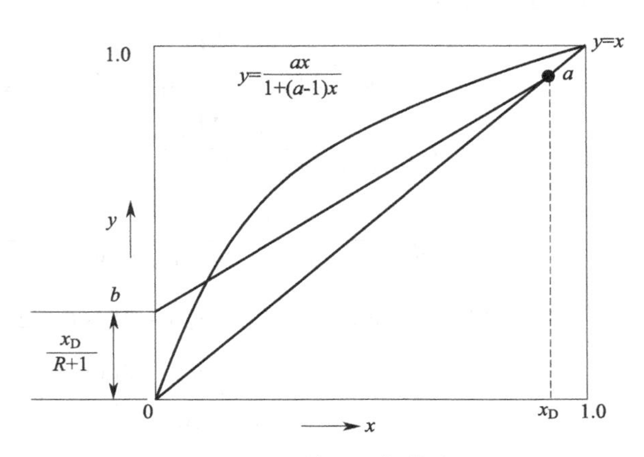

图 5-17　精馏段操作线

总物料衡算
$$L'=V'+W \tag{5-9}$$

易挥发组分衡算
$$L'x'_m=V'y'_{m+1}+Wx_W \tag{5-9a}$$

式中　L'，V'——分别表示提馏段内下降液体和上升蒸气的摩尔流量，kmol/h；

x'_m——提馏段第 m 层板下降液相中易挥发组分的摩尔分数；

y'_{m+1}——提馏段中第 $m+1$ 层板上升蒸气中易挥发组分的摩尔分数。

由上述衡算式可得到提馏段操作线方程，其表达式为

$$y'_{m+1}=\frac{L'}{L'-W}x'_m-\frac{Wx_W}{L'-W} \tag{5-9b}$$

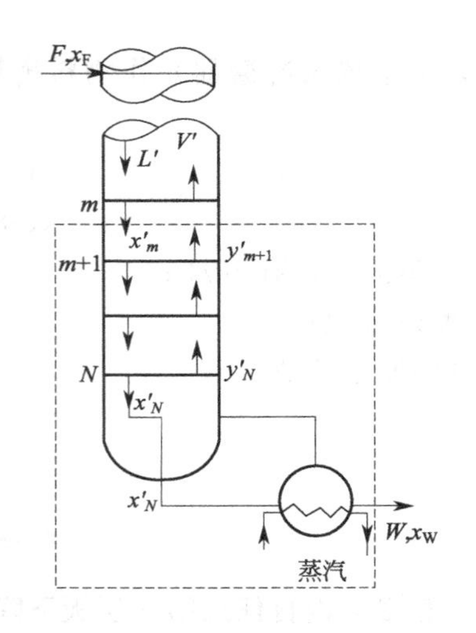

图 5-18　提馏塔操作线方程推导

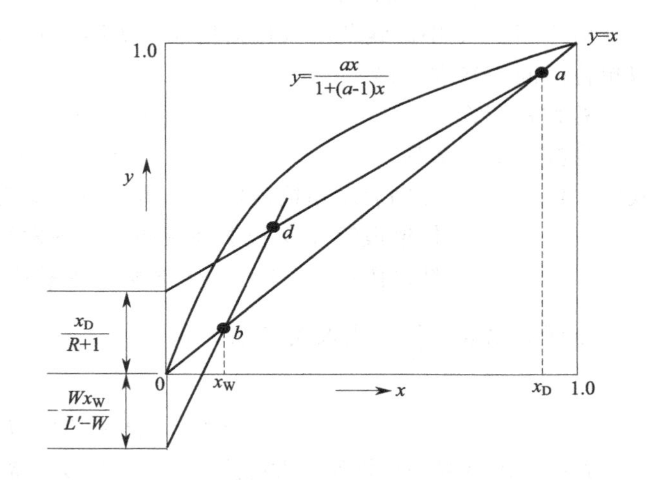

图 5-19　提馏段操作线

提馏段操作线方程反映了一定操作条件下，提馏段内自第 m 层板下降液体组成 x'_m 与其相邻的下层板（第 $m+1$ 层）上升蒸气组成 y'_{m+1} 之间的关系。提馏段操作线方程在 y-x 图中也是一条直线，斜率为 $L'/(L'-W)$，截距 $-Wx_W/(L'-W)$，如图 5-19 中直线 bd 即为提馏段操作线。应予指出，式中的 L' 除了与 L 有关外，还受进料量 F 和进料热状况 q 的影响。

3. 进料热状况的影响

在实际生产中，原料液经预热后进入精馏塔，因此，精馏塔的原料液就可能有五种热状

况：①温度低于泡点的过冷液体；②泡点下的饱和液体；③温度介于泡点和露点之间的气液混合物；④露点下的饱和蒸气；⑤温度高于露点的过热蒸气。这五种进料热状况，使进料后分配到精馏段的蒸气量及提馏段的液体量有所不同。

为了分析进料状况及其流量对精馏操作的影响，可对进料板进行物料衡算及热量衡算，以单位时间为基准，可得

$$q=\frac{L'-L}{F}=\frac{I_V-I_F}{I_V-I_L}=\frac{\text{将 1kmol 进料变为饱和蒸气所需的热量}}{\text{1kmol 原料的汽化潜热}} \tag{5-10}$$

式中　I_F——原料液的焓，kJ/kmol；

I_V——进料板上饱和蒸气的焓，kJ/kmol；

I_L——进料板上饱和液体的焓，kJ/kmol。

q 值称为进料热状况参数。通过 q 值可以计算提馏段的上升蒸气及下降液体的摩尔流量。

根据 q 值的大小，可以判断五种进料热状况对精馏段 L、V 和提馏段 L'、V' 的影响，见表 5-7。

表 5-7　进料热状况对 L、V、L'、V' 的影响

进料热状况	q 值	L' 和 L 的关系	V' 和 V 的关系
过冷液体进料	$q>1$	$L'>L+F$	$V'>V$
饱和液体进料	$q=1$	$L'=L+F$	$V'=V$
气液混合进料	$0<q<1$	$L'=L+qF$	$V=V'+(1-q)F$
饱和蒸气进料	$q=0$	$L'=L$	$V'=V-F$
过热蒸气进料	$q<0$	$L'<L$	$V'<V-F$

4. 进料方程

由图 5-19 可知，提馏段操作线的截距很小，b 点与代表截距的点很近，作图不易准确。若利用斜率作图不仅麻烦，而且在图上不能直接反映出进料热状况的影响。故通常是找出提馏段操作线和精馏段操作线的交点 d，连接 bd 即得提馏段操作线。提馏段与精馏段操作线的交点，可由联解两操作线方程而得，即

$$y=\frac{q}{q-1}x-\frac{x_F}{q-1} \tag{5-11}$$

该方程即为精馏段操作线和提馏段操作线交点的轨迹方程，称为进料方程，也称 q 线方程。此方程在 y-x 坐标轴上是一条斜率为 $q/(q-1)$，截距为 $-x_F/(q-1)$，经过（x_F，x_F）点的直线，且与两操作线相交于一点。所以连接 q 线和精馏段操作线方程的交点 d 和 b 两点即得提馏段操作线。

q 线方程还可分析进料热状况对精馏塔设计及操作的影响。进料热状况不同，q 线位置不同，从而提馏段操作线的位置也相应变化。根据不同进料热状况，q 线及其方位，如图 5-20 所示。

【例 5-2】 某连续精馏塔，泡点加料，已知操作线方程如下：

精馏段　　　　$y=0.8x+0.172$

提馏段　　　　$y=1.3x-0.018$

试求原料液、馏出液、釜液组成及回流比。

解　精馏段操作线的斜率为 $\frac{R}{R+1}=0.8$ 得 $R=4$；

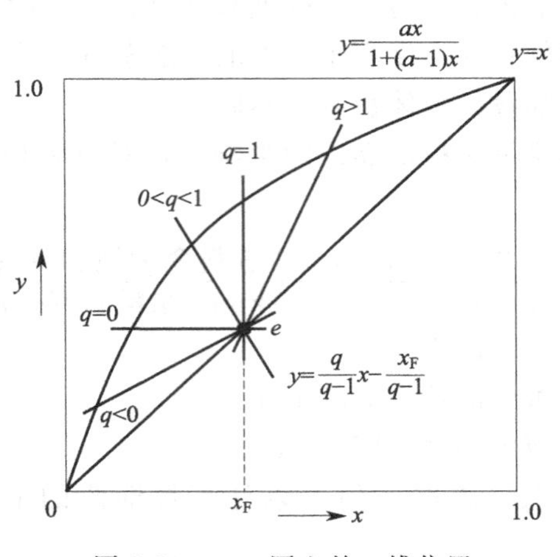

图 5-20　y-x 图上的 q 线位置

精馏段操作线的截距为 $\frac{x_D}{R+1}=0.172$ 得 $x_D=0.86$；

提馏段操作线在对角线的坐标（x_W，x_W）在操作线上，故

$$x_W=1.3x_W-0.018 \text{ 得 } x_W=0.06$$

泡点进料，q 线为垂直线，两操作线交点的横坐标为 x_F，

$$y=0.8x_F+0.172,\ y=1.3x_F-0.018,\ \text{得 } x_F=0.38$$

知识二　精馏操作条件的优化

一、理论塔板数

塔板是气液两相传质和传热的场所，精馏操作要达到工业上的分离要求，精馏塔需要有足够层数的塔板。理论塔板是指离开该板的气液两相达到平衡状态，且两相温度相等的塔板。理论塔板是不存在的，它仅用作衡量实际塔板分离效率的一个标准。理论塔板数需要借助气液平衡关系和操作线方程来确定。

对两组分连续精馏塔，理论塔板数的计算通常有逐板计算和图解两种方法。

① 逐板计算法通常是从塔顶（或塔底）开始，交替使用气液相平衡方程和操作线方程去计算每一层塔板上的气液相组成，直到满足分离要求为止。

② 图解法也是利用气液平衡关系和操作关系，只是把气液平衡关系和操作线方程描绘在 y-x 相图上，使繁琐数学运算简化为图解过程。

两者无本质区别，只是形式不同而已。

二、实际塔板数

在实际塔板上，气液接触的面积和时间均有限，分离也可能不完全，故离开同一塔板的气液相，一般都未达到平衡，因此实际塔板数应多于理论塔板数。

实际塔板偏离理论塔板的程度用塔板效率表示。塔板效率的表示方法有很多种，常用单板效率和全塔效率。

1. 单板效率

单板效率又称默弗里板效率，用 E_M 表示，是指气相或液相经过一层实际塔板前后的组成变化与经过一层理论塔板前后组成变化的比值。第 n 层塔板的效率有如下两种表达方式：

按气相组成变化表示的单板效率为

$$E_{MV}=\frac{y_n-y_{n+1}}{y_n^*-y_{n+1}} \tag{5-12}$$

按液相组成变化表示的单板效率为

$$E_{ML}=\frac{x_{n-1}-x_n}{x_{n-1}-x_n^*} \tag{5-12a}$$

式中　E_{MV}——气相单板效率；

E_{ML}——液相单板效率；

y_n^*——与 x_n 成平衡的气相组成；

x_n^*——与 y_n 成平衡的液相组成。

2. 全塔效率

全塔效率又称为总板效率，用 E_T 表示，其表达式为

$$E_T=\frac{N_T}{N_P}\times 100\% \tag{5-13}$$

式中　E_T——全塔效率，%；

N_T——理论板层数；

N_P——实际板层数。

全塔效率反映塔中各层塔板的平均传质效果，但它不等于所有单板效率的某种简单的平均值。它是理论塔板层数的一个校正系数，其值恒小于1。对于一定结构的板式塔，若已知在某种条件下的全塔效率，便可由式(5-13) 求得实际板层数。但问题在于影响塔板效率的因素很复杂，有系统的物性、塔板的结构、操作条件、液沫夹带、漏液、返混等。目前尚未能得到一个较为满意地求全塔效率的关联式。比较可靠的数据来自生产及中间试验的数据或用经验公式估算。对于双组分混合液全塔效率多在0.5～0.7。

三、回流比

塔顶回流是保证精馏塔连续稳态操作的必要条件之一，且回流比是影响精馏分离设备投资费用和操作费用的重要因素，同时，也影响着精馏塔的分离程度。对于一定的任务而言，应选择适宜的回流比。回流比有全回流（即没有产品取出）及最小回流比两个极限，操作回流比为介于两个极限之间的某个适宜值。

1. 全回流和最小理论板数

上升至塔顶的蒸气冷凝后全部回到塔内的操作方式称为全回流。全回流下操作的精馏具有如下特点。

① 塔顶产品 D 为零，一般 F 和 W 也均为零，即不向塔内进料，也不从塔内取出产品。全回流时回流比为 $R=\dfrac{L}{D}=\infty$。

② 全塔没有精馏段和提馏段之分，两段的操作线合二为一，即 $y_{n+1}=x_n$；在 y-x 图上，操作线和对角线相重合，此时，操作线和平衡线的距离为最远，说明塔内气液两相间的

传质推动力最大。

③ 达到规定分离程度所需理论板层数为最少，以 N_{min} 表示。N_{min} 可在 y-x 图上的平衡线与对角线之间作阶梯图解，也可用平衡方程与对角线方程逐板计算得到。

全回流操作生产能力为零，因此对正常生产无实际意义，只用于精馏塔开工阶段或实验研究中，便于过程的稳定和精馏设备性能的评比。

2. 最小回流比

（1）最小回流比　对于一定的分离任务，若减小操作回流比，精馏段操作线的斜率变小，截距变大，两操作线向平衡线靠近，表示气液两相间的传质推动力减小，达到指定分离程度所需理论板层数增多。当回流比减小到某一数值时，两操作线的交点 d 落到平衡线上，如图 5-21 所示，相应的回流比称为最小回流比，以 R_{min} 表示。

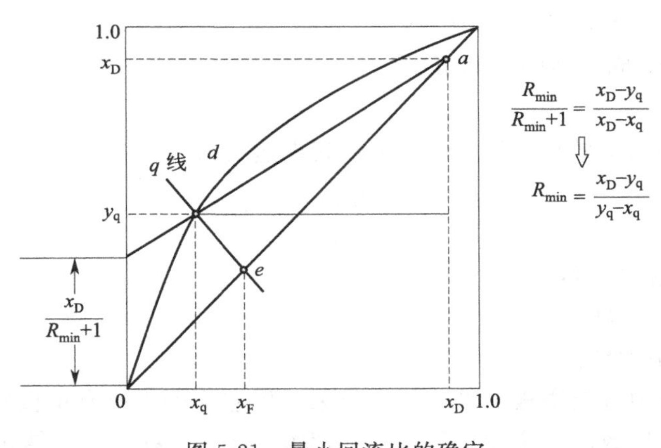

图 5-21　最小回流比的确定

（2）最小回流比的确定方法

① 作图法　依据平衡曲线的形状不同，作图法有所不同。对于理想溶液曲线，根据图 5-21，在最小回流比时，精馏段操作线的斜率为

$$\frac{R_{min}}{R_{min}+1}=\frac{x_D-y}{x_D-x_q}$$

整理得

$$R_{min}=\frac{x_D-y_q}{y_q-x_q} \tag{5-14}$$

式中　x_q，y_q——q 线与平衡曲线交点的横、纵坐标值。

② 解析法　当平衡曲线为正常情况，相对挥发度可取为常数的理想溶液，则 q 线方程可表示为

$$y_q=\frac{\alpha x_q}{1+(\alpha-1)x_q}$$

代入式(5-14)整理得

$$R_{min}=\frac{1}{\alpha-1}\left[\frac{x_D}{x_q}-\frac{\alpha(1-x_D)}{1-x_q}\right] \tag{5-15}$$

不同进料状态下的最小回流比见表 5-8。

表 5-8 不同进料状态下的最小回流比

进料状态	泡点进料 $x_q=x_F$	饱和蒸气进料 $y_q=y_F$
最小回流比	$R_{min}=\frac{1}{\alpha-1}\left[\frac{x_D}{x_F}-\frac{\alpha(1-x_D)}{1-x_F}\right]$	$R_{min}=\frac{1}{\alpha-1}\left[\frac{\alpha x_D}{y_F}-\frac{1-x_D}{1-y_F}\right]-1$

注：y_F 为饱和蒸气进料中易挥发组分的摩尔分数。

3. 适宜回流比的选择

实际的回流比一定要大于最小回流比，而适宜回流比需按实际情况，全面考虑到设备费用（塔高、塔径、再沸器和冷凝器的传热面积等）和操作费用（热量和冷却器的消耗等），应通过经济核算来确定，使操作费用和设备费用之和最低。在精馏设计计算中，一般不进行经济核算，操作回流比常采用经验值。根据生产数据统计，适宜回流比的数值范围一般取为 $R=(1.1\sim2.0)R_{min}$，对于难分离的物系，R 值应取得更大些。

应予指出，在精馏操作中，回流比是重要的调控参数，R 值的选择与产品质量及生产能力密切相关。

【例 5-3】 已知某物系的相对挥发度 $a=2$，$x_F=0.5$，$q=2$，$x_D=0.98$，请确定精馏的最小回流比和适宜回流比。

解 $$y=\frac{q}{q-1}x-\frac{x_F}{q-1}=2x-0.5;y=\frac{ax}{1+(a-1)x}=\frac{2x}{1+x}$$

联立解得 $$4x^2-x-1=0\Rightarrow x=\frac{-b\pm\sqrt{b^2-4ac}}{2a}=\frac{1\pm\sqrt{1+16}}{8}$$

$$x_q=\frac{5.12}{8}=0.64,y_q=2x_q-0.5=0.78$$

$$\frac{R_{min}}{R_{min}+1}=\frac{x_D-y_q}{x_D-x_q}=\frac{0.98-0.78}{0.98-0.64}=0.6\Rightarrow R_{min}=1.5$$

$$R=(1.1\sim2.0)R_{min}=1.65\sim3.0$$

思考与练习

一、选择题

1. 以下说法正确的是（ ）。

A. 冷液进料 $q=1$　　B. 气液混合进料 $0<q<1$

C. 过热蒸气进料 $q=0$　　D. 饱和液体进料 $q<1$

2. 在精馏过程中，当 x_D、x_W、x_F、q 和回流液量一定时，只增大进料量（不引起液泛）则回流比 R（ ）。

A. 增大　　B. 减小　　C. 不变　　D. 以上答案都不对

3. 操作中的精馏塔，若保持 F、x_F、q 和提馏段气相流量 V′不变，减少塔顶产品量 D，则变化结果是（ ）。

A. x_D 增加，x_W 增加　　B. x_D 减小，x_W 减小

C. x_D 增加，x_W 减小　　　　D. x_D 减小，x_W 增加

4. 精馏塔精馏段操作线方程为 $y=0.75x+0.216$，则操作回流比为（　　）。

A. 0.75　　B. 3　　C. 0.216　　D. 1.5

5. 适宜的回流比取决于（　　）。

A. 生产能力　　　　B. 生产能力和操作费用

C. 塔板数　　　　D. 操作费用和设备折旧费

二、简答题

1. 某厂一多组分精馏塔，正常操作时塔顶底产品都合格，乙班接班后操作两小时分析发现塔顶产品不合格，请你告诉操作工如何调节操作参数？

2. 简述开工操作采用全回流操作的利弊？

3. 塔顶产品不及格（变轻、变重），如果从塔顶回流考虑应如何处理？

4. 塔顶温度变化（升高、降低）对产品质量有何影响？如果从塔顶回流考虑应如何处理？

项目六　固体干燥操作

任务 1　干燥装置流程的识读

实训操作

一、情境再现

干燥是化工及其他领域中应用广泛的一种单元操作，如聚氯乙烯树脂必须经过干燥使其含水量低于 0.3%，否则在其制品中将有气泡产生；生物化学制品、抗生素及食品等，若含水量超过规定指标，会变质影响其使用期限，也需干燥后贮藏；此外，农副产品的加工、建筑材料、造纸、纺织、煤及木材的加工等工业中，干燥也都是必不可少的单元操作。在工业中，固体干燥的方法很多，其中对流干燥法应用最为广泛。图 6-1 为流化床干燥实训装置。

图 6-1　流化床干燥实训装置

二、任务目标

① 了解干燥装置的组成，各部分的结构特点。

② 了解流化床干燥器的工作流程。

③ 培养学生认真观察和思考的能力，养成严谨的工作态度。

三、任务要求

① 通过查阅资料了解流化床干燥器的结构特点。

② 以小组为单位，分工协作认真完成干燥装置流程的识读任务。

四、操作步骤

1. 观察干燥装置整体结构

观察干燥装置中流化床的位置、外观、连接管路、进出口位置；观察并分析流化床干燥装置由哪几部分组成。

2. 观察流化床结构

观察干燥器壳体、气体分布板和预分布器的结构，并分析工作过程。

3. 观察空气加热器

观察空气加热器的结构类型及加热方式。

4. 观察一级、二级除尘系统

观察旋风分离器、布袋除尘器的结构及与流化床的连接方式，分析其工作过程。

5. 观察风量、温度调节及监控系统

观察鼓风机、引风机的启动按钮；观察风量、床层温度调节及各种调节阀，注意观察电脑操控界面。

五、项目考评

见表6-1。

表6-1 干燥装置流程的识读项目考评表

项目	评分要素		分值	评分记录	得分
观察干燥装置整体结构	能正确说出干燥装置中流化床的位置、外观、连接管路、进出口位置;能明确指出流化床干燥装置的附属设备名称		15		
观察流化床结构	能正确说出干燥器壳体、气体分布板和预分布器的结构,并分析工作过程		15		
观察空气加热器	能正确认识空气加热器的结构类型及加热方式		15		
观察一级、二级除尘系统	能正确说出旋风分离器、布袋除尘器的结构及与流化床之间的关系,分析其工作过程		15		
观察风量、温度调节及监控系统	能正确说出鼓风机、引风机的开启按钮;能正确调节床层温度和风量的大小;能正确开启监控界面		15		
职业素养	纪律、团队协作精神		10		
实训报告	能完整、流畅地汇报项目实施情况;撰写项目完成报告,格式规范整洁		15		
安全操作	按国家有关规定执行操作	每违反一项规定从总分中扣5分,严重违规取消考核			
考评老师		日期		总分	

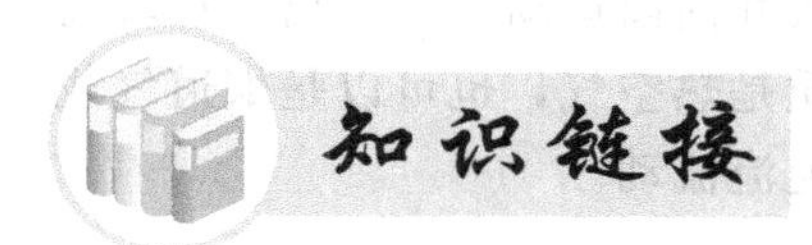

知识一 干燥设备

一、干燥器的基本要求

干燥器广泛应用于化工、食品、造纸和医药等许多工业领域。由于被干燥物料的形状（块状、粒状、溶液、浆状及膏糊状等）和性质（如耐热性、含水量、分散性、黏性、耐酸碱性、防爆性及湿度等）不同，生产规模或生产能力也相差很大，对干燥后产品要求（如含水量、形状、强度及粒度等）也不尽相同，因此，所采用的干燥方法和干燥器的型式也是多种多样的。通常，对干燥器的主要要求如下。

① 能保证干燥产品的质量要求，如含水量、强度、形状等。

② 要求干燥速率快、干燥时间短，以减少干燥器的尺寸，降低能耗，提高热效率。同时还应考虑干燥器的辅助设备的规格和成本，即经济性要好。

③ 操作控制方便，劳动条件好。

二、干燥器的分类

工业上应用的干燥器类型很多，可根据不同的方法对干燥器进行分类。

按干燥器操作压力，可分为常压和真空干燥器；

按干燥器的操作方式，可分为间歇式和连续式干燥器；

按干燥器的结构，可分为厢式干燥器、喷雾干燥器、流化床干燥器、气流干燥器、转筒干燥器；

按干燥器的加热方式，可分为对流干燥器、传导干燥器、辐射干燥器和介电加热干燥器。

三、常用的对流式干燥器

1. 厢式干燥器

厢式干燥器是一种间歇式的干燥设备，物料分批地放入，干燥结束后成批地取出，一般为常压操作。图 6-2 为厢式干燥器实物图，其外形呈厢式，外部用绝缘材料保温。厢内支架上放有许多矩形托盘，湿物料置于盘中。新鲜空气由风机吸入，经加热器预热后均匀地进入各层之间，在物料表面掠过以干燥物料，干燥后废气经出口排出。

厢式干燥器的优点是构造简单，设备投资少，适应性强，物料损失小，托盘易清洗。其缺点是物料得不到分散，干燥时间长，热利用率低，产品质量不均匀，装卸物料的劳动强度大。多应用在小规模、多品种、干燥条件变动大、干燥时间长的场合。

2. 转筒式干燥器

如图 6-3 所示，转筒式干燥器的主体是一个略呈倾斜的旋转圆筒，湿物料从高端加入，低端排出。为了使物料均匀分散并与干燥介质充分接触，在转筒内壁上安装抄板。物料在圆筒中一方面被抄板升举到一定高度后抛洒下来与干燥介质密切接触，另一方面促使物料沿倾斜圆筒向低端移动。圆筒每旋转一圈，物料被升举和抛洒一次并向前运动一段距离。在转筒干燥器内，被干燥的物料多为颗粒状及块状，常用的干燥介质是热空气，也可以是烟道气或其他高温气体，干燥器内干燥介质与物料可作总体上并流或逆流流动。

图 6-2　厢式干燥器

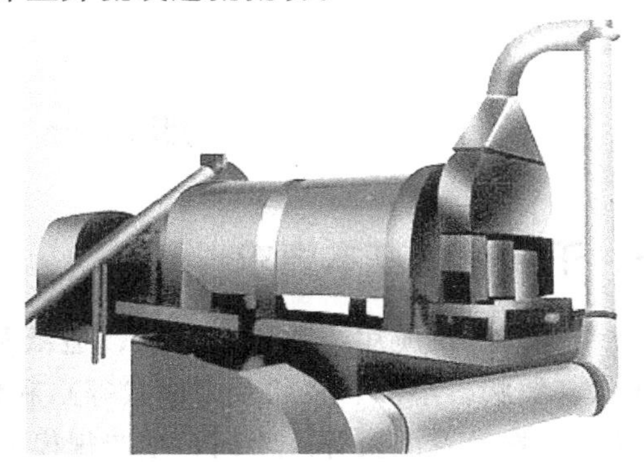

图 6-3　转筒式干燥器

转筒式干燥器主要优点是连续操作，生产能力大，机械化程度高，产品质量均匀。其缺点是结构复杂，传动部分需要经常维修，投资较大。

3. 流化床干燥器

流化床干燥器又称为沸腾床干燥器，是流态化技术在干燥操作中的应用，如图 6-4 所示。流化床干燥器种类很多，主要有单层、多层、卧式、喷动、旋转、振动、离心和内热流化床干燥器等。

散粒物料由床层的一侧加入，热气流由下方通过多孔分布板均匀地吹入床层，与固体颗粒充分接触，只要热风气速保持在一定的范围，颗粒即能在床层内悬浮，并作上下翻动，在与热风接触过程中使物料得到干燥。干燥后的颗粒由床层的另一侧出料管卸出，废气由顶部导出，经气固分离器回收其中夹带的粉尘后排出。为避免引起返混和短路现象，提高产品质量，生产上常采用多层流化床干燥器或卧式多室流化床干燥器。

流化床干燥器传热、传质速率高，处理能力大，物料停留时间短，有利于处理热敏性物料；设备简单，成本费用低，可动部件少，操作稳定。其缺点是对物料的形状和粒度有限制。

图 6-4　流化床干燥器

图 6-5　喷雾式干燥器

4. 喷雾式干燥器

喷雾式干燥器是一种处理液体物料的干燥设备，如图 6-5 所示。利用雾化器将稀料液喷成细雾，分散在热气流中，使水分迅速汽化而达到干燥目的。

热空气与喷雾液滴都由干燥器顶部加入，气流作螺旋形流动旋转下降，液滴在接触干燥室内壁前已完成干燥过程，大颗粒收集到干燥器底部后排出，细粉随气体进入旋风器分出。废气在排空前经湿法洗涤塔（或其他除尘器）以提高回收率，并防止污染。

喷雾式干燥器的主要优点是由料液可直接得到粉粒产品，因而省去了许多中间过程如蒸发、结晶、分离、粉碎等；由于喷成了极细的雾滴分散在热气流中，干燥面积极大，干燥过程进行极快，特别适用于热敏性物料的干燥，如牛奶、药品、生物制品、染料等；能得到速溶的粉末或空心细颗粒；过程易于连续化、自动化。其缺点为干燥过程的能量消耗大，热效率较低；设备占地面积大、设备成本费高；粉尘回收麻烦，回收设备投资大。

5. 气流式干燥器

气流式干燥器是气流输送技术在干燥中的一种应用。利用高速热空气流将散粒状湿料吹起，并悬浮于其中，在气流输送过程中对物料进行干燥。

气流式干燥器的主要优点是气固接触面积大，传热、传质系数高，干燥速率大；干燥时间短，适用于热敏性物料的干燥；由于气、固并流操作，可以采用高温介质，热损失小，因而热效率高；设备紧凑、结构简单、占地小，可动部件少，易于维修，成本费用低。其缺点是气流速度高，流动阻力及动力消耗大；在输送与干燥过程中物料与器壁或物料之间相互摩擦，易使产品粉碎；由于全部产品均由气流带出并经分离器回收，所以分离负荷大。适用于处理含非结合水及结块不严重又不怕磨损的块状物料，尤其适宜于干燥热敏性物料或临界含水量低的细粒或粉末物料。

四、干燥器的选用

通常，干燥器选用应考虑以下各项因素。

（1）产品的质量　例如在医药行业中许多产品要求无菌，避免高温分解，此时干燥器的选型主要从保证质量上考虑，其次才考虑经济性等问题。

（2）物料的特性　物料的特性不同，采用的干燥方法也不同。物料的特性包括物料形状、含水量、水分结合方式、热敏性等。例如对于散粒状物料，多选用气流式干燥器和沸腾床干燥器。

（3）生产能力　生产能力不同，干燥方法也不尽相同。例如当干燥大量浆液时可采用喷雾式干燥器，而生产能力低时可用滚筒式干燥器。

（4）劳动条件　某些干燥器虽然经济适用，但劳动强度大、条件差，且生产不能连续化。这样的干燥器特别不适宜处理高温、有毒、粉尘多的物料。

（5）经济性　在符合上述条件下，应使干燥器的设备费用和操作费用为最低。

（6）其他要求　例如设备的制造、维修、操作及设备尺寸是否受到限制等。

另外，根据干燥过程的特点和要求，还可采用组合式干燥器。例如，对于最终含水量要求较高的可采用气流-沸腾床干燥器；对于膏状物料，可采用滚筒-气流干燥器。

知识二　干燥去湿

一、固体物料去湿方法

除去固体物料中湿分的方法称为去湿。去湿的方法很多，常用的有以下几种。

（1）机械去湿　即通过压榨、过滤和离心分离等方法去湿。这是一种耗能较少、较为经济的去湿方法，但湿分的除去不完全，多用于处理含液量大的物料，适于初步去湿。

（2）吸附脱水法　即用固体吸附剂，如氯化钙、硅胶等吸去物料中所含的水分。这种方法去除的水分量很少，且成本较高。

（3）干燥法　即利用热能，使湿物料中的湿分汽化而去湿的方法。干燥法耗能较大，工业上往往将机械分离法与干燥法联合起来除湿，即先用机械方法尽可能除去湿物料中的大部分湿分，然后再利用干燥方法继续除湿。根据湿物料的加热方式不同，干燥可以分为以下几种，如表 6-2 所示。

表 6-2　干燥方法的类型

类型	基本原理	对应的干燥器
对流干燥	干燥介质与湿物料直接接触，以对流方式传给物料供热使湿分汽化，所产生的蒸气被干燥介质带走	厢式干燥器，气流式干燥器，沸腾干燥器，转筒干燥器，喷雾干燥器
传导干燥	热能以传导方式通过传热壁面加热物料，使其中的湿分汽化	滚筒干燥器，真空盘架式干燥器，冷冻干燥器
辐射干燥	热能以电磁波的形式由辐射器发射到湿物料表面，被物料吸收并转化为热能，使湿分汽化	红外线干燥器
介电加热干燥	将需要干燥的物料置于高频电场内，利用电场的交变作用，将湿物料加热，并汽化湿分	微波干燥器

在化工生产中，对流干燥是最普遍的方式，其中干燥介质可以是热空气，也可以是烟道气、惰性气体等，去除的湿分可以是水或是其他液体。

二、对流干燥过程分析

对流干燥可以是连续过程，也可以是间歇过程，典型的对流干燥工艺流程如图 6-6 所示。空气经风机送入预热器加热至一定温度再送入干燥器中，与湿物料直接接触进行传质、传热，沿程空气温度降低，湿含量增加，最后废气自干燥器另一端排出。干燥若为连续过程，物料则被连续地加入与排出，物料与气流接触可以是并流、逆流或其他方式；若为间歇过程，湿物料则被成批地放入干燥器内，干燥至要求的湿含量后再取出。

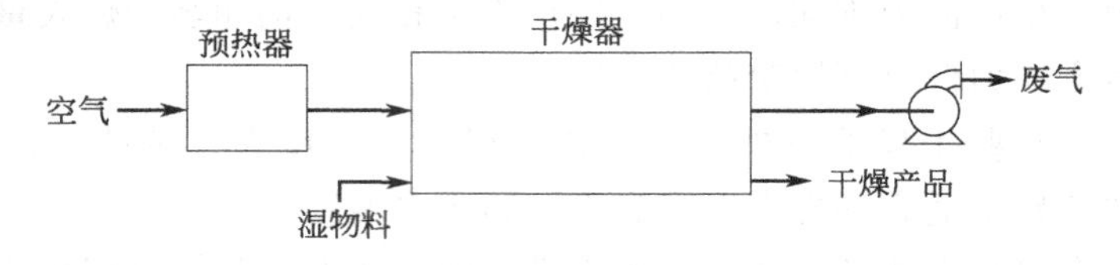

图 6-6　对流干燥流程示意图

经预热的高温热空气与低温湿物料接触时，热空气以对流方式将热量传至湿物料表面，再由表面传至物料内部；物料表面的水分因受热汽化扩散至空气中并被空气带走，同时，其内部水分由于浓度梯度的推动而迁移至表面，使干燥连续进行下去。可见，空气既是载热体，也是载湿体，干燥是传热、传质同时进行的过程，其传热方向是由气相到固相，推动力为空气温度 t 与物料表面温度 θ 之差；而传质方向则由固相到气相，推动力为物料表面水汽分压 p_w 与空气主体中水汽分压 p_v 之差。显然，干燥是热、质反向传递过程。

三、湿空气性质

在干燥过程计算中，通常将湿空气视为绝干空气和水蒸气的混合物，并认为是理想气体。由于干燥过程湿空气中水汽含量及总量发生变化，但其中绝干空气的质量保持不变，故以下湿空气的性质参数以及干燥计算均以单位质量绝干空气为基准。湿空气的主要性质如表6-3所示。

表 6-3　湿空气的主要性质

性质	含义	表达式	符号意义
湿度 H	湿度又称为湿含量或绝对湿度，为湿空气中水蒸气的质量与绝干空气质量之比	$H=\frac{18n_v}{29n_g}=0.622\frac{p_v}{p-p_v}$	n_v—湿空气中水蒸气的物质的量，kmol n_g—湿空气中干空气的物质的量，kmol p—湿空气总压，kPa p_v—水蒸气的分压，kPa
相对湿度 φ	当总压一定时，湿空气中水汽分压 p_v 与同温度下水的饱和蒸气压 p_s 之比的百分数	$\varphi=\frac{p_v}{p_s}\times100\%$	$\varphi=1$（或 100%）无干燥能力，不能用作干燥介质；φ 越小，即 p_v 与 p_s 差距越大，表示湿空气偏离饱和程度越远，干燥能力越大
湿比容 v_H	是指 1kg 干空气与其所带的 Hkg 水汽所具有的总体积	$v_H=v_g+Hv_v$	v_g—干气的体积，m^3 v_v—水蒸气的体积，m^3
湿比热 c_H	在常压下，将 1kg 干空气和其所带的 Hkg 水蒸气的温度升高（或下降）1℃所要吸收（或放出）的热量	$c_H=c_g+c_vH$	c_g—干空气比热容，其值约为 1.01kJ/(kg 绝干空气·℃)； c_v—水蒸气比热容，其值约为 1.88kJ/(kg 绝干空气·℃)。
焓 I	单位质量干空气的焓和其所带 Hkg 水蒸气的焓之和	$I=I_g+HI_v$	I_g—干气的焓，kJ/kg(绝干空气) I_v—水汽的焓，kJ/kg(水汽)

四、表示空气性质的几个温度

1. 干球温度 t、湿球温度 t_w

（1）干球温度 t　在湿空气中，用普通温度计测得的温度称为湿空气的干球温度，为湿空气的真实温度。通常简称为空气的温度。

（2）湿球温度 t_w　将普通温度计的感温球用纱布包裹，并将纱布的下端浸在水中，使纱布一直保持湿润状态，即构成湿球温度计，如图 6-7 所示。将该温度计置于一定温度和湿度的流动空气中，达到定态时的温度称为空气的湿球温度，以 t_w 表示。

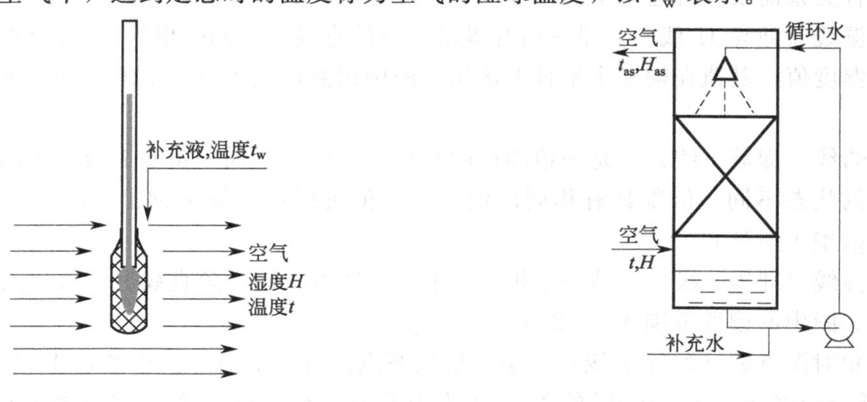

图 6-7　湿球温度计　　图 6-8　绝热增湿塔示意

尚需指出，湿球温度并不代表空气的真实温度，而是纱布中的水与湿空气达到动态平衡时纱布中水的温度，但由于它与空气的干球温度 t 和湿度 H 有关，所以称为空气的湿球温度。当湿空气的温度一定时，不饱和湿空气的湿球温度总低于干球温度，空气的湿度越高，湿球温度越接近干球温度，当空气为水汽所饱和时，湿球温度就等于干球温度。

2. 绝热饱和温度 t_{as}

如图 6-8 所示，不饱和空气在与外界绝热的条件下和大量的水接触，进行传热和传质。最终达到平衡，此时空气与水温度相等，空气被水蒸气所饱和。如果过程满足以下两个条件：

① 气液系统与外界绝热；

② 气体放出的总显热等于水分汽化所吸收的总潜热。

则空气和水最终达到同一温度，此温度称为初始空气的绝热饱和温度，以 t_{as} 表示。与之对应的湿度称为绝热饱和湿度 H_{as}。

3. 露点温度 t_d

一定压力下，将不饱和空气等湿降温至饱和，出现第一滴露珠时的温度称为该空气的露点温度，以 t_d 表示。

由以上的讨论可知，表示湿空气性质的特征温度有干球温度 t、湿球温度 t_w、绝热饱和温度 t_{as}、露点温度 t_d。对于空气-水物系，$t_w \approx t_{as}$，有如下列关系。

$$\text{不饱和湿空气}: t > t_w(t_{as}) > t_d$$

$$\text{饱和湿空气}: t = t_w(t_{as}) = t_d$$

五、湿空气的焓湿（I-H）图及其应用

由以上分析可知，当总压一定时，表明湿空气性质的各项参数（t，p，φ，H，I，t_w 等）中，只要规定其中任意两个相互独立的参数，湿空气的状态就被确定。在干燥计算过程中，由前述各公式计算空气性质时，计算比较繁琐。为方便起见，工程上常将各参数之间的关系绘制在坐标图上，这种图称为湿度图。湿度图有两种：湿度-温度图（H-t）和焓湿度图（I-H）。下面介绍工程上常用的焓湿（I-H）图的构成和应用。

图 6-9 是在总压 p_t=101.3Pa 下绘制的湿空气的 I-H 图，图中横坐标为湿空气的湿度 H，纵坐标为焓 I。为了使各种关系曲线分散开，采用两坐标轴交角为 135°的斜角坐标系。图中共有 5 种关系曲线，分述如下。

（1）等湿线（即等 H 线）　是一组与纵轴平行的直线，在同一根等 H 线上不同的点都具有相同的湿度值，其值在辅助水平轴上读出。图中读数范围为 0～0.20kJ(水)/kg(绝干空气)。

（2）等焓线（即等 I 线）　是一组与横轴平行的直线，在同一条等 I 线上不同的点所代表的湿空气的状态不同，但都具有相同的焓值，其值可以在纵轴上读出。图中读数范围为 0～680kJ/kg(绝干空气)。

（3）等温线（即等 t 线）　是一组相互不平行的线群，同一条直线上的每一点具有相同的温度数值。图中的读数范围为 0～250℃。

（4）等相对湿度线（即等 φ 线）　是一组从原点出发的曲线，图中共有 11 条等相对湿度线，由 5%～100%。φ=100%的等 φ 线为饱和空气线，此时空气完全被水汽所饱和。φ=0 时的等 φ 线为纵坐标轴。

当空气的湿度 H 为一定值时，其温度 t 越高，则相对湿度 φ 值就越低，其吸收水汽能力就越强。故湿空气进入干燥器之前，必须先经预热以提高其温度 t，其目的除提高湿空气的焓值使其作为载热体外，还为了降低其相对湿度而作为载湿体。

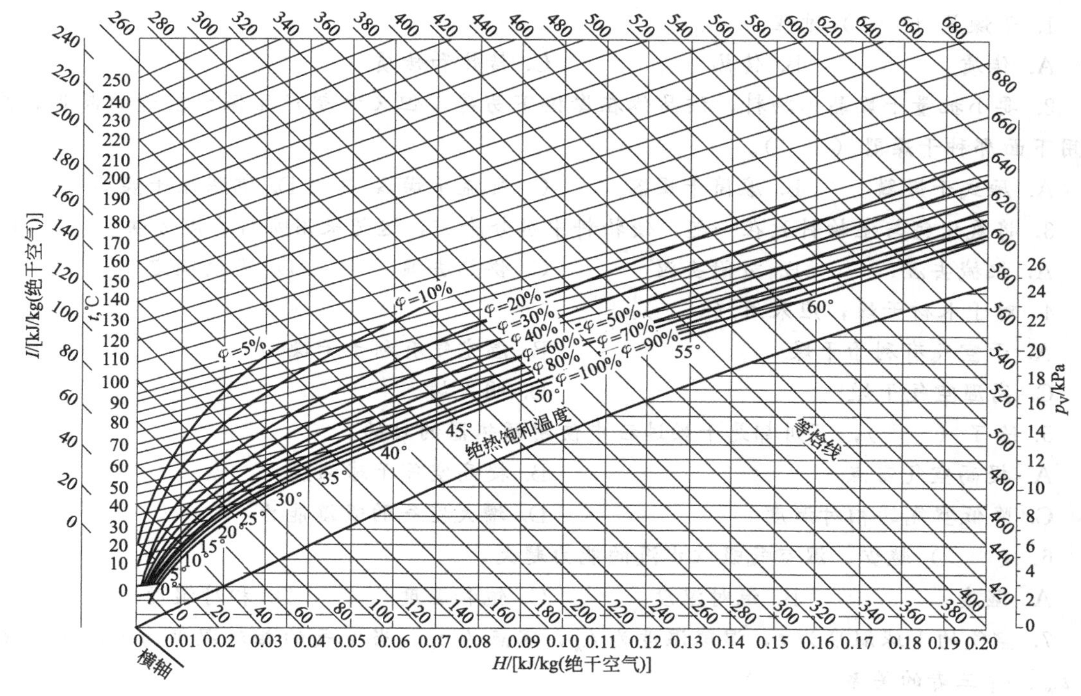

图 6-9　焓湿度图（I-H 图）

（5）水汽分压（p_V）线　是空气的湿度 H 与空气中水汽分压 p_V 之间关系曲线。水汽分压 p_V 的坐标，位于图的右端纵轴上。

根据湿空气的两个独立参数，就可在 I-H 图上确定其他参数。

通常根据下述已知条件之一来确定湿空气的状态点：

① 湿空气的干球温度 t 和湿球温度 t_w，状态点的确定见图 6-10(a)；

② 湿空气的干球温度 t 和露点 t_d，状态点的确定见图 6-10(b)；

③ 湿空气的干球温度 t 和相对湿度 φ，状态点的确定见图 6-10(c)。

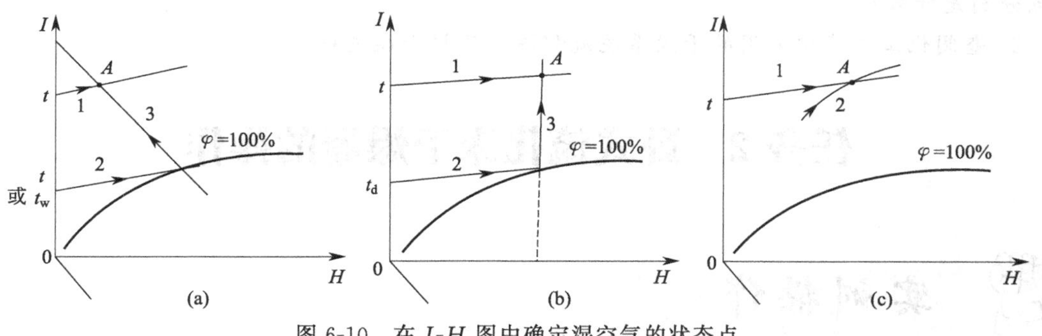

图 6-10　在 I-H 图中确定湿空气的状态点

思考与练习

一、选择题

1. 干燥是（　　）过程。

A. 传质　　B. 传热　　C. 传热和传质

2. 要小批量干燥晶体物料，该晶体在摩擦下易碎，但又希望产品保留较好的晶形，应选用下面那种干燥器（　　）。

A. 厢式干燥器　　B. 滚筒干燥器　　C. 气流干燥器　　D. 沸腾床干燥器

3. 将氯化钙与湿物料放在一起，使物料中水分除去，这是采用哪种去湿方法？（　　）。

A. 机械去湿　　B. 吸附去湿　　C. 供热去湿　　D. 无法确定

4. 对于木材干燥，应采用（　　）。

A. 干空气有利于干燥　　B. 湿空气有利于干燥

C. 高温空气干燥　　D. 明火烤

5. 除了（　　），下列都是干燥过程中使用预热器的目的。

A. 提高空气露点　　B. 提高空气干球温度

C. 降低空气的相对湿度　　D. 增大空气的吸湿能力

6. （　　）越少，湿空气吸收水汽的能力越大。

A. 湿度　　B. 绝对湿度　　C. 饱和湿度　　D. 相对湿度

7. 空气的干球温度为 t，湿球温度为 t_w，露点为 t_d，当空气的相对湿度为 80%时，则 t、t_w、t_d 三者的关系（　　）。

A. $t=t_w=t_d$　　B. $t>t_w>t_d$　　C. $t<t_w<t_d$

8. 干燥得以进行的必要条件是（　　）。

A. 物料内部温度必须大于物料表面温度

B. 物料内部水蒸气压力必须大于物料表面水蒸气压力

C. 物料表面温度必须大于空气温度

D. 物料表面水蒸气压力必须大于空气中的水蒸气压力

二、简答题

1. 除了本任务中所介绍的干燥器种类外，还有什么新型的干燥器，它的原理、结构、特点分别是什么？

2. 查阅化工生产中采用的干燥系统流程图，理解干燥过程。

任务 2　卧式流化床干燥器的操作

实训操作

一、情境再现

流化床干燥器是一种较为常用的干燥设备，具有大批量、连续性、全封闭的操作特点，使其在化工、医药行业中受到青睐。卧式流化床干燥实训装置如图 6-11 所示，该装置考虑学校和社会实际需求状况，选用小米-水-空气组成干燥物系。

二、任务目标

① 掌握干燥装置的运行操作技能。

② 熟练湿物料量和热空气量的配比与调节。

三、任务要求

① 正常开车，按要求操作调节到指定数值。

② 能及时掌握设备的运行情况，随时发现、正确判断、及时处理各种异常现象，特殊情况能进行紧急停车操作。

③ 以小组为单位，分工协作完成卧式流化床干燥器的操作任务。

图 6-11　卧式流化床干燥实训装置

四、操作步骤

1. 检查准备、进料

检查公用工程水电是否处于正常供应状态（电压、指示灯是否正常）；检查总电源的电压情况是否良好；检查床层内及流化床加料器里小米的多少，若不够，则另取适量的小米加少量的水，搅拌均匀后倒入“流化床干燥器”加料漏斗里，开启喂料机，对干燥器进行加料。

2. 启动风机

打通空气流程，在仪表操作台上打开“鼓风机电源”开关和“引风机电源”开关，启动鼓风机和引风机；由小到大调节风量使物料处于良好的流化状态。

3. 调节床层温度

检测风量，不得低于 $40m^3/h$；启动加热管电源；通过“床层温度手自动控制仪”自动控制加热管电压的大小来控制床层温度在 70℃左右。

4. 调节风量

观察流化床干燥器里小米的流化程度，设置合适的流体风量；可通过调节鼓风机出口旁路蝶阀开度的大小进行分流调节。

5. 吹扫

开启吹扫电磁阀、空压机电源，防止小米结块死床。

6. 卸料、停车

开启卸料阀，让压缩空气把床层上的产品（干燥小米）从卸料阀卸到产品布袋里；然后依次停电加热管、鼓风机及引风机、空压机、喂料机、吹扫电磁阀、仪表电源、控制柜总电源。

五、项目考评

见表 6-4。

表 6-4 卧式流化床干燥器的操作项目考评表

项目	评分要素		分值	评分记录	得分
检查准备、进料	检查公用工程水电是否处于正常供应状态(电压、指示灯是否正常);检查总电源的电压情况是否良好;检查床层内及流化床加料器里小米		10		
启动风机	能正确启动鼓风机和引风机;由小到大调节风量使物料处于良好的流化状态		15		
调节床层温度	能正确通过"床层温度手自动控制仪"控制床层温度在70℃左右		15		
调节风量	能通过调节鼓风机出口旁路蝶阀的大小进行分流调节,控制好流体风量		15		
吹扫	能正确开启吹扫电磁阀、空压机电源,未见死床现象		10		
卸料、停车	能正确卸料,停车顺序无误		10		
职业素养	纪律、团队协作精神		10		
实训报告	能完整、流畅地汇报项目实施情况,撰写项目完成报告,格式规范整洁		15		
安全操作	按国家有关规定执行操作	每违反一项规定从总分中扣5分,严重违规取消考核			
考评老师		日期		总分	

知识链接

知识一 干燥器的操作与维护

一、流化床干燥器的操作与维护

1. 流化床干燥器的操作

① 开车前首先检查送风机和引风机，检查有无摩擦和撞击声，轴承的润滑油是否充足，风压是否正常。投料前进行烤干操作，除去器内湿气。停风机，敞开入孔，铺撒物料，完成开车的准备工作。

② 关闭有关阀门、入孔、向器内送热风，并开动给料机抛撒潮湿物料，要求物料由少渐多、分布均匀。

③ 根据进料量，调节风量和热风温度，保证成品干湿度合格。

④ 经常检查卸出的物料有无结块，观察器内物料面的沸腾情况，调节各风箱的进风量和风压大小。

⑤ 经常检查风机的轴承温度、机身有无振动。风道有无漏风，若有问题及时解决。

⑥ 经常检查引风机出口带料情况和尾气管线腐蚀程度，问题严重时应及时解决。

2. 流化床干燥器的维护

干燥器停车时应将器内物料清理干净，并保持干燥。应保持其保温层完好，有破裂时应及时维修。加热器停用时应打开疏水阀门，排净冷凝水，防止锈蚀。要经常清理引风机内部黏贴的物料和送风机进口防护网，经常检查并保护器内分离器畅通和器壁不锈蚀。

3. 流化床干燥器常见故障与处理方法

流化床干燥器常见故障与处理方法如表 6-5 所示。

表 6-5 流化床干燥器常见故障与处理方法

故障名称	产生原因	处理方法
发生死床	1)物料太多或太湿 2)热风量少或温度低 3)床面干料层高度不够 4)热风分布不均匀	1)减少进口物料量,降低水分 2)增加风量,提高温度 3)缓慢出料,增加干料层厚度 4)调整进风阀的开度

续表

故障名称	产生原因	处理方法
尾气含尘量大	1)分离器破损,效率下降 2)风量大或炉内温度高 3)物料颗粒变细	1)检查修理 2)调整风量和温度 3)检查操作指标变化
流动状态不好	1)风压低或物料多 2)热风温度低 3)风量分布不均匀	1)调节风量和物料量 2)加大加热器蒸气量 3)调节进风板阀开度

二、喷雾干燥器的操作与维护

1. 喷雾干燥器的操作

① 检查供料泵、雾化器、送风机是否运转正常；检查蒸汽、溶液阀门是否灵活，管路是否畅通；清理设备内积料、杂物，铲除壁挂疤；排除加热器和管路中积水，然后向设备内送热风预热；清理雾化器达到流道畅通。

② 启动供料泵，向雾化器输送溶液时，观察压力大小和输送量，以保证雾化器的需要。

③ 经常检查调节雾化器喷嘴的位置和转速，确保雾化颗粒大小合格。

④ 经常检查和调节干燥器负压数值，一般控制在 100～300Pa。

⑤ 定时检查各转动设备轴承温度和润滑油情况，运转是否平稳，有无摩擦和撞击声。

⑥ 检查管路和阀门是否泄漏，各转动设备的密封装置是否泄漏，做到及时调整。

2. 喷雾干燥器的维护

雾化器停止使用时应清洗干净，管路和阀门不用时应放空物料，防凝固堵塞。经常清理器壁内粘挂物料。保持供料泵、风机、雾化器及出料机等零部件齐全，并定时检修。注意进入干燥器内的热风湿度不可过高，以防止器壁表皮破碎。

3. 喷雾干燥器常见故障与处理方法

喷雾干燥器常见故障与处理方法如表 6-6 所示。

表 6-6　喷雾干燥器常见故障与处理方法

故障名称	产生原因	处理方法
产品水分含量高	1)雾化不均匀,喷出颗粒大 2)热风的相对湿度大 3)进料量大,雾化效果差	1)提高压力和雾化器转速 2)提高送风温度 3)调节进料量或更换雾化器
器壁粘有积粉	1)进料太多,蒸发不充分 2)气流分布不均匀 3)个别喷嘴堵塞 4)器壁预热温度不够	1)减少进料量 2)调节热风分布器 3)清洗或更换喷嘴 4)提高热风温度
产品颗粒太细	1)物料浓度太低 2)喷嘴孔径太小 3)喷嘴压力太高 4)离心盘转速太大	1)提高物料浓度 2)换大孔径喷嘴 3)适当降低压力 4)降低转速
尾气含粉尘太多	1)分离器堵塞或积料多 2)过滤袋破裂 3)风速大,细粉含量大	1)清理物料 2)修补破口 3)降低风速

知识二　干燥操作的节能措施

干燥是能量消耗较大的单元操作之一。这是由于无论是干燥液体物料、浆状物料，还是含水分的固体物料，都要将液态水分变成气态，因此需要供给较大的汽化潜热。统计资料表明，干燥过程的能耗占整个加工过程能耗的12%左右。因此，必须设法提高干燥设备的能量利用率，节约能源，采取改变干燥设备的操作条件、选择热效率高的干燥装置、回收排出废气中的部分热量等措施来降低生产成本。干燥操作可通过以下途径进行节能。

1. 减少干燥过程的各项热量损失

一般来说，干燥器的热损失不会超过10%，大中型生产装置若保温适当，热损失约为5%。因此，要做好干燥系统的保温工作，求取一个最佳保温层厚度。

为防止干燥系统的渗漏，一般在干燥系统中采用主风机和副风机串联使用，经过合理调整，使系统处于零表压状态操作，这样可以避免对流式干燥器因干燥介质的泄漏造成干燥器热效率的下降。

2. 降低干燥器的蒸发负荷

物料进入干燥器前，通过过滤、离心分离或蒸发等预脱水方法，增加物料中固体含量，降低干燥器蒸发负荷，这是干燥器节能的最有效方法之一。例如，将固体含量为30%的料液增浓到32%，其产量和热量利用率提高约9%。对于液体物料（如溶液、悬浮液、乳浊液等），干燥前进行预热也可以节能，因为在对流式干燥器内加热物料利用的是空气显热，而预热则是利用水蒸气的潜热或废热等。对于喷雾干燥，料液预热还有利于雾化。

3. 提高干燥器入口空气温度，降低出口废气温度

由干燥器热效率（即水分蒸发消耗的热量与总消耗热量的百分比）可知，提高干燥器入口热空气温度，有利于提高干燥器的热效率。但是，干燥器入口空气温度受产品允许温度限制。在并流的颗粒悬浮干燥器中，颗粒表面温度比较低，因此，干燥器入口热空气温度可以比产品允许温度高得多。

一般来说，对流式干燥器的能耗主要由蒸发水分和带走废气这两部分组成，而后一部分占15%～40%，有的高达60%。因此，降低干燥器出口废气温度比提高入口热空气温度更经济，既可以提高干燥器热效率，又可增加生产能力。

4. 部分废气循环

部分废气循环的干燥系统，由于利用了部分废气中的部分余热，使干燥器的热效率有所提高；但随着废气循环量的增加，而使热空气的含水率增加，干燥速率将随之降低，使湿物料干燥时间增加且带来干燥装置费用的增加，因此，存在一个最佳废气循环量的问题。一般的废气循环量为总气量的20%～30%。

思考与练习

一、选择题

1. 流化床干燥器发生尾气含尘量大的原因是（　　）。

A. 风量大　　　　B. 物料层高度不够

C. 热风温度低　　　　D. 风量分布分配不均匀

2. 在流化床干燥器操作中，若发生尾气含尘量较大时，处理的方法有（　　）。

A. 调整风量和温度　　　　　　　　　B. 检查操作指标变化

C. 检查修理　　　　　　　　　　　　D. 以上三种方法

3. 对于对流干燥器，干燥介质的出口温度应（　　）。

A. 低于露点　　　B. 等于露点　　　C. 高于露点　　　D. 不能确定

二、简答题

1. 在操作中为什么要先开鼓风机送风，而后再通电加热？

2. 流化床干燥如何实现床层的流态化？

3. 影响干燥操作的主要影响因素有哪些？

任务 3　干燥特性曲线的测定

实训操作

一、情境再现

对于设计型问题而言，已知生产条件要求每小时必须除去若干千克水，若先已知干燥速率，即可确定干燥面积，大致估计设备的大小；对于操作型问题而言，已知干燥面积，湿物料在干燥器内停留时间一定，若先已知干燥速率，即可确定除掉多少千克水了；对于节能型问题而言，干燥时间越长，不一定物料越干燥，物料存在着平衡含水量，能量的合理利用是降低成本的关键，以上三方面均须先已知干燥速率。因此学会测定干燥速率曲线的方法具有重要意义。图 6-12 为卧式流化床干燥实训装置软件控制界面，实验以含水的小米为被干燥物，测定单位时间内湿物料的质量变化，实验进行到被干燥物料的质量恒定为止。

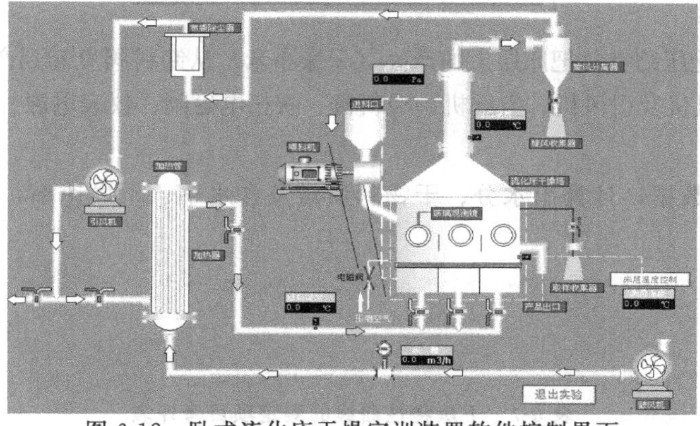

图 6-12　卧式流化床干燥实训装置软件控制界面

二、任务目标

① 测定流化床干燥器中湿物料在恒定条件下不同时刻的含水量。

② 了解影响干燥速率曲线的因素。

③ 学习和掌握测定干燥曲线的基本原理和实验方法。

三、任务要求

① 绘制干燥曲线和干燥速率曲线。

② 测定干燥过程的临界点和临界含湿量。

③ 以小组为单位，分工协作完成干燥特性曲线的测定任务。

四、操作步骤

1. 检查准备

检查公用工程水电是否处于正常供应状态（电压、指示灯是否正常）；检查总电源的电压情况是否良好；将被干燥物料充分湿润，放置加料漏斗里，开启喂料机，对干燥器进行加料。

2. 启动风机

启动鼓风机和引风机；由小到大调节风量使物料处于良好的流化状态。

3. 调节床层温度

检测风量，不得低于 $40m^3/h$；启动加热管电源；通过“床层温度手自动控制仪”自动控制加热管电压的大小来控制床层温度在 70℃左右。

4. 调节风量

通过调节鼓风机出口旁路蝶阀的大小进行分流调节。

5. 吹扫

开启吹扫电磁阀、空压机电源，防止小米结块死床。

6. 取样分析

仔细观察进口温度和床层温度的变化，待床层温度升至 40℃，即开始取第一个样品，此时的时间设定为 0。开始时每隔 3min 取样一次，并记录好床层温度、时间和脱水量，之后适当增长时间间隔，每 5min、10min、20min……直到干燥物料恒重时，实验终了。

7. 卸料、停车

开启卸料阀，让压缩空气把床层上的产品（干燥小米）从卸料阀里卸到产品布袋里；然后依次停电加热管、鼓风机及引风机、空压机、喂料机、吹扫电磁阀、仪表电源、控制柜总电源。

8. 绘制曲线

整理所得采集数据，计算出水分、干物料质量及含水率、干燥速率，并绘制干燥曲线和干燥速率曲线。

五、项目考评

见表 6-7。

表 6-7 干燥特性曲线的测定项目考评表

项目	评分要素	分值	评分记录	得分
检查准备	检查公用工程水电是否处于正常供应状态(电压、指示灯是否正常);检查总电源的电压情况是否良好;被干燥物料充分湿润,正确进料	5		
启动风机	能正确启动鼓风机和引风机	5		
调节床层温度	风量不低于 $40m^3/h$;床层温度控制在 70℃左右	10		
调节风量	能正确通过调节鼓风机出口旁路蝶阀的大小进行分流调节	10		
吹扫	正确开启吹扫电磁阀、空压机,小米无结块死床现象	5		

取样分析	正确记录干燥时间、脱水量，床层温度；数据合理		15		

续表

项目	评分要素		分值	评分记录	得分
卸料、停车	正确卸料停车		10		
绘制曲线	正确计算干燥速率、脱水量；正确绘制干燥曲线、干燥速率曲线		15		
职业素养	纪律、团队协作精神		10		
实训报告	能完整、流畅地汇报项目实施情况，撰写项目完成报告，数据准确、可靠		15		
安全操作	按国家有关规定执行操作	每违反一项规定从总分中扣5分，严重违规取消考核			
考评老师		日期		总分	

知识链接

知识一　水分蒸发量的确定

一、物料中水分的类型

1. 湿物料中所含水分的性质

物料的去湿过程经历两步，首先是水分从物料内部迁移至表面，然后在由表面汽化而进入空气主体。所以干燥速率不仅取决于空气的性质及干燥条件，还与物料中所含水分的性质有关，如表6-8所示。

表6-8　物料中水分的性质

类型	水分性质	特点
结合水	通过化学力或物理化学力与固体物料相结合的水分	水分与物料结合力强，其蒸气压低于同温度下纯水的饱和蒸气压，致使干燥过程的传质推动力降低，故除去结合水分较困难。如物料内毛细管中的水分及以结晶水的形态存在于固体物料之中的水分
非结合水	物料中所含的大于结合水的那部分水分	物料中非结合水与物料的结合力弱，其蒸气压与同温度下纯水的饱和蒸气压相同，因此，干燥过程中除去非结合水分较容易。如物料表面的吸附水分及较大孔隙中的水分
平衡水分	物料中的水分与空气中水蒸气达到平衡状态时所含有的水分，用X^*表示	物料的平衡含水量X^*随相对湿度φ的增大而增大，平衡水分还随物料种类的不同而有很大的差别
自由水分	物料中大于平衡水分的那一部分水分，即干燥中能除去的水分，用$(X-X^*)$表示	流动性强，易蒸发，加压可析离

应予指出，平衡水分与自由水分是依据物料在一定干燥条件下，其水分能否用干燥方法除去而划分的，既与物料的种类有关，也与空气的状态有关；而结合水与非结合水是依据物料与水分的结合方式（或物料中所含水分去除的难易）而划分，仅与物料的性质有关，与空气的状态无关。

自由水分、平衡水分、结合水、非结合水及物料总水分之间的关系如图6-13所示。

2. 湿物料中含水量的表示方法

（1）湿基含水量ω　是指以湿物料为计算基准时湿物料中水分的质量分数，单位为kg(水)/kg(湿物料)，即

$$\omega=\frac{湿物料中水分的质量}{湿物料的总质量} \tag{6-1}$$

(2) 干基含水量 X　是指以绝干物料为基准时湿物料中水分的质量，单位为 kg(水)/kg(绝干料)，即

$$X=\frac{\text{湿物料中水分的质量}}{\text{湿物料中干物料量}} \tag{6-2}$$

两种含水量之间的换算关系为

$$X=\frac{\omega}{1-\omega} \tag{6-3}$$

$$\omega=\frac{X}{1+X} \tag{6-3a}$$

在工业生产中，通常用湿基含水量表示物料中水分的含量多少。但在干燥过程中湿物料的总量会因失去水分而逐渐减少，故用湿基含水量表示时，计算不方便，而绝干物料的质量是不变的，故干燥计算中多采用干基含水量。

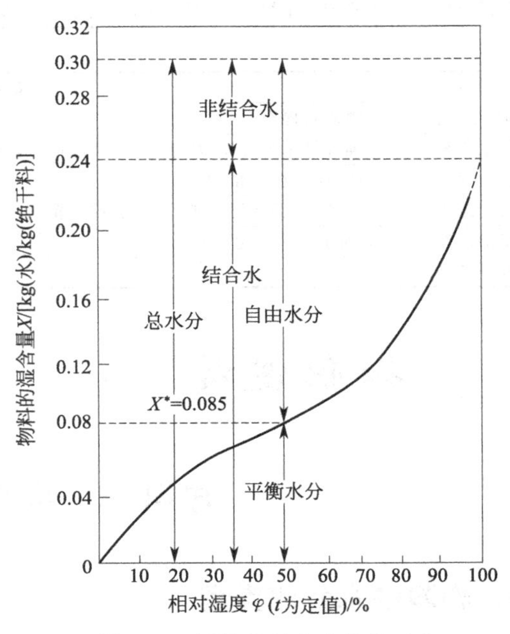

图 6-13　固体物料中水分的区分

二、水分蒸发量 W

单位时间内从湿物料中除去水分的质量称为水分蒸发量，以 W 表示，单位 kg/h。

图 6-14 为一个连续逆流干燥器的流程示意图，气、固两相在进出口处的流量及含水量均标注于图中。

图 6-14　各流股进出逆流干燥器的示意图

L——绝干空气的质量流量，kg(绝干空气)/s；

H_1、H_2——分别为空气进、出干燥器时的湿度，kg/kg(绝干空气)；

X_1、X_2——分别为湿物料进、出干燥器时的干基含水量，kg(水)/kg(绝干料)；

G_1、G_2——分别为湿物料进、出干燥器时的流量，kg(湿物料)/s。

若不计干燥过程中物料损失，则在干燥前后绝干物料质量不变，即

$$G=G_1(1-\omega_1)=G_2(1-\omega_2) \tag{6-4}$$

整理得干燥产品流量

$$G_2=G_1\frac{1-\omega_1}{1-\omega_2} \tag{6-4a}$$

所以，水分蒸发量为 $$W=G_1-G_2=G_1\frac{\omega_1-\omega_2}{1-\omega_2}=G_2\frac{\omega_1-\omega_2}{1-\omega_1} \tag{6-5}$$

式中　ω_1——物料进干燥器时湿基含水质量分数；

ω_2——物料离开干燥器时湿基含水质量分数。

若对干燥器中水分作物料衡算，又可得

$$W=G(X_1-X_2)=L(H_2-H_1) \tag{6-5a}$$

三、空气消耗量 L

由式(6-5a)得，绝干空气消耗量 L 与水分蒸发量的关系为

$$L=\frac{W}{H_2-H_1}=\frac{G(X_1-X_2)}{H_2-H_1} \tag{6-6}$$

将式(6-6)两端除以 W，可得蒸发 1kg 水分需消耗的干气量 l，称为单位空气消耗量，单位为 kg(绝干空气)/kg(水)，即

$$l=\frac{L}{W}=\frac{1}{H_2-H_1} \tag{6-6a}$$

如果以 H_0 表示空气预热前的湿度，而空气经预热器后，其湿度不变，故 $H_0=H_1$，则有

$$l=\frac{1}{H_2-H_0} \tag{6-6b}$$

由此可见，单位空气消耗量仅与 H_2、H_0 有关，与路径无关。湿度 H_0 与气候条件有关，夏季湿度大，消耗的空气量最多，因此在选择输送空气的风机时，应以全年中最大空气消耗量为依据，风机的通风量 V 计算如下

$$V=Lv_H=L(0.773+1.244H)\times\frac{t+273}{273} \tag{6-7}$$

式中的湿度 H 和温度 t 为风机所在安装位置的空气湿度和温度。

【例 6-1】 某干燥器处理湿物料量为 800kg/h。要求物料干燥后含水量由 30%减至 4%(均为湿基)。干燥介质为空气，初温为 15℃，相对湿度为 50%，经预热器加热至 120℃，试求：(1) 水分蒸发量 W；(2) 空气消耗量 L、单位消耗量 l。

解 (1) 水分蒸发量 W

$$W=G_1\frac{\omega_1-\omega_2}{1-\omega_2}=800\times\frac{0.3-0.04}{1-0.04}=216.7\text{kg/h}$$

(2) 空气消耗量 L、单位空气消耗量 l

由 I-H 图中查得，空气在 $t_0=15$℃，$\varphi_0=50\%$ 时的湿度 $H_0=0.005$kg/kg (绝干空气)，在 $t_2=45$℃，$\varphi_2=80\%$ 时的湿度为 $H_2=0.052$kg/kg (绝干空气)，空气通过预热器湿度不变，即

$$H_0=H_1$$

$$L=\frac{W}{H_2-H_1}=\frac{W}{H_2-H_0}=\frac{216.7}{0.052-0.005}=4610\text{kg(绝干空气)/h}$$

$$l=\frac{1}{H_2-H_0}=\frac{1}{0.052-0.005}=21.3\text{kg(绝干空气)/kg(水)}$$

知识二　干燥速率和干燥时间

一、干燥速率方程

干燥速率是指单位时间内，在单位干燥面积上汽化的水分质量，以 U 表示，单位为 kg/(m^2·s)，即

$$U=\frac{dW}{A\,d\tau}=-\frac{G\,dX}{A\,d\tau}=-\frac{G}{A}\times\frac{\Delta X}{\Delta\tau} \tag{6-8}$$

式中 W——汽化水分量，kg；

A——干燥面积，m^2；

τ——干燥所需时间，s；

G——湿物料中干料的质量，kg/s；

X——湿物料干基含水量，kg（水）/kg（绝干料）。

式中负号表示物料的含水量随干燥时间的延长而减少。

由于物料的干燥过程是一个复杂的物理过程，干燥速率的快慢，不仅取决于湿物料的性质（物料结构、与水分结合方式、块度、料层的厚薄等），而且也决定于干燥介质的性质（温度、湿度、流速等）。通常干燥速率从实验测得的干燥曲线求取。

二、干燥曲线与干燥速率曲线

为了简化影响因素，干燥实验大多在恒定条件下进行，即保持空气的温度、湿度、速度及与物料的接触方式不变，通常将用大量的空气干燥少量的湿物料认为接近于恒定干燥条件。由实验数据，绘出物料含水量 X 与干燥时间 τ 的关系曲线，如图 6-15 中曲线 $ABCDE$，此曲线称为**干燥曲线**。将图 6-15 中的曲线斜率 $\Delta X/\Delta\tau$ 及实测的干料质量 G、物料与空气接触表面积 A 代入式(6-8)，即可求得干燥速率 U。将计算得到的干燥速率 U 与物料含水量 X 绘制在坐标纸上，即得干燥速率曲线，如图 6-16 所示。

由干燥速率曲线可以看出，干燥过程分为恒速干燥和降速干燥两个阶段。

1. 恒速干燥阶段

此阶段的干燥速率如图 6-16 中 BC 段所示。在这一阶段，物料整个表面都有非结合水，物料中的水分由物料内部迁移到物料表面的速率大于或等于表面水分的汽化速率，所以物料表面保持湿润。干燥过程类似于纯液态水分的表面汽化。干燥过程物料表面的温度始终保持为空气的湿球温度。这阶段的干燥速率主要取决于干燥介质的性质和流动情况，而与湿物料的性质关系很小。干燥速率由固体表面的汽化速率所控制。干燥速率太大会引起物料表面结壳、收缩变形、开裂等。图中 AB 段为物料预热段，此段所需时间很短，干燥计算中往往忽略不计。

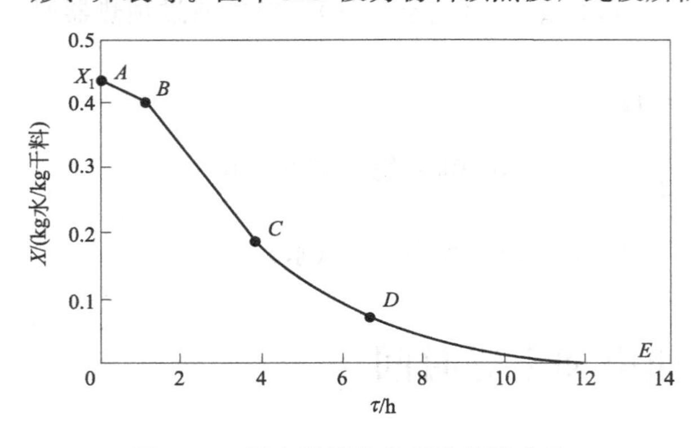

图 6-15 恒定干燥条件下的干燥曲线

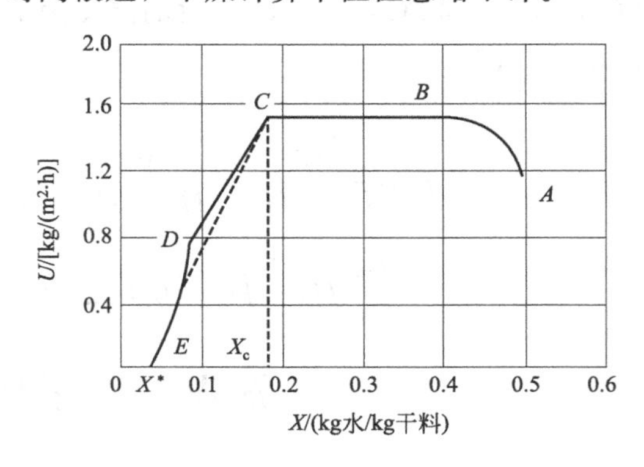

图 6-16 恒定干燥条件下的干燥速率曲线

2. 临界含水量 X_c

由恒速阶段转为降速阶段时，物料的含水量为临界含水量，用 X_c 表示。由临界点开始，水分由内部向表面迁移的速率开始小于表面汽化速率，湿物料表面的水分不足以保持表面的湿润，表面上开始出现干点。如果物料最初的含水量小于临界含水量，则干燥过程不存在恒速阶段。临界含水量与湿物料的性质和干燥条件有关，其值一般由实验测定。

3. 降速干燥阶段

当物料含水量降至临界含水量以下时，即进入降速干燥阶段，如图 6-16 中 CDE 段所示。由图可知，降速干燥阶段通常分为两个阶段。当物料含水量降到临界含水量后，物料表面不能维持全面湿润而形成干点，实际汽化面积减小，从而使得以物料全部外表面积计算的干燥速率逐渐下降。当物料外表面完全不润湿时，降速干燥就从第一阶段（*CD* 段）进入到第二降速阶段（*DE* 段）。在第二降速阶段，由于水分的汽化面随着干燥过程的进行逐渐向物料内部移动，从而使热、质传递途径加长，阻力变大，造成干燥速率下降。到达 E 点后，物料的含水量已降到平衡含水量 X^*（即平衡水分），再继续干燥亦不可能降低物料的含水量。

降速干燥阶段的干燥速率主要决定于物料本身的结构、形状和大小等，而与空气的性质关系很小。此阶段由于水分汽化量逐渐减小，空气传给物料的热量，部分用于水分汽化，部分用于给物料升温，当物料含水量达到平衡含水量时，物料温度接近于空气的温度 t。

三、影响干燥速率的因素

1. 影响恒速干燥速率的因素

由恒速干燥的特点可知，恒速阶段的干燥速率与物料的种类、内部结构无关，主要和以下因素有关。

（1）干燥介质条件　干燥介质条件是指空气的状态及流动速率。提高空气温度 t、降低湿度 H，可增大传热及传质推动力。提高空气流速，可增大对流传热系数与对流传质系数。所以，提高空气温度，降低空气湿度，增大空气流速能提高恒速干燥阶段的干燥速率。

（2）物料尺寸及与空气的接触面积　物料尺寸较小时提供的干燥面积大，干燥速率高。同样尺寸的物料，物料与空气接触方式对干燥速率有很大影响。物料颗粒与空气一般有三种不同的接触方式，其中物料分散悬浮于气流中接触方式最好，不仅对流传热系数与对流传质系数大，而且空气与物料接触面积也大，其次是气流穿过物料层的接触方式，而气流掠过物料层的接触方式与物料接触不良，干燥速率最低。

2. 影响降速干燥速率的因素

降速干燥阶段的特点是湿物料只有结合水分，干燥速率与干燥介质的条件关系不大，影响因素如下。

（1）物料本身的性质　物料本身的性质包括物料的内部结构和物料与水的结合形式等，这些因素对干燥速率有很大影响。不过物料本身的性质，通常是不能改变的因素。

（2）物料温度　在同一湿含量的情况下，提高物料温度可以减小内部传质阻力，使干燥速率加快。

（3）物料的形状和尺寸　物料的形状和尺寸影响着内部水分的传递。物料越薄或直径越小对提高干燥速率越有利。

（4）气体与物料接触方式　一定大小的物料如与气体接触方式不同，其传质距离和传质面积不同。若将物料分散在气流中，则传质距离会缩短，传质面积会大大提高，干燥速率也会大幅度提高。

四、恒定条件下的干燥时间

1. 恒速段干燥时间

恒速干燥阶段的干燥速率为常量，且等于临界干燥速率 U_c，故物料由初始含水量 X_1 降到临界含水量 X_c 所需的干燥时间 τ_1，即

$$\tau_1=\frac{G}{AU_c}(X_1-X_c) \tag{6-9}$$

式中　τ_1——恒速干燥阶段干燥时间，s。

恒速干燥阶段的干燥速率 U_c，可从干燥速率曲线上直接查得，或由经验公式计算。

2. 降速段干燥时间

当物料的干基含水量由 X_c 下降至 X_2 时，所用的干燥时间为 τ_2，在该阶段干燥速率随物料含水量的减少而降低，当降速干燥阶段的干燥速率随物料的含水量呈线性变化时，一般采用图解积分法计算干燥时间，当缺乏物料在降速阶段的干燥速率数据时，可用下式近似处理

$$\tau_2=\frac{G}{AK_X}\ln\frac{X_c-X^*}{X_2-X^*} \tag{6-10}$$

式中　K_X——比例系数，$K_X=\frac{U_c}{X_c-X^*}$；

τ_2——降速干燥阶段干燥时间，s。

3. 总干燥时间

总干燥时间 τ，即物料在干燥器中停留的时间为

$$\tau=\tau_1+\tau_2 \tag{6-11}$$

【例 6-2】 用一间歇干燥器将一批湿物料从含水量 $\omega_1=27\%$ 干燥到 $\omega_2=5\%$（均为湿基），湿物料的质量为 200kg，干燥面积为 $0.025\text{m}^2/\text{kg}$（绝干料），装卸时间 $\tau'=1\text{h}$，试确定每批物料的干燥周期[从该物料的干燥速率曲线可知 $X_c=0.2$　$X^*=0.05$　$U_c=1.5\text{kg}/(\text{m}^2\cdot\text{h})$]。

解　绝对干物料量　$G=G_1(1-\omega_1)=200\times(1-0.27)=146\text{kg}$

干燥总面积　$A=146\times0.025=3.65\text{m}^2$

$$X_1=\frac{\omega_1}{1-\omega_1}=\frac{0.27}{1-0.27}=0.37 \qquad X_2=\frac{\omega_2}{1-\omega_2}=\frac{0.05}{1-0.05}=0.053$$

恒速阶段 τ_1　　由 $X_1=0.37$ 至 $X_c=0.2$

$$\tau_1=\frac{G}{UA}(X_1-X_c)=\frac{146}{1.5\times3.65}\times(0.37-0.2)=4.5\text{h}$$

降速阶段 τ_2，由 $X_c=0.2$ 至 $X^*=0.05$

$$K_X=\frac{U}{X-X^*}=\frac{1.5}{0.2-0.05}=10\text{kg}/(\text{m}^2\cdot\text{h})$$

$$\tau_2=\frac{G}{K_XA}\ln\frac{X-X^*}{X_2-X^*}=\frac{146}{10\times3.65}\ln\frac{0.2-0.05}{0.053-0.05}=15.7\text{h}$$

每批物料的干燥周期 τ：$\tau=\tau_1+\tau_2+\tau'=4.5+15.7+1=21.2\text{h}$

思考与练习

一、选择题

1. 干燥过程中可以除去的水分是（　　）。

A. 结合水分和平衡水分　　B. 结合水分和自由水分

C. 平衡水分和自由水分　　D. 非结合水分和自由水分

2. 利用空气作介质干燥热敏性物料，且干燥处于降速阶段，欲缩短干燥时间，则可采取的最有效措施是（　　）。

A. 提高介质温度　　B. 增大干燥面积，减薄物料厚度

C. 降低介质相对湿度　　D. 提高介质流速

3. 同一物料，如恒速阶段的干燥速率加快，则该物料的临界含水量将（　　）。

A. 不变　　B. 减少　　C. 增大　　D. 不一定

4. 某物料在干燥过程中达到临界含水量后的干燥时间过长，为提高干燥速率，下列措施中最为有效的是（　　）。

A. 提高气速　　B. 提高气温　　C. 提高物料温度　　D. 减小颗粒的粒度

二、简答题

1. 一般干燥过程的物料衡算中物料组成是以什么为基准？为什么？

2. 在相同的条件下，为什么在夏天干燥过程中的空气消耗量比冬天要多？

3. 用一定相对湿度 φ 的热空气干燥湿物料中的水分，能否能将湿物料中的水分全部去除，为什么？

4. 影响干燥速率的因素有哪些？

三、计算题

1. 含水量为 40%（湿基含水量）的物料，干燥后降至 20%，求从 100kg 原料中蒸发的水分。

2. 在一连续干燥器中，每小时将 2000kg 湿物料由含水量 3% 干燥至 0.5%（均为湿基）。以热空气为干燥介质，空气进、出干燥器的湿度分别为 0.02 和 0.08。设干燥过程中无物料损失，试求：(1) 水分蒸发量 W；(2) 新鲜湿空气消耗量 L；(3) 干燥产品流量 G_2。

3. 用空气干燥某含水量为 40%（湿基）的物料，每小时处理湿物料量为 1000kg，干燥后产品含水量为 5%（湿基）。空气的初温为 20℃，相对湿度为 60%，经加热至 120℃后进入干燥器，离开干燥器时的温度为 40℃，相对湿度为 80%。试求：(1) 水分蒸发量；(2) 绝干空气消耗量和单位空气消耗量；(3) 如鼓风机安装在进口处，风机的风量是多少?；(4) 干燥产品的产量。

项目七 液-液萃取操作

任务1 萃取装置流程的识读

实训操作

一、情境再现

对于液体混合物的分离，除采用蒸馏的方法外，还可以仿照吸收的方法，即在液体混合物（原料液）中加入一定与其基本不相混合的液体作为溶剂，利用原料液中各组分在溶剂中溶解度的不同来分离混合物，称为萃取操作。如从煤焦油中分离苯酚及同系物、由稀醋酸水溶液制备无水醋酸及多种金属物质的分离和核材料的提取等都是萃取法的典型应用案例。图7-1为转盘、脉冲填料萃取实训装置，以水为萃取剂，萃取煤油中微量苯甲酸。

图7-1 转盘、脉冲填料萃取实训装置

二、任务目标

① 认识萃取设备及装置的组成。

② 掌握管线及物料的走向。

③ 能叙述萃取操作液-液相流程，指出装置上每个设备、部件、阀门、开关的作用和使用方法。

④ 培养学生认真观察和思考的能力，养成严谨的工作态度。

三、任务要求

① 通过查阅资料了解萃取塔的结构特点。

② 认真观察过程中所看到的设备结构特点、管线、物料流向及控制方法。

③ 以小组为单位，分工协作完成萃取装置流程的识读任务。

四、操作步骤

1. 观察萃取塔主体

观察萃取塔主体的结构类型、进出口的位置、取样点的位置、管线走向。

2. 观察塔内的结构

观察转盘、填料的结构特点及轻相、重相的流动途径与混合方式。

3. 观察轻相、重相、萃余相储罐

观察轻、重液相储罐及萃余相储罐的结构及其与塔主体的连接、管线的走向。

4. 观察仪表及控制系统

观察温度、测量仪表并掌握温度、流量等参数的调节方法。

五、项目考评

见表 7-1。

表 7-1　萃取装置流程的识读项目考评表

项目	评分要素		分值	评分记录	得分
观察萃取塔主体	能正确说出萃取塔的类型，各进出口位置并能说明其作用		20		
观察塔内的结构	能说出转盘、填料的结构特点，轻相重相流动路径和混合方式		20		
观察轻相、重相、萃余相储罐	能说出轻、重液相储罐及萃余相储罐的结构及其与塔主体的连接、管线的走向		20		
观察仪表及控制系统	能准确找到各监测点的位置，并能说出其作用及控制方法		20		
职业素质	纪律、团队精神、设备仪器维护管理		10		
实训报告	能完整、流畅地汇报项目实施情况；撰写项目完成报告，格式规范整洁		10		
安全操作	按国家有关规定执行操作	每违反一项规定从总分中扣 5 分，严重违规取消考核			
考评老师		日期		总分	

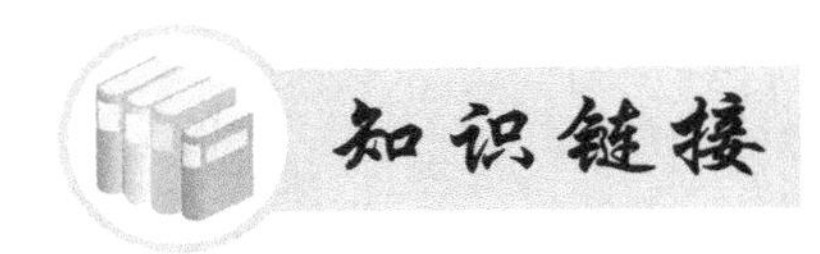

知识一　萃取设备

一、萃取设备的基本要求

在萃取设备中，实现液-液萃取的基本要求是液体分散和两液相的相对流动与分层。首先为了使溶质更快的从原料液进入萃取剂，必须要求两相充分有效的接触并伴有较高程度的湍流。通常萃取过程中一个液相称为连续相，另一个液相以液滴的形式分散在连续的液相中，称为分散相，液滴表面积即为两相接触的传质面积。显然液滴越小，两相的接触面积就越大，传质也越快；其次，分散的两相必须进行相对流动以实现液滴聚集与两相分层。同样，分散相液滴越小，两相的相对流动越慢，聚合分层越困难。因此，上述两个基本要求是相互矛盾的，在选取萃取塔时，要统筹兼顾以得到适宜的方案。

二、萃取设备的分类

目前，工业上所采用的各种类型的萃取设备已超过 30 种，而且还不断开发出新型萃取设备。

萃取设备的分类方法很多，如根据两相的接触方式，萃取设备可分为逐级接触式和微分接触式两类。在逐级接触式设备中，每一级均进行两相的混合与分离，故级间两液相的组成发生阶跃式变化。而在微分接触式设备中，两相逆流，连续接触、传质，从而两液相的组成也发生连续变化。

根据外界是否输入机械能，萃取设备又可分为有外加能量和无外加能量两类。若两相密度差较大，则萃取操作时，仅依靠液体进入设备时的压力及两相的密度差即可使液体分散和流动；反之，若两相密度差较小，截面张力较大，液滴易聚合不易分散，则在萃取操作时，常采用从外界输入能量的方法，如施加搅拌、振动、离心等以提高两相的相对流速，改善液体分散状况。

除此之外，还可以按操作方式分为间歇式和连续式；按设备和操作级数分为单级和多级；按设备结构特点和形状又可分为许多种。工业上常用萃取设备的分类情况见表 7-2。

表 7-2　萃取设备分类

液体分散的动力		逐级接触式	微分接触式
重力差		筛板塔	喷洒塔、填料塔
外加能量	脉冲	脉冲混合-澄清器	脉冲填料塔、液体脉冲筛板塔
	旋转搅拌	混合澄清器	转盘塔(RDC)
			偏心转盘塔(ARDC)
		夏贝尔塔	库尼塔
	往复搅拌	—	往复筛板塔
	离心力	卢威离心萃取机	POD 离心萃取机

三、常见萃取设备简介

1. 混合-澄清器

混合-澄清器是最早使用，而且目前仍广泛应用的一种萃取设备，它由混合器与澄清器两部分组成。典型的混合-澄清器如图 7-2 所示。操作时，原料液和萃取剂加入混合器中经一定时间激烈的搅拌后，再进入澄清器中进行分层。密度较小的液相在上层，较大的在下层。可以将多个混合-澄清器串联操作，这样便构成了多级混合-澄清器。

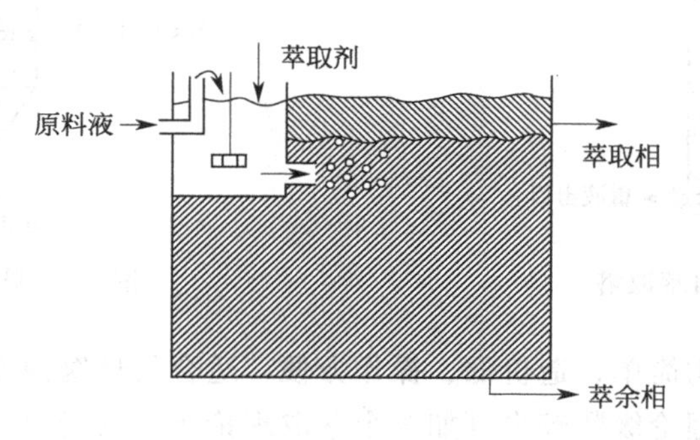

图 7-2　混合-澄清器

混合-澄清器具有处理量大，传质效率高，两相流量比范围大，结构简单，操作方便，运转稳定可靠，适应性强，易实现多级连续操作等优点。但其水平排列的设备占地面积大，溶剂储量大，每级内都设有搅拌装置，液体在级间流动需泵输送，设备费和操作费都较高。适用于多种物系，甚至是含少量悬浮固体物系的处理。

2. 塔式萃取设备

通常将高径比很大的萃取装置统称为塔式萃取设备，简称萃取塔。为了获得满意的萃取效果，萃取塔应具有分散装置，以提供两相间较好的混合条件；同时，塔顶、塔底均应有足够的分离空间，以使两相很好的分层。由于使两相混合和分散所采用的措施不同，因此出现了不同结构型式的萃取塔。常见的萃取塔设备有填料塔、筛板塔、转盘塔等，适宜于连续逆流操作。

（1）填料萃取塔　用于萃取的填料塔与用于吸收过程的填料塔结构上基本相同，即在塔体内支撑板上充填一定高度的填料层，如图 7-3 所示。萃取操作时，塔内装有适宜的填料，轻、重两相分别由塔底和塔顶进入，在两相密度差的作用下分别由塔顶和塔底排出。塔内填料是核心部件，选择填料材质时，除考虑料液的腐蚀性外，还应考虑填料的材质是否易为连续相所润湿，以利于液滴的生成和稳定。操作时应先用连续相液体将填料充分润湿后再通入分散相液体。

在普通的填料萃取塔内，两相依靠密度差而逆流流动，相对速度较小，界面湍动程度低，限制了传质速率的进一步提高。为了防止分散相液滴过多聚结，可向填料提供外加脉动能量，造成液滴脉动，这种填料塔称为脉冲填料萃取塔。脉动的产生，通常采用往复泵，有时也采用压缩空气来实现，如图 7-4 所示。但需注意，向填料塔加入脉冲会使乱堆填料趋向定向排列，导致沟流，因而使脉冲填料塔的应用受到限制。

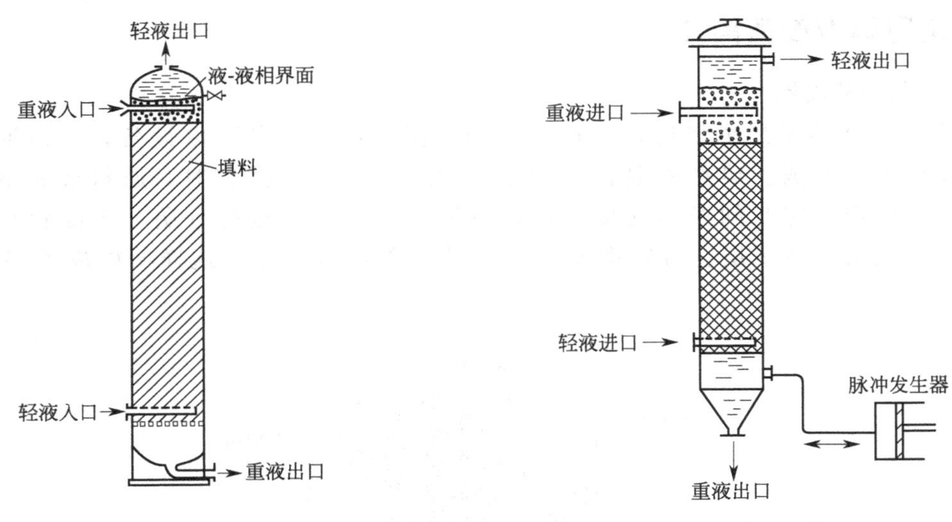

图 7-3　填料萃取塔　　　　图 7-4　脉冲填料萃取塔

填料萃取塔具有结构简单、造价低、操作方便，适合处理腐蚀性料液的优点，但其传质效率低。一般用于所需理论级数较少（如 3 个萃取理论级）的场合；两相的处理量有限，不能处理含固体的悬浮液。

（2）筛板萃取塔　筛板萃取塔与用于精馏过程的板式塔结构基本相同。图 7-5(a) 是以轻液相为分散相的筛板萃取塔示意图，塔体内装有若干层开有小孔的筛板。工业中所用的孔径一般为 3～9mm，孔距为孔径的 3～4 倍，板间距为 150～600mm。若轻液相为分散相，则其通过塔板上的筛孔而被分散成细滴向上流，与塔板上的连续相密切接触后便分层凝聚，并聚结于上层筛板的下面，然后借助压强差的推动，再经筛孔而分散。连续相由溢流管流至下层，横向流过筛板并与分散相接触；若以重液相为分散相时，则应将溢流管的位置改装于筛板上方，如图 7-5(b) 所示。筛板塔内一般选取不易湿润塔板的一相作为分散相。

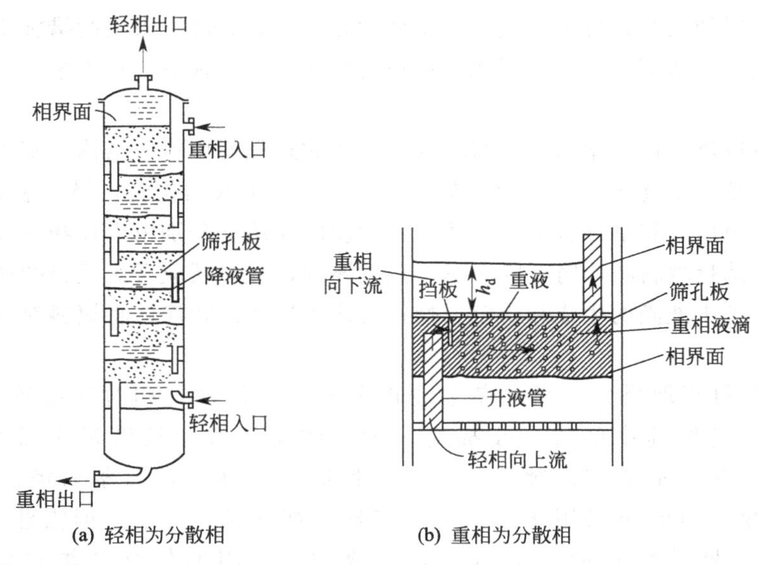

图 7-5　筛板萃取塔与筛板结构示意图

在筛板萃取塔内分散相的多次分散和聚集，液滴表面不断更新使其具有较高的传质效率，同时由于塔板的限制也减小了轴向返混现象的发生，加之筛板塔结构简单、造价低廉，并可处理腐蚀性料液，因而得到相当广泛的应用。

(3) 转盘萃取塔（RDC）　转盘萃取塔的结构如图 7-6 所示。塔体内装有多层固定在塔体上的环形挡板，称为固定环，它使塔内形成许多分隔开的空间。在每一个分割空间的中央位置处均有一层固定在中央转轴上的水平圆盘，称为转盘。操作时水平圆盘随中心轴而高速旋转，促进了液滴的分散，因而加大了相际接触面积。

转盘萃取塔的萃取效果较好，设备也可小型化，近年来应用于各种萃取场合。

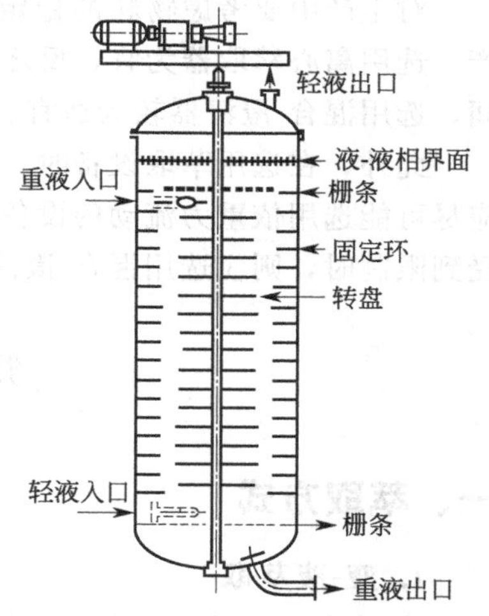

图 7-6　转盘萃取塔

3. 离心萃取器

离心萃取器是利用离心力使两相快速充分混合并快速分离的萃取装置。至今，已开发出多种类型的离心萃取器，广泛应用于制药（如抗菌素的提取）、香料、染料、废水处理及核燃料处理等领域。如波德式离心萃取器（POD）和芦威式离心萃取器（LUWE）等。

离心萃取器的优点是结构紧凑，生产强度高，物料停留时间短，分离效果好，特别适用于轻重两相密度差很小、难于分离、易产生乳化及要求物料停留时间短、处理量小的场合。但离心萃取器的结构复杂、制造困难、操作费高，使其应用受到一定限制。

四、萃取设备的选择

各种不同类型的萃取设备具有不同的特性，萃取过程中物系性质对操作的影响错综复杂。对于具体的萃取过程选择适宜设备的原则是：首先满足工艺条件和要求，然后进行经济核算，使设备费和操作费总和趋于最低。萃取设备的选择，应考虑以下因素。

1. 所需的理论级数

当所需的理论级数不大于 2～3 级时，各种萃取设备均可满足要求；当所需的理论级数较多（如大于 4～5 级）时，可选用筛板塔；当所需的理论级数再多（如大于 10～20 级）时，可选用有能量输入的设备，如脉冲塔、转盘塔、往复筛板塔，混合-澄清器等。

2. 生产能力

当处理量较小时，可选用填料塔、脉冲塔；对于较大的生产能力，可选用筛板塔、转盘萃取塔及混合-澄清器；离心萃取器的处理能力也相当大。

3. 物系的物性性质

对界面张力较小，密度差较大的物系，可选用无外加能量的设备；对界面张力较大，密度差较小的物系，宜选用有外加能量的设备；对密度差甚小，界面张力小、易乳化的难分层物系，应选用离心萃取器。

对有较强腐蚀性的物系，宜选用结构简单的填料塔或脉冲填料塔；对于放射性元素的提取，脉冲塔和混合-澄清器用得较多。

若物系中有固体悬浮物或在操作过程中产生沉淀物时，需周期停工清洗，一般可选用转盘萃取塔或混合-澄清器。另外，往复筛板塔和液体脉动筛板塔有一定自清洗能力，在某些场合也可考虑选用。

4. 物系的稳定性和液体在设备内的停留时间

对生产中要考虑物料的稳定性、要求在萃取设备内停留时间短的物系，如抗菌素的生产，选用离心萃取器为宜，反之，若萃取物系中拌有缓慢的化学反应，要求有足够的反应时间，选用混合-澄清器较为适宜。

此外，在选用萃取设备时，还需考虑其他一些因素。诸如：能源供应情况，在缺电地区应尽可能选用依重力流动的设备；当厂房地面受到限制时，宜选用塔式设备；而当厂房高度受到限制时，则应选用混合-澄清器。

知识二　萃取分离

一、萃取方式

1. 液-液萃取

液-液萃取又称溶剂萃取，简称萃取或提抽。用选定的溶剂分离液体混合物中某组分，溶剂必须与被萃取的混合物液体不相溶，具有选择性的溶解能力，而且必须有好的热稳定性和化学稳定性。所选用的溶剂称为萃取剂 S，混合液中被分离出的组分称为溶质 A，原混合液中与萃取剂不互溶或仅部分互溶的组分称为原溶剂或稀释剂 B。操作完成后所获得的以萃取剂为主的溶液称为萃取相 E，而以原溶剂为主的溶液称为萃余相 R。脱除溶剂后的萃取相和萃余相分别称为萃取液 E'和萃余液 R'。如果萃取过程中，萃取剂与原料液中的有关组分不发生化学反应，称为物理萃取，反之则称为化学萃取。

2. 固-液萃取

固-液萃取也叫浸取，用溶剂分离固体混合物中的组分。如用水浸取甜菜中的糖类；用酒精浸取黄豆中的豆油以提高产量；用水从中药中浸取有效成分以制取流浸膏（叫渗沥或浸沥）。

二、萃取特点

萃取与其他分离溶液组分的方法相比，优点在于常温操作，节省能源，不涉及固体、气体，操作方便。对于一种液体混合物，究竟是采用蒸馏还是萃取加以分离，主要取决于技术上的可行性和经济上的合理性。一般在下列情况下采用萃取方法更为有利。

① 原料液中组分的沸点非常接近，即组分间的相对挥发度接近“1”，用一般蒸馏方法不能分离或很不经济，用萃取方法则更为有利，如石油馏分中烷烃与芳烃的分离和煤焦油的脱酚等。

② 原料液在蒸馏时形成恒沸物，用普通蒸馏方法不能达到所需的纯度。

③ 溶质在混合液中浓度很低且为难挥发组分，采用精馏方法须将大量稀释剂汽化，热能消耗很大，如从稀醋酸水溶液制备无水醋酸等。

④ 不稳定物质（如热敏性物质）的分离，采用萃取方法可避免物料受热破坏，因而，在生物化学和制药工业中得到广泛应用，如从发酵液中提取青霉素、咖啡咽的提取等。

⑤ 多种离子的分离，如矿物浸取液的分离和净制，若加入化学品作为沉淀剂，不但分离质量差，而且有过滤操作，损耗也大。

萃取的应用，目前仍在发展中。元素周期表中绝大多数的元素，都可用萃取法提取和分离。萃取剂的选择和研制，工艺和操作条件的确定，以及流程和设备的设计计算，都是开发萃取操作的课题。

三、萃取操作分类

1. 单级萃取

这是最基本的操作，是使料液与萃取剂在混合过程中密切接触，让被萃取组分通过相际界面进入萃取剂中，直到组分在两相间的分配基本达到平衡。然后静置沉降，分离成为两层液体，即由萃取剂转变成的萃取液和由料液转变成的萃余液。

单级萃取对给定组分所能达到的萃取率（被萃取组分在萃取液中的量与在原料液中的初始值的比值）较低，往往不能满足工艺要求，为了提高萃取率，还可以采用多级萃取。

2. 多级萃取

分为多级错流萃取、多级逆流萃取和连续逆流萃取。

多级错流萃取时，料液和各级萃余液都和新鲜的萃取剂接触，可达较高萃取率。但萃取剂用量大，萃取液平均浓度低。

多级逆流萃取时，料液与萃取剂分别从级联的两端加入，在级间作逆向流动，最后成为萃余液和萃取液，各自从另一端离去。料液和萃取剂各自经过多次萃取，因而萃取率较高，萃取液中被萃取组分的浓度也较高，这是工业萃取常用的流程。

3. 连续逆流萃取

在微分接触式萃取塔中，料液与萃取剂在逆向流动的过程中进行接触传质，也是常用的工业萃取方法。此外，还有能达到更高分离程度的回流萃取和分部萃取。

四、单级萃取过程

单级萃取操作的基本过程如图 7-7 所示。将一定量溶剂加入原料液中，然后加以搅拌使原料液和溶剂充分混合，溶质通过相界面由原料液向溶剂中扩散，所以萃取操作与精馏、吸收一样，也属于两相间的传质过程。搅拌停止后，两相因密度差而分为以溶剂 S 为主，并溶有较多溶质的萃取相 E 和以原溶剂 B 为主，且含有未被萃取完溶质的萃余相 R。

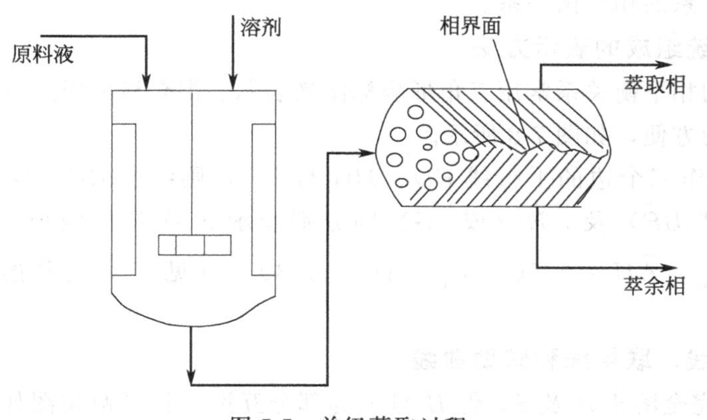

图 7-7　单级萃取过程

由此可知，萃取操作并未将原料液完全分离，而只是将原料的液体混合物代之为具有不同溶质组成的新的混合液：萃取相 E 和萃余相 R。为了得到产品 A，并回收溶剂以供循环使用，尚需对这两组分进行分离。通常采用蒸馏或蒸发的方法，有时也可采用结晶或其他化学方法。

五、萃取与吸收的区别

1. 相同之处

两者均是利用混合物中的各组分在某溶剂中溶解度的不同而达到分离的。吸收是气液接触传质，萃取是液-液接触传质，两者同属相际传质，因此两者的速率表达式和传质推动力的表达式是相同的。

2. 不同之处

由于液-液萃取体系的特点，两相的密度比较接近，界面张力较小，所以，能用于强化过程的推动力不大，分散相分层能力不高；而气液吸收两相密度相差很大，界面张力较大，气液两相分离能力很大，由此，对于气液接触效率较高的设备，用于液-液接触效率不一定高。为了提高液-液相际传质设备的效率，通常需外加能量，如搅拌、脉动、振动等。另外，为了让分散的液滴凝聚，实现两相的分离，需要有足够的停留时间即凝聚空间，简称分层分离空间。

六、液-液平衡关系

根据萃取操作中各组分的互溶性，可将三元物系分为以下三种情况。

①溶质 A 可完全溶解于原溶剂 B 和萃取剂 S 中，但 B 与 S 不互溶，形成一对完全不互溶的混合液；②溶质 A 可完全溶解于原溶剂 B 和萃取剂 S 中，但 B 与 S 部分互溶，形成一对部分互溶的混合液；③萃取剂 S 不仅与原溶剂 B 部分互溶而且与溶质 A 也部分互溶，形成两对部分互溶的混合液。

习惯上，将①、②两种情况的物系称为第Ⅰ类物系，而将③情况的物系称为第Ⅱ类物系。工业上常见的第Ⅰ类物系有丙酮（A）-水（B）-甲基异丁基酮（S）、醋酸（A）-水（B）-苯（S）及丙酮（A）-氯仿（B）-水（S）等；第Ⅱ类物系有甲基环己烷（A）-正庚烷（B）-苯胺（S）、苯乙烯（A）-乙苯（B）-二甘醇（S）等。在萃取操作中，第Ⅰ类物系较为常见，以下主要讨论这类物系的相平衡关系。

1. 三组分系统组成的表示方法

三组分系统的相平衡关系常用三角形坐标图来表示。混合液的组成以在等腰直角三角形坐标图上表示最为方便，如图 7-8 所示。

过 M 点分别作三个边的平行线 ED、HG 与 KF，则线段 $\overline{BE}$（或 $\overline{SE}$）代表 A 的组成，线段 $\overline{AK}$（或 $\overline{BF}$）及 $\overline{AH}$（或 $\overline{SG}$）则分别表示 S 及 B 的组成。由图可读得：$\omega_A=\overline{BE}=0.40$　$\omega_B=\overline{AH}=0.30$　$\omega_S=\overline{AK}=0.30$。可见三个组分的质量分数之和等于 1。

2. 溶解度曲线、联结线和辅助曲线

设溶质 A 可完全溶于 B 及 S，但 B 与 S 为部分互溶，其平衡相图如图 7-9 所示。此图是在一定温度下绘制的，图中曲线 $R_0R_1R_2R_iR_nPE_nE_iE_2E_1E_0$ 称为溶解度曲线，该曲线将三角形相图分为两个区域：曲线以内的区域为两相区，以外的区域为均相区。位于两相区

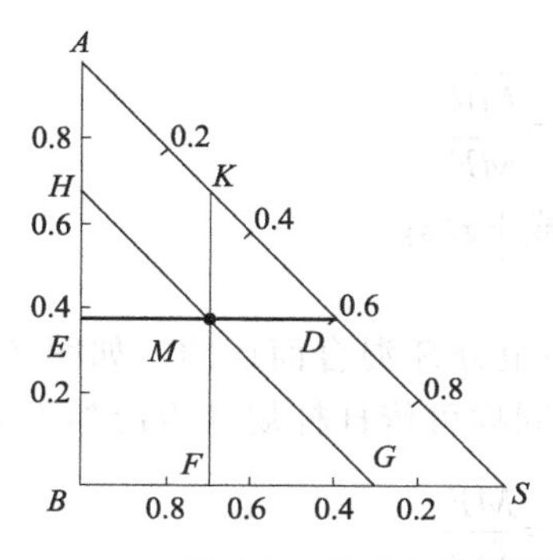

图 7-8　组成在三角形相图上的表示方法

内的混合物分成两个互相平衡的液相，称为共轭相，联结两共轭液相相点的直线称为联结线，如图 7-9 中的 R_iE_i 线（$i=0,1,2,\cdots,n$）。显然萃取操作只能在两相区内进行。

一定温度下，测定体系的溶解度曲线时，实验测出的联结线的条数（即共轭相的对数）总是有限的，此时为了得到任何已知平衡液相的共轭相的数据，常借助辅助曲线，又称共轭曲线，如图 7-9 中的平滑曲线 $PKHJF$ 即为辅助曲线。

辅助曲线与溶解度曲线的交点为 P，显然通过 P 点的联结线无限短，即该点所代表的平衡液相无共轭相，相当于该系统的临界状态，故称点 P 为临界混溶点。P 点将溶解度曲线分为两部分：靠原溶剂 B 一侧为萃余相部分，靠溶剂 S 一侧为萃取相部分。由于联结线通常都有一定的斜率，因而临界混溶点一般并不在溶解度曲线的顶点。仅当已知的联结线很短即共轭相接近临界混溶点时，才可用外延辅助曲线的方法确定临界混溶点。

通常，一定温度下的三元物系溶解度曲线、联结线、辅助曲线及临界混溶点的数据均由实验测得，有时也可从手册或有关专著中查得。

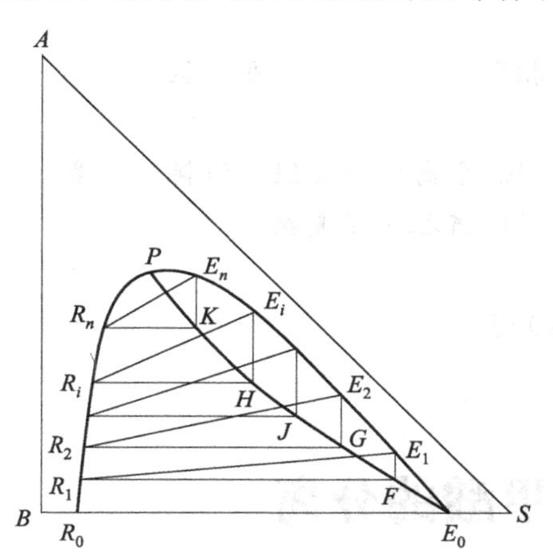

图 7-9　溶解度曲线、联结线和辅助曲线

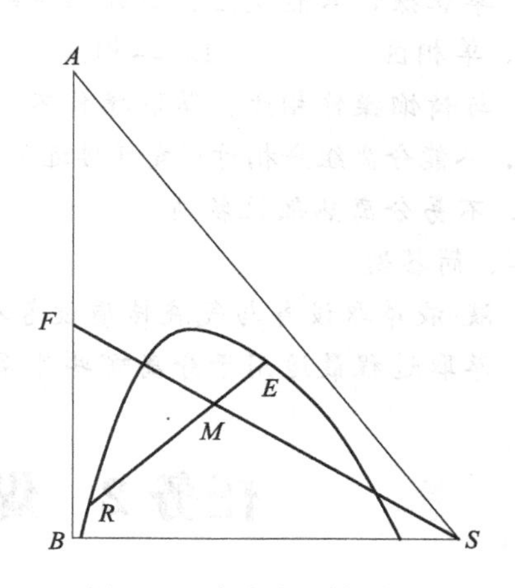

图 7-10　杠杆规则的应用

3. 萃取物料衡算依据

在三角形相图中，如果由两相混合成一个体系（或由一个体系分成两相），原来两相的组成点和混合后体系的组成点一定在一条直线上，并且两相质量的比与线段距离成反比。

如图 7-10 所示，两相区内任一点 M 代表的混合液分为两个液层，即互成平衡的 R 相和 E 相。M 点称为 R 点与 E 点的和点，R 点与 E 点称为差点。混合物 M 与两液相 E、R 之

间的关系可用杠杆规则描述，即

$$\frac{E}{R}=\frac{\overline{MR}}{\overline{ME}} \tag{7-1}$$

式中　E、R——E 相和 R 相的质量，kg 或 kg/s；

$\overline{MR}$、$\overline{ME}$——线段 MR 与 ME 的长度。

若三元混合物 M 是由二元混合液 F 和纯组分 S 混合而成的，如图 7-9 所示，则 M 为 S 与 F 的和点，M 与 S、F 处于同一直线上。同样可依杠杆规则得出如下关系

$$\frac{S}{F}=\frac{\overline{MF}}{\overline{MS}} \tag{7-2}$$

若向二元混合物 F 中逐渐加入 S，则其组分变化沿 FS 线由 F 向 S 线逐渐移动，而其余二组分（A 与 B）的比例保持不变（仍是原来在二元溶液 F 中的比例关系）。

思考与练习

一、选择题

1. 混合溶液中待分离组分浓度很低时一般采用（　　）的分离方法。

A. 过滤　　B. 吸收　　C. 萃取　　D. 离心分离

2. 在表示萃取平衡组成的三角形相图上，顶点处表示（　　）。

A. 纯组分　　B. 一元混合物　　C. 二元混合物　　D. 无法判断

3. 萃取操作只能发生在混合物系的（　　）。

A. 单相区　　B. 二相区　　C. 三相区　　D. 平衡区

4. 与精馏操作相比，萃取操作不利的是（　　）。

A. 不能分离组分相对挥发度接近于 1 的混合液　　B. 分离低浓度组分消耗能量多

C. 不易分离热敏性物质　　D. 流程比较复杂

二、简答题

1. 液-液萃取设备与气液传质设备有什么主要区别？

2. 萃取过程最适用于分离哪些体系？

任务 2　煤油中苯甲酸的分离

实训操作

一、情境再现

萃取塔是石油炼制、化学工业和环境保护等部门广泛应用的一种液-液传质设备，具有

结构简单、便于安装和制造等特点。在液-液传质系统中，两相间的密度较小，界面张力差不大，导致推动相际传质的惯性力较小，已分层的两相分层分离能力不高，为了提高液-液相传质设备的效率，通常施加外加能量，如搅拌、脉冲、振动等。图 7-11 所示为转盘、脉冲填料塔萃取煤油中苯甲酸的实操现场，通过调节转盘的速度或脉冲频率可以改变外加能量的大小。

图 7-11　转盘、脉冲填料塔萃取煤油中苯甲酸实操现场

二、任务目标

① 掌握液-液萃取塔的操作规程。

② 能够分析萃取相及萃余相的进出口浓度。

③ 掌握容量分析法。

三、任务要求

① 控制好塔顶两相界面的位于轻相出口和重相入口之间适中位置，并保持不变。

② 改变操作条件后，必须稳定足够的时间。

③ 必须用流量修正公式对流量计的读数进行修正。

④ 控制好煤油流量和水流量。

⑤ 以小组为单位，分工协作完成煤油中苯甲酸的分离任务。

四、操作步骤

1. 检查准备

实训前，先根据工艺流程检查轻、重相液的管路，确认泵前阀门处于开的状态，且检查各储液罐的放空阀门是否开着。

2. 配液

配制饱和的煤油苯甲酸溶液，从加料漏斗加入轻相液原料罐内，处于罐体玻璃液位计

2/3 的位置。给实训装置的重相液罐注水，液位高度为玻璃液位计的 2/3，在实验中不够时，随时增加。

3. 萃取

开启重相液泵-水泵，将连续相水充满塔体，然后开启分散相油管路上的阀门。开启转盘萃取塔转盘电机电源，调整转盘在适宜转速。打开压缩空气阀门，调节压缩空气压力大小，调节脉冲频率大小，使脉冲萃取塔内操作正常。

4. 调节两相界面高度

将分散相（轻相）流量调至指定值（10L/h），并注意及时调节 π 型管的高度，控制适当的塔顶分离段的高度（油水分离界面），操作中始终保持塔顶分离段两相的相界面位于轻相出口以下。

5. 取样分析

操作稳定半小时后用锥形瓶收集轻相进、出口的样品各约 40mL，重相出口样品约 50mL 分析浓度。取样后，即可改变条件进行另一操作条件下的实验。保持油相和水相流量不变，将转盘旋转转速和脉冲频率或空气的流量调到另一数值，进行另一条件下的测试。

6. 停车

实训完毕，停泵，关闭两相流量计，将调速器调至零位，使桨叶停止转动，切断电源。关闭空气压缩机电源和脉冲发生仪电源。滴定分析过的煤油应集中存放回收。洗净分析仪器，一切复原，保持实验台面整洁。

五、项目考评

见表 7-3。

表 7-3　煤油中苯甲酸的分离项目考评表

项目	评分要素			分值	评分记录	得分
检查准备	检查轻、重相液的管路；泵前阀门处于开的状态；各储液罐的放空阀处于开启状态			10		
配液	能正确配置煤油苯甲酸溶液；重相液罐内注水，液位高度为玻璃液位计的 2/3			10		
萃取	正确开启重相液泵、油管路上的阀门；正确开启转盘萃取塔、调整转盘速度；正确开启脉冲萃取塔，调节脉冲频率			20		
调节两相界面高度	控制适当的塔顶分离段高度，操作中始终保持塔顶分离段两相的相界面位于轻相出口以下			15		
取样分析	取样、分析操作准确；操作条件改变合理			15		
停车	停车顺序正确，设备仪器归位，实验环境保持清洁			10		
职业素养	纪律、团队精神			10		
实训报告	能完整、流畅地汇报项目实施情况，撰写项目完成报告，数据准确、可靠			10		
安全操作	按国家有关规定执行操作	每违反一项规定从总分中扣 5 分，严重违规取消考核				
考评老师		日期			总分	

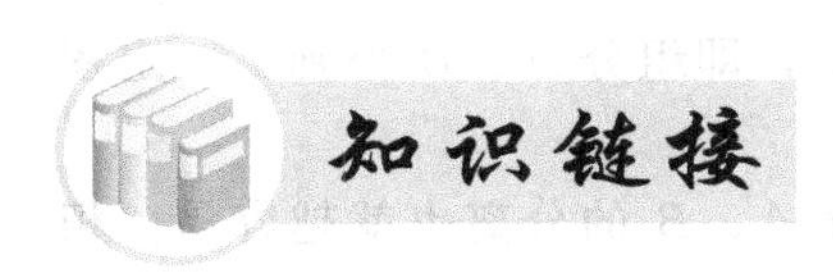

知识　萃 取 操 作

一、萃取操作的影响因素

影响萃取的因素很多，主要有三个方面：①物系本身的性质，其中萃取剂的选择是主要因素；②操作因素，其中温度是主要因素；③设备因素。

下面将依次讨论萃取剂的选择和操作温度的影响，设备的影响已在任务1中详解，在此不再赘述。

1. 萃取剂的选择

选择适宜的萃取剂是萃取操作分离效果和经济性的关键。萃取剂的性能主要由以下几个方面衡量。

（1）萃取剂的选择性和选择性系数　选择性是指萃取剂 S 对原料液中两个组分溶解能力的差异。若 S 对溶质 A 的溶解能力比对原溶剂 B 的溶解能力大得多，即萃取相中 y_A 比 y_B 大得多，萃余相中 x_B 比 x_A 大得多，那么这种萃取剂的选择性就好。

萃取剂的选择性可用选择性系数表示，即

$$\beta=\frac{\text{萃取相中}A\text{的质量分数}}{\text{萃取相中}B\text{的质量分数}}\Bigg/\frac{\text{萃余相中}A\text{的质量分数}}{\text{萃余相中}B\text{的质量分数}}=\frac{y_A}{y_B}\Bigg/\frac{x_A}{x_B}=\frac{y_A}{x_A}\Bigg/\frac{y_B}{x_B} \tag{7-3}$$

式中　β——选择性系数，无量纲；

y——组分在萃取相 E 中的质量分数；

x——组分在萃余相 R 中的质量分数。

下标 A 表示组分 A，B 表示组分 B。

在一定温度下，当达到平衡时，溶质组分 A 在两个液层（E 相和 R 相）中的浓度之比，称为分配系数，以 k_A 表示，即

$$k_A=\frac{\text{组分}A\text{在}E\text{相中的组成}}{\text{组分}A\text{在}R\text{相中的组成}}=\frac{y_A}{x_A} \tag{7-4}$$

同样，对于组分 B 也可写出相应的分配系数表达式，即

$$k_B=\frac{\text{组分}A\text{在}E\text{相中的组成}}{\text{组分}A\text{在}R\text{相中的组成}}=\frac{y_B}{x_B} \tag{7-4a}$$

分配系数表达了某一组分在两个平衡液相中的分配关系。显然，分配系数 k_A 越大，萃取分离效果越好。

将式(7-4)，式(7-4a) 带入式(7-3) 可得

$$\beta=\frac{k_A}{k_B} \tag{7-5}$$

选择性系数 β 为组分 A 和 B 的分配系数之比，其物理意义颇似精馏中的相对挥发度，

若$\beta>1$，说明组分A在萃取相中的相对含量比萃余相中的高，即组分A、B得到了一定程度的分离。

显然值k_A越大，k_B越小，选择性系数β就越大，组分A、B的分离也就越容易，相应的萃取剂的选择性也就越高，对溶质的溶解能力大，对于一定的分离任务，可减少萃取剂用量，降低回收溶剂操作的能量消耗，并且可获得高纯度的产品A。

（2）萃取剂S与原溶剂B的互溶度　图7-12表示了在相同温度下，同一种A、B二元料液与不同性能萃取剂S_1、S_2所构成的相平衡关系图。图7-12（a）表明B、S_1互溶度小，两相区面积大，萃取液的最高浓度y'_{max}较大；图7-12（b）表明选择萃取剂S_2时，其最高浓度y'_{max}较小。所以说，B、S互溶度越小，越有利萃取分离。

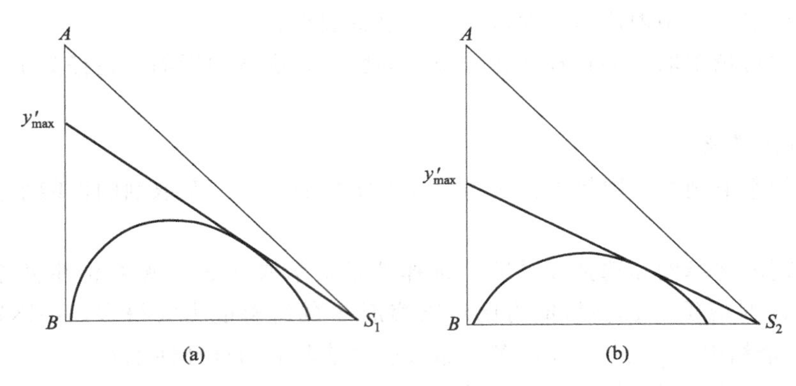

图7-12　互溶度对萃取操作的影响

（3）萃取剂回收的难易与经济性　萃取剂通常需要回收循环使用，萃取剂回收的难易直接影响萃取的操作费用。回收萃取剂所用的方法主要是蒸馏。若被萃取的溶质是不挥发的，而物系中各组分的热稳定性又较好，可采用蒸发操作回收萃取剂。在一般萃取操作中，回收萃取剂往往是费用最多的环节，有时某种萃取剂具有许多良好的性能，仅由于回收困难而不能选用。

（4）萃取剂的物理性质

① 密度　为使E相和R相能较快的分层以快速分离，要求萃取剂与被分离混合物有较大的密度差，特别是对没有外加能量的萃取设备，较大的密度差可加速分层，以提高设备的生产能力。

② 界面张力　两液相间的界面张力对分离效果也有重要影响，物系界面张力较大，分散相液滴易聚结，有利于分层，但若界面张力太大，液体不易分散，接触不良，降低分离效果；若界面张力过小，则易产生乳化现象，使两相难于分层。在实际操作中，液滴的聚集更为重要，故一般多选用界面张力较大的萃取剂。

此外，选择萃取剂时还应考虑其他一些因素，如萃取剂应具有比较低的黏度和凝固点，具有化学稳定性和热稳定性，对设备腐蚀性要小，来源充分，价格较低廉，不易燃易爆等。

通常很难找到同时满足上述所有要求的萃取剂，这就需要根据实际情况加以权衡，以保证满足主要要求。

2. 温度的影响

相图上两相区面积的大小，不仅取决于物系本身的性质，而且与操作温度有关。一般情况下，温度升高溶解度增大，温度降低溶解度减小。如图7-13中两相区的面积随着温度的升高而缩小。若温度继续升高，两相区就完全消失，成为一个完全互溶的均相三元物系，此时萃取操作便无法进行。

对同一物系，当温度降低时，两相区增加，对萃取有利。但温度降低会使溶液黏度增加，不利于两相间的分散、混合和分离，因此萃取操作温度应做适当选择。

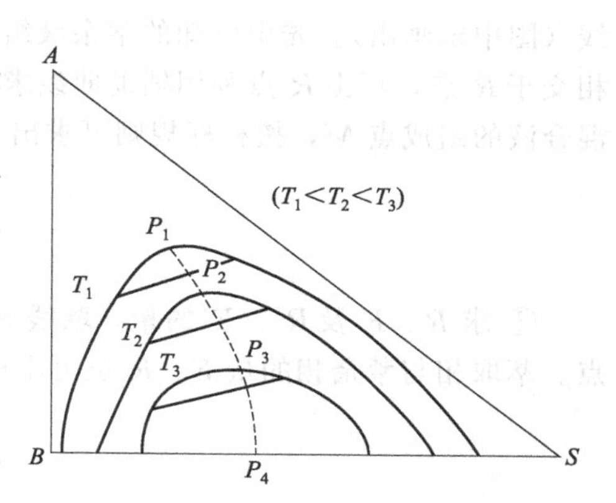

图 7-13　温度对互溶度的影响

二、萃取塔的操作特点

1. 分散相的选择

在萃取操作过程中，哪一相的流体在设备内作分散相是可以选择的，一般可参考以下原则。

① 为增大相际接触面积，一般将流量大者作为分散相。

② 当两相流量比相差很大时，为减小轴向返混，宜将流量小者作为分散相。

③ 黏度大的液体宜作为分散相；对于填料、筛板润湿性较差的液体宜作为分散相；成本高、易燃易爆的液体宜作为分散相。

2. 外加能量的大小

外加能量的目的是使一相作为分散相，形成适宜尺寸的液滴，因为液滴的尺寸不仅关系到相际接触面积，而且影响传质系数和塔的流通量，所以外加能量有它有利的一面和不利的一面。有利的一面是增加液-液传质面积和液-液传质系数；不利的一面是返混增加，传质推动力下降，液滴太小，内循环消失，传质系数下降，容易发生液泛，通量下降。基于以上两方面考虑，外加能量要适度。

3. 萃取塔的操作

萃取塔在开车时，应首先将连续相注满塔中，然后开启分散相，分散相必须经凝聚后才能自塔内排出。因此当轻相作为分散相时，应使分散相不断在塔顶分层凝聚，当两相界面维持适当的高度后再开启分散相出口阀门，并靠重相出口的 π 形管自动调节界面高度。当重相作为分散相时，则分散相不断在塔的分层段凝聚，两相界面应维持在塔底分层段的某一位置上。

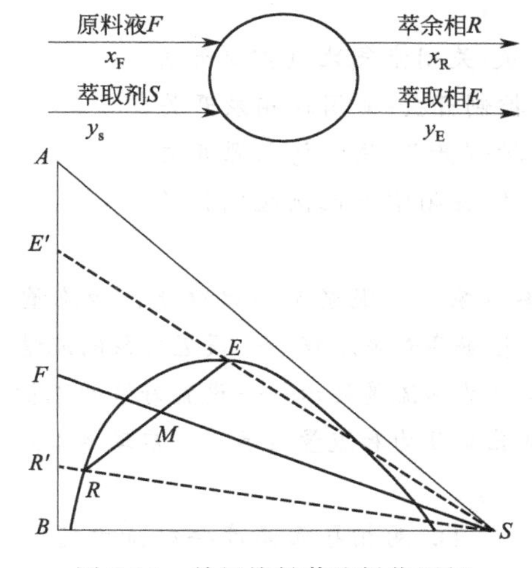

图 7-14　单级接触萃取操作图解

三、萃取剂用量的确定

图 7-14 所示为单级接触萃取操作的图解。一般以生产任务所规定的原料液 F 量及其组成为根据，萃余相 R 的组成大多为生产中所要控制的指标，也为已知量。通过计算可求出萃取剂 S 的所需量，以及萃取相 E 和萃余相 R 的量和组成。具体计算步骤如下。

① 设加入的萃取剂是纯态的。故 S 的组成位于三角形的右顶点。由已知原料液组成在三角形的 AB 边上确定 F 点，联 SF，代表原料液与萃取剂的混合液的组成点 M 必在 SF 线上。

② 根据萃取系统的液-液相平衡数据作出辅助曲

线（图中未画出）。先由已知的萃余液组成，在 AB 边上确定 R'，联线 SR'，与溶解度曲线相交于 R 点，再由 R 点利用辅助曲线求出 E 点。联线 RE 直线，RE 线与 SF 线的交点即为混合液的组成点 M，按杠杆规则可求出 S 的量为

$$S=F\times\frac{\overline{MF}}{\overline{MS}} \tag{7-6}$$

③ 求 R、E 及 R'、E'的量。联线 SE 并延长与 AB 边相交于 E'点，即为萃取液的组成点。萃取相与萃余相的量 E、R 也可由杠杆规则求得

$$E=M\times\frac{\overline{MR}}{\overline{RE}} \tag{7-7}$$

因 $M=F+S$ 为已知，MR 与 ER 两段线长度可从图上量出，故 E 可由式（7-7）求得。

根据总物料衡算

$$F+S=R+E=M$$

则

$$R=M-E \tag{7-8}$$

从萃取相和萃余相中回收萃取剂后得到萃取液 E'和萃余液 R'，其组成点均在三角形相图 AB 边上，故 R'和 E'的量也由杠杆规则确定，即

$$E'=F\times\frac{\overline{R'F}}{\overline{R'E'}} \tag{7-9}$$

$$R'=F-E' \tag{7-10}$$

思考与练习

一、选择题

1. 萃取操作停车步骤是（　　）。

A. 关闭总电源开关-关闭轻相泵开关-关闭重相泵开关-关闭空气比例控制开关

B. 关闭总电源开关-关闭重相泵开关-关闭空气比例控制开关-关闭轻相泵开关

C. 关闭重相泵开关-关闭轻相泵开关-关闭空气比例控制开关-关闭总电源开关

D. 关闭重相泵开关-关闭轻相泵开关-关闭总电源开关-关闭空气比例控制开关

2. 将原料加入萃取塔的操作步骤是（　　）。

A. 检查离心泵流程——设置好泵的流量——启动离心泵——观察泵的出口压力和流量

B. 启动离心泵——观察泵的出口压力和流量显示——检查离心泵流程——设置好泵的流量

C. 检查离心泵流程——启动离心泵——观察泵的出口压力和流量显示——设置好泵的流量

D. 检查离心泵流程——设置好泵的流量——观察泵的出口压力和流量显示——启动离心泵

3. 维持萃取塔正常操作要注意的事项不包括（　　）。

A. 减少返混　　B. 防止液泛　　C. 防止漏液　　D. 两相界面高度要维持稳定

4. 有四种萃取剂，对溶质 A 和原溶剂 B 表现出下列特征，则最合适的萃取剂应选择（　　）。

A. 同时大量溶解 A 和 B　　B. 对 A 和 B 的溶解都很小

C. 大量溶解 A 少量溶解 B　　D. 大量溶解 B 少量溶解 A

二、简答题

1. 萃取塔在开启时，应注意哪些问题？

2. 对液-液萃取过程来说是否外加能量越大越有利？

3. 在本项目中为什么不宜用水作为分散相？如果用水作为分散相，操作步骤应怎样设计？两相分层分离段应设在塔底还是塔顶？

参 考 文 献

[1] 孙焕利等. 化工单元操作. 北京：北京师范大学出版集团，2012.
[2] 张宏丽，刘兵，闫志谦等. 化工单元操作. 第2版. 北京：化学工业出版社，2013.
[3] 薛雪，吕丽霞，汪武等. 化工单元操作与设备. 北京：化学工业出版社，2013.
[4] 杨祖荣等. 化工原理. 北京：高等教育出版社，2008.
[5] 周长丽等. 化工单元操作. 北京：化学工业出版社，2013.
[6] 刘瑞霞等. 化工单元操作. 北京：中国劳动社会保障出版社，2012.